気候パニック

イヴ・ルノワール 著
神尾賢二 訳

Climat de panique

Yves Lenoir

緑風出版

スペースシャトル、チャレンジャーの爆発。チャレンジャーの喪失は発射前夜の強い凍結によるエンジンの接続不良が原因であった（第1部第2章、原注12 参照）。

乾燥した黄河河床。華北にある黄河の流量は過密な灌漑が原因で年々減少している。

フロリダ：オレンジプランテーションの凍結した果実（北緯 30 度）。北米の地形は極地気団の侵入に対する防壁を有しない。最近の 50 年間、北米を見舞う冬の寒波はより強力でより頻繁である（第 II 部第 2 章参照）。

上：氷点下のブリザードで凍結乾燥した馬。進行する気候変化は北東アジアにおける一連の例外的な厳冬を呈している（第Ⅰ部第１章、第Ⅱ部第６章、エピローグ参照）。
下：モンゴルを襲った厳冬期に死んだヤクの屍体。

上：冷凍人間エッツィ——オーストリアアルプス山中で発見された5300 年まえの男性のミイラは気候問題の新たな場面でもあった（第Ⅱ部第 3 章参照)。
下：地上低気圧——半世紀来の大気循環の緊密化は北大西洋地帯での低気圧の 1.5 倍の増加となって現われている（第Ⅱ部第 2 章参照)。

アメリカの竜巻——アメリカでは 1960 年から 1990 年の間に竜巻の発生率が 50%も増加している（第Ⅱ部第 2 章参照）。

台風とハリケーン：時に破壊的なこの熱帯性現象の頻度はこの 50 年間変化していない（第 II 部第 2 章、p.275 参照）。

自然は救いである。
自然をうやまう全ての
人々のために……

CLIMAT DE PANIQUE
by Yves LENOIR

This book is published in Japan
by arrangement with ÉDITIONS FAVRE SA
through le Bureau des Copyrights Français, Tokyo

はじめに

科学技術は似非(えせ)合理主義の名の下に過剰なやり方で危険を舞台の正面に押し上げる。
科学技術は不確実なデータを確実らしきものに変える。
科学技術はそうして不確実性に直面し、人々の批判精神をないがしろにし、考えるのではなく動揺する機械に変えてしまう。

ディディエ・シカール博士

政治とは人々を利用するために、まず動揺させる方法の一つである。

ベネヴァン王子シャルル・モーリス・ド・タレーラン・ペリゴー

警鐘

最近の五十年間、特に北半球における大気循環の緊密化によって生じた気候変化が不安要因を呈していることは否定できない。遠い過去においても他の領域で類似した変化が発生しただろうか。

気候を左右する諸々の現象全体に関わる様々なデータを収集する集中的作業は、一九五七年の地球観測年に転換期を迎えた。それ以前は、気候の周期に関する知識はもっと部分的なものであった。しかしこれが、気候の動きが止まったことは一度もなかった、という肯定的な答えを許していた。観測される気候の変化を、永久に繰り返すサイクルとして規定することができるのだろうか。おそらく否である。なぜなら変化の要因となる組み合わせの種類は無数に存在するからだ。

過去に襲来した気候変化の様態に学ぶべきことは数多い。だが、この先何が起こるかを示すような例は一つとしてない。気候システムの状態は、どの時点においても二つと同じものがないからである。海洋の温度と海流、地上の氷と極洋の氷山、陸地と海の生態系の状態、大気の化学組成、宇宙線に対する磁気バリア（地磁気と太陽の磁気）のレベル、火山活動など、どれも地球の軌道によって形成される気候システムによって同時に均等に配分されることなど決してないからだ。


最近の歴史が示すところが根拠になって、気候が変化しているという実感と「さらに変わっていくかもしれない」という不安が重なり、人類の諸活動によって大気の組成が変化し、特に大気へのガスの排出、いわゆる「温室効果」の問題にアプローチして検証する必要がある、という認識が生まれてきた。気候変化の原因は、決まって歴史的根拠から一足飛びに温室効果に帰せられ、さらに単純化されて炭酸ガスの排出の告発へと至る。

問題点は「気候問題のプレタパンセ」（気候問題の既成概念）にある！　これが最低限の批判的疑問

すら抱かせることなく、どのような現象もことごとく気候とその変動、そして天候の問題に結びつけさせてしまう。いつも同じ議論が繰り返されるだけだ。誰もがこの問題を完全に理解している、と思い込んでいる。どこかで耳にし、何となくわかっているつもりになっているけれど、実際には何一つわかっていないのだ。理解したつもりになっているだけである。さらに言わせてもらうなら（もし私が本当に無知だったらの話だが）「防衛と名声」というお題目は誰でも唱えることができる。インフレの蓄積、「プレヴェール流」(訳注1)破滅的仮説というところか。

いよいよ反旗をひるがえす時がやってきた。

「ちょっと待った！　簡単に片付けるのもいい加減にしてくれ。ステレオタイプのお題目はもううんざりだ」

気候とは人間の知性に授けられた最も豊かな相乗作用現象であり、つまりは「システムのシステム」である。否、より価値のあるものだ。だからこそ本書は強引なやり方に反対する。私はこの本でまず、このすぐれた装置の構造と機能の諸形態を発見する喜びと関心を読者に抱いてもらうことに賭けた。本書が明らかにすることと、この十数年間繰り返し言われてきたこととの隔たりを知り、読者はおそらくこの装置のもう一つの姿、つまり進歩の道を示唆し、新しいエリートを作るための新バージョンの装置についてもっと知りたいと思われるであろう。

本書は三部からなる。

現在の気候変化の中の相関関係に踏み込みたいと望まれる読者は、気候現象を一つ一つ解説した第Ⅰ部によることなく、ただちに第Ⅱ部から始められるとよい。

分析的アプローチを希望する読者は第Ⅰ部から着手されたい。ここには気候の主要な要素とその役割、そしてモデルとして取り込む難しさについて述べてあり、それをグローバルな文脈と具体例を織りまぜて紹介してある。章の冒頭には主旨と特徴点を示す要約をつけた。第Ⅱ部、第Ⅲ部についても同様である。

第Ⅲ部ではグローバル化された権力の誕生とその発展に対する疑義を述べた。この権力はすでに現在進行形で、イデオロギーの頂点に立っている。支配的イデオロギーの特質は反論の余地を与えないことにある。それは、言語を侵略し、思考方法と感性を規定し、事実認識を操作して論理を構築しながら結論へと導いていくものであり、今すでにその段階に到達している。この権力を確立するために手を組んだ人たちがいる。彼らにとって、この状況のどこが都合が良いのか？ 彼らはいかにして利益を得てきたのか？ こうした前例は過去の歴史にもあったのか。もしそうだとすれば、それは今起きている事と何が違うのか？ その規模と原動力が何ものなのかを識別できないかぎり、権力を抑えることは決してできない。頭脳明晰になろう。

訳注1　ジャック・プレヴェール（一九〇〇〜一九七七）。フランスの詩人、脚本家。有名なシャンソン「枯葉」の作詞者。レイモン・クノー（『地下鉄のザジ』の著者）やマルセル・デュアメルらとシュールアリズムに傾倒した。一九四〇年代にはマルセル・カルネ、クロード・オータン・ララ、ジャン・ルノワールらの映画脚本を手がけ、長く活躍した。

訳者概説

本書は「Climat de panique」（Yve Lenoir, Edition Favre, 2001）の全訳である。今や常識となりつつある「地球の温暖化による気候変動」の科学的根拠を根底から問い直すことが本書の主旨である。

この時期に、地球温暖化防止のメッセージに異論を唱えるのは勇気の要ることだ。誰も、環境を破壊する側の肩を持つとは思われたくないからだ。

＜気候パニック＞という表題に興味を引かれて本書を手にした読者も少なくないと思う。世界一の自動車メーカーが、CO_2削減をキーワードに、森林破壊や海面高の上昇を取り上げたドキュメンタリー番組を提供する一方で、CO_2排出量取引を肯定する番組も作る。車にも乗るし電気も使う一般人は混乱させられてしまう。このような規範の混乱、矛盾した社会現象のことを指して著者はパニックと呼んでいると思われる。人は、価値観があまりにも混乱し、道に迷うと「アパシイ＝無関心」へと後退する。それはより危険なことだ。

まずは、ほとんどステレオタイプ化してしまったかのような、この「気候＝異常」という連想ゲームの埒外に飛び出すことから話は始まる。そして、「気候変動」というキーワードが事実として科学的に成立するかどうかを確かめなければならない。そんな厄介で困難な作業、それに挑んだのが本書に他ならない。

　これは決して学術書ではない。気候学や気象学の専門知識がない一般人にも十分理解できるし、私たちの住む地球のさまざまな働きについて教えてくれる。確かに難解なところは多い。それは翻訳の拙（つたな）さも手伝ってのことと反省しきりであるが、訳者としては読者が別の意味で〈パニック〉に陥らないよう、ここに内容と展開の概略をあらかじめ紹介し、読み進める一助としていただきたいと思う。

　第I部は著者自身も言うように〈分析的アプローチ〉である。著者はまず、**気象学と気候学**の区別から始める。気象学とは大気の状態と諸現象を複雑な方程式を解く数値モデルを使って天気図でシミュレーションし、気象予報を行なう。一方、気候学は大気、海洋、浮氷群、植生地帯、日照などの構成要素などのプロセスを考慮に入れ、気候の構成動因を地球的文脈において把握しようとする。

　著者が問題にするのは**自然現象の数値化**である。気象予報や気候予測の研究方法の主力は「数値モデル」だ。IPCC（気候変化に関する政府間パネル）が根拠にするのは数値シミュレーションと平均値である。自然現象は複雑この上ない。これを統計的データや平均値でとらえ表わすことには限界がある。

　一九九〇年代に入り、世界の関心は**エネルギー問題から気候問題へと移行**した。石油ショックがおさまり、エコロジー運動の目標は省エネから生物多様性、特に熱帯雨林の保護に転換した。さらに、エコロジー団体は**温室効果と地球の温暖化**へと矛先を向けた。気候問題は一気に最優先の人類的課題となった。

気候にはいくつかの具体的要因がある。まず、気候変動の元凶とされている「**温室効果ガス**」とは、炭酸ガス、メタン、亜酸化窒素、クロロフッ化炭素とその他のフッ素化合物、成層圏オゾンなどの人為的排出ガスのことである。データは地表の平均温度が〇・六℃上がったことを示している。ところが、地球の外側を包む対流圏の温度は「あるべきとされている」温度の三分の一でしかない。これに対して明確な説明はされていない。温室効果は実は地球大気の特質で、これによって地球の自然は守られており、温室効果ガスのない地球は逆に砂漠化する、と著者は言う。

気候の最も大きな動因は**大気循環と海洋循環**である。循環とは力学的エネルギーの分散で、一部は地球の自転と、月と太陽の引力から生じる。**気候は力学である。**太陽周囲を公転する地球軌道の軸の傾きが両極地の冷却力と熱源の位置を変調させる季節のゆらぎを生む。この寒暖の差がエネルギーの放射、吸収、移動、変化を生み、突風を起こし、空や海や地表を覆い、放射熱の量、水の凝結、蒸発、対流などを司り、果ては冷凍機にもなる。地球は採り入れた分だけのエネルギーを宇宙に放出する放射体でもある。

海洋循環は気候システムの不可欠なファクターである。海は地球の表面の七一%を占め、地表から大気への水蒸気の流れの八八%をまかなっている。海洋は冷凍機のように熱量を排出し内部を冷やす。放出される巨大な熱量は北大西洋が毎年浴びる太陽エネルギーの三〇%に相当する。海洋循環の源は二つの力である。海面水への風圧と、密度の濃い水の重力である。この二種類の力が作る流れは地球の自転によって方向を変えられる。コリオリ力である。海流が物質とエネルギーを遠くに運び大気の循環に影響を与える。

海面高上昇の原因とされる最大の潜在的脅威は南極西岸の氷河の融解である。しかし、南極氷冠の周辺についての地質学研究によると、南極氷冠の量は実際には気候の変化と無関係である。南極とグリーンランドの氷床は現在も拡大過程にある。他方、確かにアンデス高地とアフリカ高地の氷河は後退し、温暖地方のいくつかの山岳氷河も後退している。海面高の変化、気温と降雪の関係は熱力学だけでは説明できない。

気候における**水の役割**は大きい。大気、海洋、陸地の間を循環するのが水である。水は生命を育み、熱エネルギーを移動させるのに不可欠なものである。**水はエネルギー**なのだ。水は、地上のエネルギーを大気に移動させ、雲の放射的特性を通して大気熱を宇宙と地表に送る。水は極地への熱の移動にも寄与している。熱帯の水蒸気は大気循環で運ばれる。著者は水をめぐる大気と気候現象の多様性に目を向ける。

衛星観測が登場してからは、大気循環の研究に新たな視野が開かれた。人工衛星から得られたデータは雲塊の分配と移動による対流圏循環の概観を引き出した。対流圏では大気が攪乱し、最下部の一五〇〇メートル辺りの低空層では循環は最も複雑である。低空層は雨になる水蒸気のほとんど全てと熱と温室効果ガス（水蒸気）を有する。低空層では**極地移動性高気圧**（ＡＭＰ）という極地の産物に支配され、これが寒さを運び出し、反対に高緯度地域に暖かい空気を運ぶ。この極地移動性高気圧（ＡＭＰ）が低気圧、貿易風、ジェット気流などの低空層の大気攪乱のもとである。ＡＭＰの観測で多くの気象変化を二日前には予報できる。

宇宙的要因も重要である。地球は太陽のエネルギーで生きている天体である。太陽の黒点の数は十一年周期で変化する。太陽の磁力線が表面に突き出る時にできる黒点が少なくなると太陽のエネルギーが下がることを意味する。十六世紀から十九世紀の数百年間、太陽の黒点の平均数が減少した。ヨーロッパに深刻な気候の寒冷化が襲った。**太陽の磁場の変化**も大気に入射する宇宙線の流れを変える。太陽光が大気中の水蒸気濃度を変化させ、雲の温度が上がると、地表を冷やす。

第Ⅱ部ではこの基本認識の上で、具体的な気候現象の検討に入る。最近起きたいくつかの気候摂動は**平均的気候**と異なるイメージ、いわゆる**異常気象**として受け取られる傾向が強い。しかし、平均気候という概念は国連学術機関ＩＰＣＣによる、統計結果をベースにした一種の抽象的産物である。**世界気候会議**（一九九二年リオデジャネイロ、一九九七年京都）の国際協定の根拠も社会的、経済的、政治的**コンセンサス**の上で成立したもので、実は科学とは関係がない。

気候変動の兆候または原因とされている代表的な三つの気候摂動

① 一九九一年のピナツボ噴火

② 一九六五年から一九八一年の塩分濃度の大異常

③ 空気中のＣＯ$_2$濃度の歴史的な増加

を取り上げ、異常気候との関係を見ていく。

ピナツボ火山の爆発で大量のエアロゾルが上空に舞い上がり、硫酸エアロゾルとなった。これが太陽光を反射し、地球の反射度を高めた。地球の反射率が増大し、一九九一年後半から一九九二年の間に気候システムに入射した太陽光線は減少した。この減少は人間活動による温室効果の歴史的増加を超えている。ところが、ピナツボ噴火に誘発された寒冷化は一年半も続かなかった。なぜか？　海洋が熱を補塡したのである。これで、人間活動の過剰放射熱を制限する機能を地球が備えていることがわかる。

五〇年代から六〇年代の初頭にかけて、北極の極寒点が西にずれ、極地浮氷群は南下拡大し、グリーンランド海になだれ込んだ。大量の氷が融解して海面水の塩分濃度をわずかに下げた。八〇年代の中ごろまで続いた厳冬は**塩分濃度の大異常**によるもので地球の寒冷化でも小氷期の始まりでもない。

空気中のCO_2**濃度**は百五十年前より約二五％上昇し、CO_2が**GWP（地球温暖化潜在力）**の主役となった。だが、放出されたCO_2がどのように変遷するかは仮説の域を出ない。出された数値は、大気にCO_2が放出された期間を百二十年とするデータで、空気中および海水中の炭酸ガス成分に関する光合成の変化のデータは無い。陸上生物圏は現在約二三〇〇ギガトン、大気が七七〇ギガトンの炭酸ガスを貯留し、人為的排出の余剰ガスは二から三ギガトン。これでGWP＝CO_2と言いきれるのだろうか？

自然の**水循環の摂動**は気候の議論においては全面的に無視されている。蒸発した水分の量に関わるエネルギーの移行の数値から水の消費が気候に与えるインパクトが明らかになる。水の消費はエネルギー消費よりも迅速に増大してきた。二〇〇〇年に人間活動によって蒸発した水の量は二三五〇立方キロメートルと見積もられ、これが気候に及ぼしうる結果については今まで注目されたことがない。

エルニーニョは、毎年十二月、赤道の南側とペルー北部の乾燥地域に大雨をもたらし、海域の海面温度を数日のうちに数十度も上げ、魚が一斉に消える。沿岸地帯と北部のアンデス山脈を豪雨が叩きつける。だが、秋の訪れとともに雨は上がり、砂漠は蘇り、海温が下がり、魚が戻ってくる。エルニーニョ現象を災害や世界中の降雨に結びつけたりする傾向があるが、著者はエルニーニョをAMPの活動から解き明かす。

次の問いかけで第Ⅱ部は締めくくられる。一九八〇年、空気中の炭酸ガス濃度が倍になると海面高が七・五メートル強上昇すると予測された。一九八五年、国際気象学会の理事会基本方針は、炭酸ガス濃度の倍増という仮説の上で、二〇から一六五センチメートルの範囲での海面高の上昇にこだわっていた。その五年後の一九九〇年に、IPCCから発行された最初の科学報告は、CO_2の倍増の時期を二〇三〇年から二〇二〇年に早め、反対に海面高に関与する分岐点は七から二三センチメートルの間隔に引き下げた。最も悲観的なシナリオは、二一〇〇年には炭酸ガス濃度の三、四倍の増加に呼応して、一八から八六センチメートルの海面高が上昇するとの予言である。これによると、二〇四七年にもCO_2だけの倍増が実現し、その他のガスの力も加わって、七から二五センチメートルの上昇へとつながるであろう……。海面高上昇の幅は年を追うごとに次第に小さくなったり、また増えたりしている。何が基準になってこのような報告になるのか？

第Ⅲ部では気候問題を政治的、経済的に利用するグローバル化された権力の誕生とその発展、そしてエコロジー運動の問題点を扱う。著者の舌鋒はさらに鋭さを増し、**気候問題と政治・経済**のからくりを暴く。

一九八五年十月、オーストリアのフィラッハで結成された「温室効果に対するたたかい」を宣戦布告する六二人の小さなグループは十五年も立たぬうちに国際的ロビイスト集団になった。このロビーはメディアへの影響力を持つことで、新しいビジネスモデルの誕生に寄与した。

著者はこれらの人々を**気候クラート**と呼ぶ。気候クラートは政治装置であり、権力装置である。全ては、気候の脅威に関するコンセンサスが前提である。科学的疑問を生むような実践活動には協力しない。このコンセンサスとは経典のようなもので、一九八五年十月フィラッハ会議の採択の中に紹介されている。以後その内容は数字的なディテールを除いて現在まで変わっていない。

- 温室効果ガスの排出量の増加が気候変動の主要な要因であり、これからもそうであるだろう。
- 地球の平均温度が一・五℃から四・五℃上昇し、海面高が二〇センチメートルから一四〇センチメートル上昇すると考えられる。
- 極地氷河は一部融解するかもしれない。
- 予測されている変化は、海洋の熱慣性により、表面化するまでにより時間を要するかもしれない。
- 変化は地域的範疇では予測は困難であるが、温暖化は熱帯地域より、何よりも人間とエコシステムへのインパクトがより広い高緯度地域において、秋季と冬季により強くなる。

一九九〇年代に入るとエコロジー団体と産業界は対立から協働へと歩調を変えた。オゾンホールの破壊に関するフロンガス規制の裏側には見事な資本のからくりが潜んでいるし、炭酸ガスの排出権世界市場の成立は時間の問題である。技術を持ち、取引の準備ができている者が有利で、開発途上国、課税や経済制裁により排出規制に努力していた国には負担になる。かなりの企業が事業計画を分析して、排出権ビジネスを営業品目に加えている。ある意味ではエコロジー主義者も参加している。

これが全体の流れである。論旨の是非が読者諸氏に委ねられるのは言うまでもない。
尚、気象、気候用語はすべて「文部省　学術用語集　気象学編」（日本学術振興会）を基準とした。

神尾賢二

目　次　気候パニック

Sommaire
Climat de panique

第5章　塵と大気の化学　121

第6章　氷の貯蔵庫はどこに存在するか？　131

第7章　海洋のオーケストラ　147

第Ⅱ部　密接な関係にあるが把握しがたい諸変化　Patie II Des changements cohérents mais insaisissables　247

序文

書名も独創的だが、イヴ・ルノワールの著作はそれ以上に独創的である。著者は筆力があり、非常に複雑な現象をわかりやすく解説することができる科学者である。彼の、持てる力をすべて投じた気候システムへの挑戦は、このデリケートな装置が変数的な世界のものであるだけに、まさに賭け以外の何ものでもない。天体物理学、熱力学、流体力学、気象学、海洋学の知識を積み重ね、さらに成層圏専門の研究や旧来の正統地理学も忘れてはならず、地形学も参考にしなければならない。地表の起伏は空気の循環や海流に不可欠な要素だからである。

優れた研究者であるイヴ・ルノワールは、火山の噴火によってできた細い断層から、氷河期の長時間にわたる傾向性や太陽の黒点や宇宙線まで考慮に入れ、気候に影響を与えうるすべての数字に目を通している。灌漑用水と生活用水の人工的移動の影響に関してまで言及する著者は「公認の気候学者には異端者と映る」であろう。人間の過ちによって蒸発しているこれら数百万リットルの水も、彼に言わせれば、海水の自然な蒸発によってできる雲と同じように、気候という舞台で一つの役割を演じているのだ。

イヴ・ルノワールの著作はさらに、私たちがまだ知らない幾多もの力が作用するメカニズムについてとどまるところなく丹念に解明していく。彼の目的は議論である。彼は、世界の科学界がこぞって、自由な批判精神と研究方法を放棄して、現代人の様々な活動によって大気中の炭酸ガスの割合が増加し、それが地球の温暖化を誘発し、海面高の上昇を引き起こす、という単純で曖昧な仮説の上に依拠していることを暴く。

この仮説は二十年前に国連の立場から提起されたもので、以来ほとんど全ての研究者が採用し、メディアが広め、現在のアメリカ合衆国大統領のように結論を出すのを拒否するような者まで生み出しているが、大部分の政策決定者は公然の事実として受容している。この点に至るやイヴ・ルノワールの舌鋒は最も鋭く、正直なところ最も説得力がある。彼は言う。科学学界は、研究の信頼性を得るために出発点の仮説を検証するという作業を一度も試みることなく、気候温暖化の大合唱の波にのみ込まれてしまった、と。国連とその擁護者たちは、とにかくコンセンサスが欲しいだけである。真の科学的研究は疑問と反証によってのみ前進する。

元グリーンピースの活動家で「ビュル・ブルー（青いシャボン玉）」組織で活動を続けるイヴ・ルノワールは、科学的確実性を口実に、とにかく支持集めと資金集めが目的のキャンペーン活動を告発するのに絶好のポジションにある。森林を殺すという「酸性雨」を思い出そう。紫外線のダメージを生むという「オゾンホール」を思い出そう。世論とメディアは、厳然たる事実よりも科学的信用の方を大切にする学者連中が保証してくれるものだから、真実を追究しようとはせずいつも「正義の味方」であろうとする。

イヴ・ルノワールは、この新たな「エコロジー主義」はかつてのマルクス主義と同じ位置にあるという。それは、神の啓示を受けた宗教のごとく機能する、科学的自負心を擁した全体主義的イデオロギーである。すべては資本の蓄積と階級対立で説明され、革命は不可避のものとされた。CO_2の蓄積と人類の環境軽視が地球を危機に導く。そこで、人類の生存のために緑の革命を押しつけるのだ。

環境活動家が、このようにしてテーマを自分たちの領域に引き込むのには感心させられる。しかし、イヴ・ルノワールは何よりもまず科学者であり、体制順応主義、概算主義、そしてまた知的不誠実には我慢ならない。だが彼は「気候問題のプレタパンセ（気候問題の既成概念）」を糾弾しつつも、産業や自動車のもたらす公害を復権させることはない。その正反対である。彼は人間の諸活動がもたらした温室効果を、他にも多くの気体が存在するにもかかわらず、唯一CO_2だけを犯人に仕立て上げることが許せないのだ。この研究技術者は、スケープゴート作りと特異な発想を否定する。統計学的ではなく自然な、つまり物理的かつ力学的環境と結びついた、つまり、生きた現象をただ数学的にモデリングして得られた観測には疑問を投げかける。

気象学者のマルセル・ルルーに続いて、彼も労を惜しまず衛星画像を観察し、極地地方の寒冷化といった、おそらく相反するデータも付け加えるよう要求する。特に「旱魃、嵐、寒波」などの極端な現象は大気中のCO_2の蓄積よりも、「極地移動性高気圧」という現象でより良く説明できる。さらに、多額の予算を費やして得られた高空大気圏のデータを数値化するよりも、すべてが動いている低空層に入り込んでいく、という考え方も必要である。

イヴ・ルノワールは論争好きだから議論をふっかけているだけで、科学的研究をないがしろにしている、と言われているようだ。そんなことはない。彼の才気が「気候の圧力団体の御用学者」たちを槍玉にあげるのはまさに科学のためであり、数学的手品と時代の風潮と体制順応主義によって籠絡(ろうらく)されている自然の、その慎ましいありのままの姿を求めようとするさらなる研究のためである。

ロジェ・カン(訳注)

訳注　ロジェ・カン(Roger Cans)フランスの環境ジャーナリスト。著書に『水について』(ガリマール書店)、『水の戦争』(ル・モンド出版局)、『地球が生きるために』(オプカン社)、『森』(フルリュス社)、『科学の海賊たち』(サンドゥラテール社)、『地球のキャプテン・クストー』(サンドゥラテール社)『アメリカをむしる』(ドゥノエル社)などがある。

解説

天候はすぐに変わるが、気候はもっと緩やかに変化する。これまでずっとそうだったし、人類はそのことで苦労はしてこなかった。こんにち、政府や産業やサービス業では合理化と管理主義を当然の習慣にしているが、その方法論を質的に向上させる要求が生物圏全体に及んできた。この進化は、ヨーロッパがBSEや口蹄疫の「危機」で実験したような、罹病の可能性を理由にして健康な生き物を殺すという形で次第に農業に向けられてきた。実は、こうした動きはさほど新しいものではない。屠殺用の家畜の数、拡大した単位、無慈悲に屠殺される数百万頭の家畜の姿など、見ると胸が痛むものではある（しかしこの問題に関してほとんど沈黙を守った環境活動家たちにとっては、これはそれほどショッキングでもなかった）。過去にはすでに、狂犬病撲滅のために野生のヤギやキツネを大量に毒殺するといった似たような方法が採られている。(原注1) 化学が可能にした、殺菌消毒により環境を整えるという志向が広く叫ばれる中で、害虫や雑草や寄生虫の駆除には薬品を大量散布すべきだと解釈され、種を選択する自然のメカニズムが機能する場が失われていった。最低限に割引いても、これはつねに生きた環境と関わっている農業、観光、林業、牧畜などの諸生産活動に「名目的」役割をおしつけて当面の対策をまかせる、という問題であることがわかるはずだ。

気候の問題に割り込んできたのは、生物圏の工業化のプロセスにおいて重要な意味をもつところの「進歩」である。現在の開発形態を深く思慮しないなら、環境への投資と管理を楽観視してしまい、結局は気候の操作まで試みる事態になる。そこに表わされた考え方は、「科学に依拠した」定義に従い、量的かつ質的水準において（開発形態を）「安定化させる」ことである。これにはつい笑ってしまう。いったい何様なのだと。だが冗談ではなく、良識が、本気で一戦を交えることなく、どうやら敵前逃亡してしまった以上、もはやその根元を断ち切るしかない。（原注2）気候のパニック状態の中で人間は憂鬱の淵に沈潜している。「温室効果だよ。温室効果が悪いに決まってるじゃないか！」

ずっと大昔の無知蒙昧な時代、人間は天気は気まぐれなものと思っていた。気候の変化は時に恐るべき結果を生み、人間はサバイバルのため、食べ物などを求めて他所に移動せざるを得なかった。以下のいくつかの例は、現代とは比較にならないほど物のなかった時代に、人類が直面した困難の質がどのようなものであったかを示している。

記憶ははるか「先史時代」へとさかのぼる。長い間、文字は存在せず大事件は口から口へ言い伝えられた。現代ではこうした伝統は失われ、遂には口承は事実をデフォルメしたもので、理解できそうなことや信じられそうなことはほとんどないと思われがちである。ノアの大洪水は有史以前の暗黒時代の物語であるが、一考する価値のある話だ。聖書にも引用され、プラトンはティマイオス（訳注1）で見事な正確さでその日付まで記している。にもかかわらず最近まで、アトランティスの存在とその突然の消滅の神話は伝説でしかなかった。遠いギリシャの哲人の書物は最も正確である。その全価値を評価すべく、ここ十年間の古代気象学上の発見を思い起こそう。

最後の氷河期は千四百年間に二つの期間に分かれて存在した。この期間は、この時期に形成された地層に大量に含まれる花粉から発見された、寒さと乾燥に強い小さな花にちなんで新ドリヤス期と呼ばれている。最近の五万年間の気候の歴史は、乾期にグリーンランドの氷冠に堆積した塵の地層のおかげでよくわかっている。第一期は一万四千九百七十年前に始まり、その二千年後に突然終わる。その間、海面高は約五〇メートル上昇した。氷の融解により、水位が年間最高四センチメートル上昇した。海面高の上昇度は新ドリヤス期には低下し（年平均一センチメートル以下）、一万一千五百五十年前に再び上昇を開始、最高で年平均三センチメートルまで上昇した。この第二期の海面高上昇で、地中海と黒海を堰き止めていたボスフォラスに海峡が誕生した。氷河期に猛威をふるった旱魃でほとんど干上がっていた黒海は、おそらく年平均数メートルの速度できわめて迅速に水を溜め、人間の居住地域や周辺のバイオトープ（小生物圏）を水没させてしまった。アトランティスはだから、ここにあったのである。さらにまた、融解を要因とする気候のめざましい緩和と大気循環の変化は潤沢な降水をも伴っている。ここに聖書やプラトンの著作にある、海を満たした大洪水という物語が生まれるのである。

ティマイオスに戻ろう。クリティアスが高名な詩人ソロンからこの歴史物語を受け継いだ。そして、それを語り継ぐのはクリティアスの孫の二代目クリティアスである。ソロンはこの歴史を、数十年前にナイルデルタの突端の町サイスに滞在中に出会ったエジプトの詩人から学んだ。歴史的にはソロンの年齢がいくつであったかも、この物語が孫のクリティアスまで伝えられた時期も不明だが、ソロンの語るところによると、アトランティスが水没した最後は九千年前にさかのぼる。つまり、一万一千四百年前から一万一千四百五十年前ということになる。いずれにせよ、アトランティスの最後は新ドリヤス期の最後から十分に時を経て、融解が再び最高潮になった時に起きたのである。

ホモサピエンスは、およそ十二万年前の最後の第四氷河期に地球上に姿を現わした（その前の間氷期に従兄弟に当たるネアンデルタール人が発見した火の記憶を呼び戻す必要がある）。海底や湖底の地層、グリーンランドや南極の地層に保存された資料は、急激な温暖化と大気循環や海洋循環のめざましい転換に代表される、新ドリヤス期の現象に類似した一連の変化がその後も頻繁に起こり、気候への影響が何世紀にもわたって観察されてきたことを教えてくれる。他にも起きた洪水の記憶はソロンの説教[原注3]の一節が証言するように正しく伝えられているだろうか？

「まずはじめにあなた方は地上の唯一の洪水しか思い出さない。だが以前にも多くの洪水があった……」

一万年このかた、気候にこれほど激しい変化が起きたことはない。しかし重要な変化はしばしば、歴史と文明の上で顕著な出来事とともに発生している。地上世界でどのように受け止められていたのかを知るには文献というものがある。「世界の隅々」の歴史から、直接的なもの、そうでないもののいくつかの例を引用しよう。

中国にはエジプトより多くの数千年前の文献が残されており、今日でもそれに目を通すことができる。しかし気候の状態とその変化に関する情報との間にはズレがある。伝統的に、自然の不吉な出来事はつねに、そして今も皇帝の政策の誤りか不徳のせいにされてきた。歴史編纂家は自らの地位と命を守るために沈黙を守る方を選んだ。逆に、被害の原因を敵に押しつけた出来事については詳細に報告されている。(原注4)例えば、

「紀元四十六年、高地アジアでモンゴルのステップ地帯が禿げ上がり、植物相が消え失せ、家畜の半数と遊牧民が飢餓状態に瀕するという旱魃が発生した。飢饉は匈奴の常として対立を呼んだ。内モンゴルで遊牧生活をしていた南匈奴は、外モンゴルを統治していた支配者に反旗をひるがえし、後漢の宗主権を受け入れた(紀元四十八年)。

これら匈奴連合は、(中略)後漢が権力を維持できた間、すなわち二世紀以上の間、漢に対して忠誠であった。光武帝の死に際して、極東における後漢の支配が刷新された」

気候の大異変に乗じて中国の皇帝は一時的に(といってもこの地域の歴史的尺度においてであるが)、二百五十年かけて建設された万里の長城の先に広がる広大な地域の支配権を手に入れたのである。東北アジアの旱魃は、頻繁で強力な極地大気の南下の結果であることが後に明らかになる。

マヤ文明は現在のメキシコのユカタン半島で繁栄した。この文明が産声を上げたのはおよそ三千年前である。これも文字を持った文明であったが、解読の試みはなかなか進んでいない。それでもこの優れた社会は、モンスーンの拡大の多様化に敏感な熱帯地域での気候変化の形態について私たちに、明確な情報を残してくれている。つまり、その最盛期になって間もない古典期、八世紀の中葉から十

世紀の初頭までの期間に、この地域は急激に危機に陥っている。あるいは、ユカタン半島の中央部にあるチチャンカナブ湖の湖底から採取された沈殿物の分析から[原注5]、この地域が八世紀の初頭から十世紀の終わりまで継続的な旱魃に見舞われ、それが農業に根ざした複合的階級社会にとっておそらく壊滅的な結果をもたらしたことが明らかになった。モンスーンはしたがって、二〜三世紀の間、マヤ国家を見捨て北アメリカを通過し、極地大気団に押されてさらに南下したのである。類似した現象は、例外的であって欲しいが、二〇〇〇年〜二〇〇一年の冬から春に起きた。これは深刻な降水量不足とモンスーンの遅れによって起こり、二〇〇一年の前半、グアダループに被害を与えた。

もし旱魃がアジアの広大なステップや熱帯地域を襲う脅威の主役であるとするならば、最近のサハラの気候の転換が現代的現象を示すように、肥沃な農地はむしろ過剰な降水に弱い。以下の事実はヨーロッパの歴史と人々の記憶に生々しく刻まれているだけに、私たちの心を打つ[原注6]。

「興隆期の発展が気候に大いに助けられたとするなら、続いてヨーロッパは経済に深刻な打撃を与えることになった意地悪な自然条件の下におかれた。平均気温は下がり、降水量が増した。(中略)一三一五年から一三一七年の三年間に、スコットランドからイタリア、ピレネーからロシアにかけてのヨーロッパの平地は、中世の終わりの経済不況の原因となった過酷な気候条件下におかれた。(中略)一三一五年から一三一七年の飢饉はヨーロッパの人々を叩きのめした。雨は一三一四年の夏に始まり、豪雨が北西部平地の作物を水浸しにした。(中略)一三一五年四月半ばにフランスとイギリスを壊滅させた雨は、五月十一日から前年よりもさらに激しく降った。雨は一三一五年の夏から秋まで降り続き、収穫は失われた[原注7]。(中略)イープル(ベルギーの都市)では一三一六年五月一日から九月一日の間に人口の一〇％に当たる二六〇〇人以上の命が失われた。当時、港だった（フランドルの）ブルージュだけが迅速な小麦の輸入のおかげで死亡率を五・五％にとどめた。（中略）一三一八年まで続いたアイルランドの窮乏はとりわけ悲劇的であった。人は飢えて墓地の死体を掘り返し、親が自分の子供を食べた、云々」

中世の終わりの気候の転換は相当程度、政治的な結果を生んだ。チンギス汗の情報網が満足に機能しなくなり、モンゴル帝国の拡大を阻止することに貢献した。同じく、エドワード二世統治下のイギリスが、当時イギリスでは難しかった農業とワイン生産の資源を狙って、一三三二年フランスに百年戦争を仕掛ける口実になったともいえる。

その二世紀後、有名なスレイマン大帝(訳注2)も気候には手を焼くことになる。(原注8)

「オスマントルコ軍は、ベオグラードとブダ（現在のブダペスト）を占領し、ウィーンに向かう。イブラヒム（最高府の総理大臣(訳注3)）が西欧からの使者に、ご主人様（大帝のこと）ならいつでも好きな時に奪い取るだろうと言っていたように、ヨーロッパ主要都市に進撃するトルコ軍を誰も止められそうになかった。世界中のどの軍隊もこの男を止められない、気候と距離を除いては。（中略）一五二九年五月十日、遠征軍は華麗な式典に送られてイスタンブールを勇躍出発した。（中略）隊は北に向かったが、河川の洪水に進軍はかなり手間取り、ベオグラードに到着するのに二カ月もかかってしまった。（中略）秋が迫っていたので、スレイマンは直ちにウィーンに向かう命令を下した。距離は比較的短く九月二十八日、オスマントルコ軍兵士一二万人と駱駝二万八〇〇〇頭がウィーン市外に到着した。（中略）降り続く雨と洪水が原因で、スレイマンが無駄に費やしたまる一カ月間は包囲される側の準備には好都合に働いた。夜から翌日の正午まで雪が降った、とスレイマンは十月十四日の日記に書いている。この雪が二日後スレイマンに（街を包囲することもできずに）撤退の決断を下させることになった。（中略）幾世紀もの間（小氷期の）ヨーロッパは将軍たちの武勲ではなく、気候とコンスタンチノープルからの距離の長さのお陰でトルコ人から逃れることができたのである」

小氷期の極寒期[(原注9)][(訳注4)]にはパリの地下蔵のワインは凍り、冬のロンドンではテームズ川の上で市場が開かれていた。湿って涼しい夏と寒く雪の多い冬のせいで、多くの物資が欠乏し、宮廷は節約を余儀なくされ、農村部は悲惨な状況となり、ルイ十四世時代末期は暗澹たるものになった。

地球的にはこんにちの温暖化は、アルプスの大氷河の下流部の退行や冬の結氷期におけるいくつかの航路再開指定（フィンランドのトルニオ川は三百年ぶりに例年より二週間早く航路が再開された）など、色々な現象が証明するように、十八世紀の初頭から始まったものだ。自然は人間社会と同様に、こうしたプロセスに時間をかけて徐々に適応してきた。事物の表相が変化しているとすれば、それはきわめて長い時間をかけたものであり、人間の諸活動の過程を阻害するものではなく、したがって歴史の中に痕跡を残さない。

とはいうものの歴史には有為転変が溢れており、そこで「お天道様」というのは、温暖化の時期に有利に働くか不利にか、とにかく決定的な役割を持っている。多くの研究は世界のある地域に同時に起きる変化を比較することにとどまっている。一九四六年から一九四八年にかけてヨーロッパとアメリカで、同じく十八世紀と十九世紀にヨーロッパ、アフリカ、アジアなどで、どのような気候の多様性があったかを見ることは、気候の力学に関する私たちの考え方を検証するためにはとても有益なことではないだろうか。人間の活動が明日の気候を微妙に正確に左右することができる日を待ちつつ、それがまさにこの本の主題であるが、たまたま起きた温暖化がこれほど恐怖と偏見を引き起こしていることにはいささか驚かされる。

原注1　狐が最低限の数の狩猟テリトリーとより広い再生産のテリトリーを持っており、したがって疫病がより長距離に伝染しているという、研究目的に反する結果が明らかになった時、口腔媒介による予防種痘に依拠し、この方法が当該地域の流行を止めた。

原注2　この考え方にしたがって、ヴィレットの科学産業都市では二〇〇〇年六月に「それが知りたい」シリーズの一環として「地球にエアコンは要るか？」というテーマの展覧会を開催した。

原注3　プラトン『ティマイオス』（E・シャンブリー訳、一九六九年、グルニエ・フラマリオン刊）

原注4　ルネ・グルセ『中国古代史』（マラブー大学選書、一九八〇年）

原注5　D・A・ホーデル他『古代マヤ文明崩壊における気候の役割の可能性』（『ネイチャー』第三七五号、一九九五年六月一日）

原注6　ジャン・ギンペル『中世の産業革命』（一九七五年、スイユ刊）

原注7　一三一五年と一三一六年、イギリスのウインチェスター司教区の穀物の収穫が一二〇九年から一三五〇年の年間平均に対してそれぞれ三六％、四五％に下がった（注5の文献より）。

原注8　アンドレ・コルト『ソリマン大王』（一九八三年、ファイアール刊）

原注9　数十年かかるであろうマウンダー極小期として知られる太陽活動が極度に低下している間、太陽表面の黒点は観測されていない。逆に百年以上の間太陽は活動を止めていない。その観測値は歴史上最高を示している（第Ⅰ部第11章、図19から24参照）。

訳注1　ティマイオス（Timaeus）。プラトン（BC四二七〜三四七）の後期対話篇の一つ。「自然について」という副題がついており、世界の創造、元素、医学などについて書かれている。アトランティス伝説はクリティアスという人物が語る。

訳注2　スレイマン一世。一六世紀オスマントルコの大帝サルタン。ベオグラード、ロードス島、オーストリアを侵略。一五二六年モハッチの戦いでオーフェン占領、一五六二年ハンガリー併合。優れた税制を敷き、通商貿易に秀で、イランからギリシャへと至るバルカン半島、地中海一帯を支配した。詩人、文学者を優遇し、有名なモスクや宮殿を建設した。

訳注3　イブラヒム・パシャ。スレイマンが寵愛した奴隷出身のギリシャ人。オスマントルコ帝国大臣に登りつめ最高の位についた。

訳注4　十四世紀半ばから十九世紀半ばにかけて続いた寒冷期間。小氷河時代ともいう。厳冬が襲い飢饉が頻繁に発生し（一三一五年には一五〇万人の餓死者を記録）、疾病による死者も増加した。太陽活動の衰弱以外に原因として考えられるのは火山活動の活発化である。小氷期の全般にわたって世界各地で火山活動が記録されている。火山が噴火した時に、火山灰が大気上層に達し地球全体を覆うように広がることがある。成層圏で、火山ガスの成分であるＳＯ２が硫酸の粒子に変化し、太陽光を反射して日射量を減少させ、地球の気温を下げる。一八一五年のインドネシア、タンボラ火山の噴火の翌年は「夏のない年」として記録され、北米や北欧では六月と七月に降霜と降雪があった。一八五〇年代から世界の気候は温暖化に転じ、この時点で小氷期は終了したと考えられている。

線条細工と舞台背景

宇宙は難解なり。この時計しか想定できず／一人の時計屋もいない。

フランソワ・マリー・アルエ（ヴォルテール）

地球はその属性とともに、私たちにとって一つの「データ」である。地球にはそんなにもデータがあるのか？　豊富で未開、多岐にわたり複雑できわめて組織的、不安定で感動的、啓示的でつねに意外性のある「データ」。私たちがいささか人類中心主義的に呼ぶところの環境とは——誰も自然の真中に立って語ろうとはしない——宇宙の中の天の川（私たちの住む銀河系）の中の太陽系の中の惑星と小惑星と彗星の連なりの長い歴史の産物である。この地球上に、天体の軌道条件と年代的条件とのきわめて限られた、ほとんどありえないような偶然の一致のお陰で早々と生命が登場し、存続した。その発展は抑えがたく、驚異的に多様化し、事象の流れを覆してしまった。豊饒の生命は高水準の整理統合を経て進化し、私たちの惑星に独特の性質を与え、賜物を生んだ。この賜物は私たちの占有物なのか？　私たちは最強者の資格をそなえているのか？　地球は生命の惑星、生物圏の惑星である。海水と大気と太陽が、この惑星の三要素を構成する。それが生命という産物を構成し、ある尺度からすれば、気候もその一つである。これらの構成要素と、その内部との間で起こる物質とエネルギーの交換のプロセスの総体、それを気候と理解しよう。

太陽の活動の波長と、地球軌道の分母の多様性が生物圏のシステムに注ぐ太陽エネルギーの分配を攪乱する結果、エネルギー波の変化が発生する。つまり気候の変化である。

人間の活動は地球上の生命と気候に対するインパクトにおいて、ある特別な資格の下に参加している。ある特定の資格の下にとは、人間が、環境を評価し計画を実行することで自身の環境に影響を及ぼしていることを理解できる唯一の存在である、と考えられるからである。

地球が宇宙の中心ではないことを人間が発見したのはけっこう遅かった。それから人間は、あんなに輝いている太陽も無数にある星の中では中くらいのものであることを認めざるをえなかった。人間はついに、この小惑星が、膨張する宇宙に百五十億年も前から数え切れないほど散りばめられた他の多くの惑星のように、要するにごく普通の銀河系の一つに属しているにすぎないことを理解した。地球以外にも別の形態の生命の繁栄があるかもしれない、という考えはもう古い。空はもう神の住む所でも、人間の形に似た生命が住んでいる所でもなくなり、月への旅行が現実のものとなり、火星探査を見ることができるようになり、いつの日か他の生命体に出くわすような機会はもう来ない。しかし、知る時代、迷いから覚める時代がやって来た。火星や木星に生命は存在しない。(原注1) 太陽系の他の惑星にも生命はない。宇宙人調査のロマンは消え、絵空事になった。

ここ十数年、宇宙からのノイズに、遠い彼方にいる人類の従兄弟が発したメッセージを発見し、解読しようとしている天文物理学者たちがいる。しかし時間が経てば経つほど期待はしぼむ。それと平行して、航空宇宙部門は地球環境の状況が行き詰った場合に他の惑星を植民地にし、人類を他の天体や気候に移住させるための調査の一ステップとして、火星旅行計画に火を着けようとしている。まるで、どうしようもない穀つぶしが、人間の善なる魂のすべてを失くし、ついには唯一の安住の地まで棄てようと思うまで、耐えがたい苦悩に苛まれているかのようだ。気候が「狂っている」という考えを与えることは、このような有害な考え方を助長し、別の解決法を期待させるための論拠を提供することになる。この地球は牢獄か、それとも罠か?

気候とは何かを、そのメカニズムから理解し、知るということは現時点においてまさしく文化的、哲学的賭けに思える。この理解に欠陥があったとしても何も驚くことはない。気候は、生命的そして地球物理学的な他のプロセスに関連するプロセスとして、人間が学ぶべき最も複雑なシステムではないのか? 大多数の科学者が採用している方法は数値モデリングである。しかし数値モデルは語らない。説明しない。それはまた、非常に概算的であり無秩序でもある。「より優れた」予報(極端を切り捨てた結果としての)間の隔たりは、根本的に矛盾した気候の変化を意味する。その結果、何が起きるかを解説する論理的推論を述べるのは不可能になる。最大限の悲観的、破滅的仮説をもち出して脅かすことはできる。それは可能だ。だが、それは科学とはいえない。目的のために正当化された空論である。このようなやり方で物事を進めることは、この問題についての公共の知識水準を高め、ここに言及した狂った考えを打ち壊すためには何の役にも立たない。

気候は地球の資産の一部である。したがって、まずはその財産目録を作ることから始めよう。

原注1　火星人の存在はオーソン・ウェルズが火星人の侵略を伝える有名な「ライブ」のラジオ番組を放送した一九三六年当時はまだ強く信じられていた。アメリカ中がパニック状態になり自殺者も続出した！

第Ⅰ部　地球とその気候

Patie I
La Terre et son climat

第1章　天候と気候

具体的な物を観測することが気象学と気候学、天候と気候との間にある、いわゆる境界線を取り除く。

マルセル・ルルー（訳注1）

《要　約》
気候の概念は正確でなければならない。私たちは、気候は力学的プロセスであり統計の集約ではないと考える。近来起きた、そして現在も起きている気候変化にモデルがついていけないことをいくつかの事実で明らかにする。その理由を挙げ、数字を証拠に進歩の緩慢さを示す。そして気候をいかに扱うべきかの方法を提言する。

気候という言葉の意味は何か？

気候 climat という言葉はギリシャ語の κλιμα を語源とし、ラテン語の *climatis* を経由して生まれた。

元来は水平線に対する太陽の傾きをあらわす。そこから派生して「地球上のある地域に特有の大気と天候の状況の総体」（プチロベール辞書に拠る）という意味を持った。ここですでに二つのことが見てとれる。まずギリシャ語の定義では判別が十分ではない。すなわち、太陽の傾きは、冬季の気温がマイナス五℃になるシカゴと、これまで凍結したことがないナポリで同じだからだ。また辞書の定義では、気候を働きのメカニズムあるいは発生状態としてではなく、個々が気候に感じる感覚的な結果として主観的にとらえてしまう。

どちらの解釈も地球の気候変化という私たちの課題には適切ではない。私たちは漠然とした考えを何もかも取り込み、物置状態になることを避けたいわけで、まさしくこれまでにない概念を規定しようとしているのである。

気候を、海洋気候、大陸気候、山岳気候、地中海気候、熱帯多湿気候、極地気候、砂漠気候、ステップ気候、サハラ気候といったケースバイケースの解釈にとどめるなら、気候変化の話は、いきおい有史以来の史料に書かれている多くの出来事について語ることになるだろう。全体性の概念は、利害関係のある居住者の満足のレベルによって右往左往しつつ、地域的多様性の中に見えなくなってしまうだろう（例えば、山の雪が少ないと農家は笑い、スキーの先生は泣く）。にもかかわらず、たとえ雪が少なくても、山岳気候は依然として山岳気候である。その性質は変わらない。バリエーションはあるにせよ、山岳の環境では日々目にする大気の移り変わりを大きな決定要因とした基本的なものは変わらない。

地域の気候とは毎日の天候のことで、気象学 meteorologie（語源学的には空から来るものの謂い）の対象である。長い間、現象の原因に対する理解が欠けていたことによって、そして十分な計測の欠如によって、地域の気候は気温、雨量測定法、羅針盤、大気圧、湿度測定法、日照時間、極端な事象などを気象学の計測による統計的数値で判定されるものとされてきた。この中世的方法が地球気候の概念となって世界に広まっている。そしてこの（気候変化に対する）非難の対象は、温室効果の原因となる人間が放出するガスとされ、その放射力も付け加わり、ガスのせいで地表には紫外線が余分に照射されるというのである。正確であろうとするなら「物理的に正しく」あらねばならない。「政治的正しさ」はこれらのガスの空気中の密度の歴史的増大（一世紀で二五％から一五〇％まで）を示すグラフのカーブをより大げさに描き、さらに多めに見せるが、データとしては厳密には無意味である。

この機会を利用して読者に質問したい。今までに地球の表面に当たる紫外線波の歴史的平均値を正しく計測したグラフを見る機会が一度でもあっただろうか？　私に言わせればそのカーブは最大でも非常に低く（百五十年間で一％以下の増加）、しかも出版されたものは今までどこにもない……。

統計とは、結局スタティックに考えることに外ならない。関係性についていえば、相関関係は諸変化を関連づけながら成立させるものだ。この相関関係という言葉にはだまされやすい。なぜなら、この言葉は連動して変化しているように見える二つの事柄の関係のみを前提にしているが、そもそもそうした関係は偶然にすぎないかもしれないし、一つの共通性がある限り、他の共通性も探し求めねばならないからである。相関関係それ自体だけでは何も意味しない。それは変化する二つの事柄の間の偶然の因果関係を持ち出すが、あまりにも偶然すぎて、そもそも因果関係の持つ意味、つまり仮説的依存関係における時間的方向性の意味を定義しない。この水準にとどまる限り、原因と結果の関係の真理は、ここで物理的推論から数学的処理にとってかわられ、ある意味で隠蔽される。しかし、プロセスの複雑性が相互依存から抜け出せない組み合わせに帰結する場合、相関関係を明示することは往々にして回り道が不可能な段階に入り、気候の諸変化もこの場合に当てはまる。システムモデルにおける気候活動の進化を説明するのに必要な事実関係の複雑さを多少とも明瞭にするために、各々の相関関係が探求の道筋を開くのである。この天候と気候という問題において、すべては力学的かつ内的に関連するのであり、それは一覧表(原注2)を参照すればよくわかる。したがってこの一覧表を使って分析を試みるべきなのである。

「バタフライ効果」の諸限界

まずは、天気の力学は決して流行(扇動によるものか?)の「バタフライ効果」などといったカオス状態から生じるものではない、ということに留意しつつ慎重に話を進めたい。一九七二年十二月二十九日、カオスの理論数学者E・N・ロレンツが米国ワシントンにおけるAAAS(原注3)で、予知の可能性「ブラジルの蝶の羽ばたきがテキサスで竜巻を起こすか?」なる講演を行った。その展開内容は、彼もまんざら騙されやすい人物ではないことを示しているが、彼は躊躇なく、なぜ数百万回の羽ばたきが竜巻を引き起こさないか、また別の羽ばたきが竜巻の起こるのを邪魔しないのかという二つの大反論を提起した。そして予測の誤りとモデルの不安定性を非常に巧みに区別し、そしてモデルの持つ明らかな限界を秀逸かつ正当に熟考した結果、彼は気象学者側に多く援助を与えた方が有効だと主張した。逆に、気候学的意見の側はショックの色を隠せなかった。そして理論気象学上の天候という非常に短期のシミュレーションの分野に無知なまま、予報の不確実性が問題だとしか言わなかった。要注意！　気候のシステムは混沌としたものだ。したがって、未来はもっとひどくなるかもしれない。とてもひどくなる。シミュレーションの結果が示すものと推論によると、将来の気候の変容は「驚愕」（一九九五年のＩＰＣＣ[原注4]基調報告に使われた言葉）を内包する危険性を孕んでいる、と。

しかしながら、蝶を好きなだけ何百万匹も飛ばせたところでトンブクトゥーに雪を降らせることはできないし、海面温度が非常に高い紅海[訳注2]であっても低気圧を起こすことはできない。毎年メキシコ湾を渡る何十億羽のオオカバマダラチョウの群れが、気候の良順なこの地域にわずかでも嵐を誘発したことはないが、ひょっとしてチョウの移動の季節と高層気象条件が合致しないからかもしれない！　この有名なバタフライ効果の話にオチをつけるわけではないが、大気圏核実験が久しく行なわれていない中で[訳注3]、天候不順の原因として、発達した航空輸送を槍玉に挙げようと誰一人として思わないのが不思議である。

なぜなら、気候システムは微小な空気の乱れに敏感であるという発想から、天候は規模によっては、予知するより解説した方が簡単かもしれないと考えた科学者がいたからである（自転車に乗っている人がハンドルを離すとどうなるか。地面の小石にスリップして自転車が転倒するかもしれない。しかし走行中にこれを予知できるか）。一九四五年の十二月二十日、フレデリック・ジョリオ・キュリーが医学アカデミーで行った講演について『ル・モンド』の記者は次のように書いている。

「今後、原子力エネルギーは予想がつかないほど有益に利用されていくであろう。英国の生物学者ジュリアン・ハクスレー氏は、先頃ニューヨークで北極沿岸の大浮氷群を爆破することを提案した。強大な熱量で氷を解かすことによって北半球の気候は温暖化するのだ。フレデリック・ジョリオ・キュリーは別の種類の、同じく平和的な原子爆弾が気象条件を変え、雲を作り、雨を降らせるために利用できるかも知れないと考えている。これは農産物の収穫高や水力発電量の向上を意味する。物理学者を信頼しよう。原子力時代は始まったばかりである」

読者は、人類の生んだ偉大な科学者による放射能の危険性の無知なる過小評価にお気づきであろう。私たちも以前は、天気予報の乱調の原因に関する少々馬鹿げた巷間の噂に寛大な風を見せたり、あるいはまた新登場の「戦略科学(原注5)」が、気候についても何が起こるだの、何をすべきかだのと、何かと権威的であることに対して不信感を募らせていた。

天候の偶然性はまったく支離滅裂でもなければ、すっかり隠されていて検知不能なわけでもない。例えば、大きな積乱雲が風に運ばれてきて空を覆うと、誰でもじきに雨だとわかるし、もし雲の塊が垂直に膨らむようなら嵐も一緒にやってくるとわかる。それは、私たちがこれまでの生活で似たような状況を経験して知っているからであり、気象 météore（ギリシャ語の μετέωρος は高い空の上に、の意で、頭の上から落ちてくるもの、青天井から落ちてきて人を驚かすものを謂う）という不変の物理的メカニズムを直感力として自然に身につけている観察者だからである。

「自然は気まぐれ」では説明にならない

長い時間経過での話だが、一九九九年から二〇〇〇年と、二〇〇〇年から二〇〇一年の秋から冬にかけて、アジアの北部と南部そして中央部の広大な気候地帯が二年連続して例外的な寒さに見舞われたが、二〇〇一年二月三日のパリでの気候変化に関する対話で私が直面したように、この経験した事のない怖ろしい現象を、ただやみくもに気象の偶然と「片づけて」しまうと、その物理的な原因を探ろうとはしなくなる。しかしこれはおそらく、モデルを使ったシミュレーションの正当性を阻害するおそれのある質問を回避するための逃げ道ではなかったのか。一般に言われている気候の温暖化の文脈では、高緯度地方に位置する大陸の冬期の最高気温の上昇は誰でも予想できることを知りつつ、一般的な意味での気候の多様性にすら適合しないモデルの無能さについて答えたくなかったのだ。それでも、理性的精神の持ち主なら誰でもこの問題と向き合って、この記録的な冬を引き起こしているのがちっぽけなものでも一時的なものでもない以上は、それが何なのかを探究すべきであるという仮説を立てるにちがいない。ところが、この課題は気候学の正式な予定表には入っていない。大異変の解釈をめぐって、明らかに大きな不均衡が全体を支配している。温度あるいは温暖化に依拠した解釈では、温室効果に罪を負わせ、寒さに原因を求める解釈では、（異変は）自然の多様性の表現にすぎない、とされる。

地球気象の最低限のディテールと地表への影響を研究する専門家には、一九九九年から二〇〇〇年の冬とそれに続く旱魃で、脂肪組織の回復を阻害された家畜には二度目の厳しい冬は耐えられないことがわかっていた。果たして、二〇〇〇年の秋は前年同様とくに寒く、早々と危険信号がともった。だからこそ私は、十二月二十九日付けの『ル・モンド』紙上に自由論壇を設けさせてもらい、二カ月来享受していた温暖な天候に唯々諾々としていた西欧諸国のマスコミと世論の沈黙と無関心に対して、状況の深刻な性格を知らしめ、注意を喚起したのである。反応を待つのに長い時間はかからなかった。三週間も経たない二〇〇一年一月十七日、気候学会の大御所二人、CNRS[訳注4]のマリー・リーズ・シャナン女史とCNES[訳注5]のジャン・ルイ・フェルーが私の主張の重要性を「品定め」するべく覗き穴まで登ってきて、寛大さと苛立ちを伴いつつ、将来の気温については世界的コンセンサスによるべきだとする学説と、その学説だけが本当の凶兆を認知する、と説かれたのであった。一千万平方キロメートル以上の地域に広がった、歴史的に前例の無い寒さの性格と原因についてはノーコメント。かくもねじ曲がった回り道で温暖化のコンセンサスを導き出したモデルなど見たことがない。あえて言うなら、自然が道を間違えたようなものだ。鉄面皮も甚だしいのは、一九九九年と二〇〇〇年、フランスでは気候学の（数値気候学にも不可欠な）大型観測機器関連の予算が七倍に上がったが（全予算中の割合二・二%が一七%に増加[原注6]）、なおかつ大型機器（スーパーコンピューター、気象衛星など）が継続的に保証されるよう世論の支持を求める協力要請まで出されていることだ。

　二〇〇一年二月になるや否や心配なことが起こった。状況は劇的な転換を見せた。寒さに関する記録がことごとく破られたのだ。モンゴルではめったにないほど積雪量が増え、積雪面積が拡大し、わずかしかない草もなくなり、家畜の四分の一が死に、三〇万人が飢えで死に瀕していた。北朝鮮の日常的食糧不足はさらに悪化し、数百万人を苦しめているのは犯罪的国家体制だけの責任ではなかった。

環境問題のビデオ映像の監督たちも私の知るかぎり冷淡なものだった。なぜなら彼らにとって大切なのは、まず何よりも進行中の温暖化の脅威について説くことで、（温暖化現象が）大陸の高緯度地方、特に中国北部、モンゴルなどの冬に顕著だといつも言ってきたものだから都合が悪かった。関係当局もＩＰＣＣ(訳注6)の二〇〇〇年度の報告での指摘も同様である。彼らは大急ぎで仮想の気候を掛け合わせてコンピューターでシミュレーションしたものを、「主観的に」凍えているステップ地帯の住民に見せるべきと考えた。迷信を信じやすい人たちに正しいことを説教してやらなくてはならない……「観測による変動の評価は全て主観的である」。彼らがこの言葉を何度も繰り返したなら、彼らの決定的役割が明らかになったであろう。

さらに大きな時間の単位で言うと、一九六〇年来のサヘル(訳注7)の乾燥化の南下の進行、あるいは一九六〇年来の北アメリカの寒波の、一九二〇年〜一九五〇年と比べた頻度の上昇を「自然の気候の変わりやすさ」で片付けるくらいなら何も言わない方がましである。これらの現象は、大気の循環が時間をかけて相当に変動した結果である。気候モデリングの技術水準ではシミュレーションして再現するのは無理である。気候の数値化の分野はまだ技術的に不十分で、看過してはならないいくつかの領域にアプローチするには、まだ現存の手段と方法ではおぼつかない。だからといって、スケープゴートを捕まえてきてそれで良しとするのは許されることではない。
これら最近の気候変化や、他にもある重要な出来事の分析については第Ⅱ部で紹介する。

モデルの進歩は驚くに値しないが画像は美しい

悩みの種がどこにあるのかを少し見てみよう。以上に引き出した事実は気象学から短時間に出たものか、気候学から長時間に出たものなのか？　この問いに対してはこんにちまず答えはない。結局、気象学と気候学における「ハイジャック」行為を犯した数値派、元国立気象学院長のギ・ダディが一九九五年の筆者への手紙に使った言葉をそのまま借りれば、総括イメージの支柱たりえない観点を利用することは今後ほとんど不可能である。方程式のシステムを使った数値解析を基本にした画像の背後では、各格子レベルでの処理によって、大気の運動と、直近および他のシステム間の物質とエネルギーの交換を管理している。この還元主義的方法論は、ここで行なわれている計算の基礎になっている物理学が古典物理学であり、証明されたものである、という口実をもって、大気的現象間の段階的差異をアプリオリに無視する。

大気の短期シミュレーションのために整えられたモデルは気象学の道具である。しかしこのシミュレーションは、例えば海洋の表面温度、積雪または浮氷群の拡張、地表の湿度など、緩慢に変化する可変的現象の力学を模式化することは想定していない。測定され、推測されるこれらの可変的現象は、外因的要因としてモデルに組み入れることができる。他方、大気が構成する様々な形態をとったエネルギー蓄積は、ある時点での状態が数日間以上にわたって影響力を持つには小さすぎる。(原注7) 数学的に表わすと、連続する初期状態の消滅時間の定数（モデルは観測データを基に数時間の定期的間隔で初期化される）は大気が過去の変化を維持する記憶の限界に相当する時間より小さい。

例外的な冬が連続するのは、大気がより強く記憶している一つまたはそれ以上の気候システムの変化に明らかに依存しているからだ。例を挙げれば、極地の特定の氷海域の拡大、北大西洋のある海域の海水の塩分濃度の異常、または海図を修正させることになる海流の経路の屈曲などであろう。宇宙的要因による雲海とその視覚的特性の変化もその一つかもしれない。こうしたいわゆる大きな変化は気象予報の領分ではない。モデルに取り込んで解明しようとすれば、科学的にも計算上においても、幾多の難問を抱え込むことになるだろう。しかも補足計算に膨大なエネルギーを費やす時間もないし、気象学が綿密な短期予報の緊急要請に応える社会的使命を帯びているわけでもないことを知るに至る。

気候学の研究に使用する循環モデルはもっと複雑で大雑把であるが、複雑である上に非常に長期にわたる変化を、適度の時間内に模式化しなければならないがゆえに雑駁になる。その複雑性によって、気候の研究は結果的に総体的循環と、緩慢に多様化するシステムの構成要素（海洋、浮氷群、植生地帯、大気の構成要素など）との様々に異なるプロセスの遡及的結合を考慮に入れねばならなくなる。したがって天気図は大きなものとなり、極めて図式的で起伏の少ない表現になる。地球の住民に関心のある低空大気層の現象はスケッチ程度にしか描けない。格子間隔が三〇〇キロメートル単位の天気図では漠然とした図と、かなり不正確な結果しか得られない。反復的手法では、この道具にある本質的変化性を評価するせいで、こうした不正確さの範囲内での発想を許すことになる。異なるモデルまたは同じモデルの異なる読み方から生じた結果の誤差も同様にして起こる。

ここで気をつけていただきたい。不正確なのは気候ではない。どのような場合でも、シミュレーションが示す結果と比較すると正しくないだけである。すでに述べたように、温暖化が始まり、それは大陸北部の冬に顕著になるだろうとすべてのモデルが言明したわけだが、二度にわたる厳冬の連続を予告するのは、どのモデルにも不可能だったことは間違いない。しかしこれは決して偶然ではない。何かが足りなかったのである。

しかしながら計算手段の能力が不断に向上し、格子間隔は次第に小さくなってきており、精密さの際限ない進歩が期待されている。進歩はしたがって、大気循環の考察よりも先進的な技術に依存している。観測によって大気循環を分析していると主張する仮想気候づくりのノウハウの明らかな限界にもかかわらず、とても良くわかったような図ができ上がってくる。

しかしながら、気象予報作業の余分な成果（リアルタイムでの自然の判断に委ねられた二つの素材の一つだけ）と、スーパーコンピューターのパワーの向上との関係について言うべきことは多い。一連の研究が、予報に関わる気象学の行き詰まりの印象を浮き彫りにしている。気象学を非難する云々の話ではなく、ごく単純に、他に方法がないのかもしれない。とにかくすべてが気象学に集中したのである！

気候に警鐘が鳴らされた一九八〇年から一九九二年までの十二年間に遡ってみよう。リオ会議の前の時期である。大気循環と海洋循環のモデリングに同時並行的に大量に使用するコンピューターは、計算速度が二〇〇倍から一〇〇〇倍に、各コンピューター間のデータ通信速度が五〇倍に、センターコンピューターのメモリー容量が五万一〇〇〇倍にパワーアップされた。こうした要素は、天気予報と気候予測の分野から出されていた処理能力の世界的向上の要請に飛躍的に応えるものであった。欧州中期予報センターが出した数字によると、この時期に、予報の質（異常との関連確率で評価されたもの）は五・五日間で〇・六から〇・七二に高くなり、異常との関連確率の予報範囲〇・六は五・五日から六・八日間に延びた。つまり、それぞれ二〇％から二四％向上したわけである。しかしこの伸びは全てが計算方法の所業とはいえない。すなわち、同じ時期に刊行された資料では、気象予報の向上に貢献した要因の中味は、二三％が極地衛星、二一％が気象衛星、一三％が良質のデータ、二四％がモデルの向上、一二％がコンピューターのパワーアップ、その他が七％となっている。

上記の実績を一九七二年から一九八〇年の間に実現された進歩と比較する時、成果の蓄積という印象が強調される。この八年間に、五・五日間の異常との関連確率は〇・三七から〇・六の六二％に上がり、逆に異常との関連確率の予報範囲〇・六は三・五日から五・五日に伸びた。最新のスーパーコンピューターの購入は、気象学と気候学の大型設備機器の要望として、きわめて優先的に考えられている。

逆に、画像の質とアニメーションのリアリズムにおいては、比較にならないほどの進歩があった。そして、こうした素材が放送に使われ、マスコミで大活躍することで、モデルの予報能力への集団幻想に一役買っている。

だがそれでも、自然はモデルと情報機器を裏切ってくる……。まず行なうべきことは自然の言葉に耳を傾けることである。

気候の要因への構造的アプローチのために

気候という装置はその大きな方向としてどのように動くのか、基本的な現象の経験主義的考察を解明することから始めよう。気候をその活動から「つかまえる」という定義をもって、私たちは一種の概念的混乱、そして気候変化を統計的に呈示する陳腐な方法から脱却できる可能性があると期待している。問題に積極的に取り組めば、考慮すべき情報と後を断たない新しさをどう位置づけ整理するかを分析する尺度を、誰でも確立することができる。なぜなら、この分野の研究には非常に一貫したリズムがあるからだ……。

天候と気候を扱うのは動く物、すなわち力学を扱うことである。大気循環が俎上にのった。海洋の循環もある。循環とはすなわち物質の移動であり、力学的エネルギーの分散である。この力学的エネルギーの一部は地球の自転と、小さい量で月と太陽の引力から生じるものである。残りのエネルギーは熱力学の法則によって発生する。暑さと寒さは時と場所によって様々に異なるし、日照配分が不均等であることも周知の通りである。ひとことで要約すれば、地球とは約一億五〇〇〇万キロメートルの彼方に位置する熱源から、放射エネルギーの光束を受け取りながら回転する巨大な熱力学マシーンの中心のようなものだ。地球上には二つの寒冷地域、すなわち北極地域と南極地域があり、また北回帰線と南回帰線の間に広い熱帯地域があり、太陽光線が最も濃密に照射する地帯となっている。システムの内部的観点からすれば、熱力学マシーンには、熱源を熱帯地帯に、寒さの源を極地地域に求める、という二つの役割が与えられる。ものごとをそれほど単純ではなく、むしろより面白くしているのが、太陽周囲を公転する地球軌道の軸の傾きである。ここから両極地の冷却力と熱源の位置を変調させる季節のゆらぎが生じる。恵みの雨を降らせてくれる、いわゆるモンスーンもこのゆらぎの過程で起きる。この二つの（寒暖の）源の間に成立する様々なメカニズムがエネルギーの放射、吸収、移動、変化を生み、突風を起こし、空や海や地表を覆い、放射熱の量、水の凝結、蒸発、対流などを司り、果ては冷凍機にもなる。この力学は顕在的に、あるいは潜在的に働き、しばしば移動性をもつ様々な量の寒気や暖気を蓄積した緩衝帯の影響でさらに複雑性を増す。このシステムは、採り入れた分だけのエネルギーを宇宙に放出している。このことを忘れないでいただきたい。地球はまず放射体なのである！

天気図の段階でシミュレーションするために選択された現象を表わす方程式の総合を解く数値モデルとは逆に、私たちは気候の構成動因を地球的文脈において逐一取り入れることから始めつつ、経験的に対処していく。構成動因の質的な影響をよりよく把握するため、その活動様式の分離を試みる。それは往々にして私たちを、この上なく具体的で論述的な科学へと導くであろう。望むらくは、理科系ではない読者にも自然が如何に機能するかをとくとご覧いただけることと思う。

国立気象学院長ギ・ダディによる解析の抜粋（一九九五年二月二十四日）

（この解析は一九九五年二月二十二日付『ル・モンド』紙掲載の筆者イヴ・ルノワールの署名記事『モデルの犠牲者・天気予報』への回答である）

（中略）批判は当を得たものであり、実際上、流体力学のメカニズムの「原始的な」方程式を基礎にした大気のモデリングを独占し（フランスのみならず世界中を）、支配する絶対主義に向けられたものである。

（中略）四十年前、私がフランス気象学への電子計算機の導入に少なからず貢献したことは事実であり、私自身が五〇年代の終わりに最初の数値予報を実現した。この時期においては、計算手段を欠き理論的であるにとどまっていた「力学的気象学」主義が存在していた。この考え方は、時間的過程でほとんど不変な（強力な竜巻のような）ものの全体の概念を特定することに気をとられており、段階ごとの偶然的な多様性の観点からのフランスにおける初期の数値気象研究はこの視野にとどまっていた。

（中略）しかし、気象学は国際的なものであり、リアルタイムで動いており、世界的に足並みを揃えるものである。六〇年代の初頭、気象学は数値派に文字通りハイジャックされた。その学説とは：気象学に根本的問題は存在しない。あるのは技術的問題だけである。流体機能の方程式は存在する。

物質的ポイントと考えられる流体分子の変化を扱い、十分に細密な天気図に応じてカタログ化するために、それらをデジタル処理する高性能のコンピューターを設置しよう……なるものであった。

（中略）そしてそれ以来、すべての気象学はこの基盤の上で活動してきた。大気現象は様々に現われるものであり、その結果、諸々の段階において異なる数字を適用し、異なる処理を施すべきであることを無視してきたのだ。天変地異を長期的に予知する気象モデルも、またしばしばそれと矛盾する翌日の天気予報も、すべて同じ方程式で直接に数式化して処理され、大気の力学的な運動の物理学には無知であったのだ。

（中略）これは結局、電子計算機[訳注8]の発達が引き寄せた還元主義（気象学では特別ではないが）といえる。この偏向はラプラスの超決定論的見地に接近するもので、世界の未来を予見させてくれる神様の代わりになるのは、高ギガで高価なコンピューター以外にないとするものである。

（中略）この偏向は事実を誤って伝えるがゆえだけではなく、全体主義的であるがゆえに危険なものである。

（中略）還元主義者は真実を手にしていると思いこんで（なぜなら根本原理は本質的に正しい）おり、それゆえに彼らは、よりグローバルなコンセプトで取り組もうとする動きを排除しようとする。彼ら自身が怪しくなるからである……。

（中略）現在、研究の進化を阻害しているのがこの気象学における世界的な知的閉塞状況である。しかしながら、テクノロジーのめざましい発展は喜ばしいことである。（中略）海洋と大気の交換についてひとこと言いたい。これは重要な現象である（中略）、しかし現在のモデリングによって非常に誤った解釈がなされている。（中略）私はイヴ・ルノワールに全面的に賛成である。気象学に文化革命を起こさねばならない。そしてそれは、情報学の分野の人々にまで及ばねばならない。

原注2　一覧表とは「一目で見て取る」ことの意味。私たちは、統計と平均値の概念の対極として「何年何月のかくかくしかじかの状況」の具体性を表わす意味で常にこの言葉を用いている。

原注3　American Association of Advanced Science アメリカ科学振興協会。

原注4　ＩＰＣＣ：Intergovernmental Panel on Climate Change「気候変動に関する政府間パネル」は一九八八年に国連が設置した。フランス語では GEIC：Groupe International d'Etudes du Climat「気候研究政府間団体」と訳されている。

原注5　「戦略科学」という時、著者はこれを、その広大な国家的かつ国際的開発目的を追求するには、政治的、行政的よりも財政的に、国家または国家間的学術機関（国連、ＣＥＥなど）の援助なしには不向きな研究であると指摘する。

原注6　科学技術選定評価議会事務局刊『フランスとヨーロッパにおける新シンクロトロン導入条件と公的及び民間研究における大型機器の役割』第二部第一巻第十四章、気象学。二〇〇〇年十二月十九日。国会報告第

二八二一号、上院第一五四号。

原注7　大気中の水循環は一週間を越えることはほとんどない。

訳注1　マルセル・ルルーはフランス、リヨンのジャン・ムーラン大学の気候学教授。一九八六年からCNRS（気候、危機、環境ラボラトリー）所長。『天候と気候の力学』（一九九六年、デュノー刊）『地球温暖化、神話か現実か』などの著作がある。

訳注2　アメリカ大陸産の大型チョウ。北米中部から北東部に棲息するチョウで、秋になるとメキシコ中部に向かって三二〇〇キロメートルの距離を大移動する。羽は明るいオレンジの地に黒の縞模様。毒草のトウワタ、セイタカアワダチソウ、キョウチクトウ、アザミ等を好み、毒で天敵から身を守る。

訳注3　大気圏核実験は一九四五年以降一九八〇年までに計五一〇回あまり繰り返された。日本の工藤章京都大学名誉教授の研究チームがグリーンランドの西、カナダ領エルズミア島のアガシー氷河の氷魂に蓄積したセシウム一三七を十年かけて計測したところ、アメリカのビキニ環礁における水爆実験（ブラボー、一五メガトン）を含む六回の水爆実験があった一九五四年の年間数値は約一〇ベクレル、米ソの核実験が集中した一九六〇年代初めは一〇〇ベクレルに増えていることがわかった。広島、長崎から五〇年代初めまでのセシウム含有量は年平均約〇・五～一ベクレル。（セシウムの半減期は約三十年。ベクレルは放射能の強さまたは量を表わす単位）。

訳注4　CNRS（Centre National De La Recherche Scientifique）フランス国立科学院。

訳注5　CNES（Centre National d'Etudes Spatiales）フランス国立宇宙研究所。一九八八年に組織された。気候変化の危機の科学的根拠を理解するのに重要な科学的技術的社会経済的情報を開放し共有し透明にすることを主旨とする。

訳注6　IPCC（気候変動に関する政府間パネル）はWMO（世界気象機構）とUNEP（国連環境計画）とで政

府間交渉を重要課題と定め、一九九七年の京都議定書の採択へとつなげた。

訳注7　サヘルはアラブ語で端または境界の意味で、サバンナと砂漠の境界の地帯を指す。動物が植生を捕食し、人間が木を燃料にするため地表が乾燥し、風で土壌が飛ばされ岩盤が露になり、植物が生えなくなったサヘルは驚異的な速さで縮小を続け、サハラとカラハリ砂漠との距離は毎年一六〇キロメートルずつ縮まっている。

訳注8　ピエール・シモン・ラプラス（一七四九〜一八二七）。フランスの数学者。ラプラスの変換の発見者。確率論が有名で、剛体や流体の運動、地球の形や潮汐まで論じた。ある特定の時間での宇宙の全ての粒子の運動状態がわかれば、これから起きる全ての現象はあらかじめ計算できる、という決定論は当時の世界観に大きな影響を与えた。いわゆる「ラプラスの悪魔」は、神から科学技術への認識論的仮説となった。しかし、ラプラスの死後、量子力学が成立すると、この考え方が成り立たないことが判明した。

第2章　温室効果による砂漠化

森羅万象の秘密を抉り出すことを望むなら
いちどきに全てを見ようとしてはならない。
各々の要素を見抜く精神を磨くのだ。
そこで物事が活動するやり方を注意深く思惟せよ。
そして自然の中心に据えてみよ。
さればおのずと見えてくるであろう。
神の描かれし見事なる絵図が。

ソクラテス

《要　約》

温室効果なき気候、といった決まり文句に散らばっている一連の粗っぽい間違いを摘発し修正を加えねばならぬのは、科学者の端くれとしてやや恥ずかしい。ところで、温室効果に誘発された「気候の革命」の明快な視点は、温室効果のない状況とは究極どのようなものなのか、についての認識と理解を有したものだ。原因になっている現象は相対的に本質的であり、ほぼ実験室的条件下にあるのだが、私たちは、気候を構成するこれらの要素を順を追って検証し、一歩ずつ前進していくことを選択した。

驚くなかれ　みんな嘘ばかり！

大気の温室効果の熱の威力を表わすのに一所懸命なあまり、気候変化の科学的な問題提起を包含する出版物はことごとく、大気がすべての温室効果ガスを一掃した場合のことを言及する。間違いなく、いつも同じ数字が繰り返されている。

そこで、最良の資料を思い起こすとすれば『Climate change, the IPCC scientific assessment, WMO, UNEP』（ケンブリッジ大学出版局、一九九〇年）の参考文献史料の記述がある。そこには「地球の表面の平均気温はやや高く約三三℃（地球の反射力が不変と仮定すれば）で自然の温室効果がなかった場合より高い」とある。

この記述は、私たちのふるさと地球はいつでもどこでも、温室効果により三三℃以下である、と読者に示唆するべく書かれたものに思われ、すなわち大体どこでも氷結するであろうし、また温室効果を高めることは少しだけ、そして単に機械的に気温の上昇を導くだろうということを示しており、もう氷結しなくなるとか、海面高上昇の破局が来るといったことを書いた学者(原注8)も当然ながら存在した。

「決定者大衆」が提出した気候訴状の批判的検証の冒頭に私が示したいのは、決して二義的でない二つの事柄である。

- 物理的データを考慮した側面において示されている数値は誤りであり、またさらに重要なことに、計算手続きの側面ではなはだしく虚偽である。
- 二番目に、地表の平均気温に関して特にこの大学の場合、気候の意味するものすべてを大きく矮小化している。

大気が存在しない気候とは

「温室効果がない＝地面は地球全体に冷たい」という神聖なるご託宣の実質的根幹は、水星あるいは月のような禿げた、大気なき天体を支配しているのはどのような条件なのか、という問いにつながる。気候のきわめて単純な計算はさほど難しくないだけに、この問いは魅力的である。もし気候とはいうものの、たとえば月の状況に気候という言葉を結びつけることができるのか？　もし気候を、激しく変化する地球のそれを基準にするなら、月ではすべてが凍てつくことになるのはまず疑いのないところだろう。もし逆に、気候をエネルギーと力学のデータに拠って考えれば、これらの死んだ天体にも何かが起こっていることになるわけで、議論は成立する。エネルギーの交換は二つの形態で行なわれる。大量の放射と少量の伝導である。

死んだ天体の表面は太陽の光を直接に受ける(原注9)。天体が反射するのは光の一部である。反射の係数(反射度)をアルベド(原注10)(albedo)といい、中世ラテン語(訳注9)では「白さ」を意味する。月のアルベドは〇・一二にきわめて近い。この数値は入射光線が天体の表面に熱効果を及ぼしていないことを反映している。完璧な鏡は電灯の光を反射しても熱くならないのと同じことである。鏡のメッキ面は電球のフィラメントの三五〇〇度K(訳注10)の光を反射するのだが、温度は鏡の材質の温度と変わらない。もっとわかりやすく言えば、もし月の表面が完璧な鏡のようであったなら、月は一切の放射光を吸収することなく、冷たい状態のまま太陽のごとく光り輝くであろう。つまり月は、太陽光線と完全に同じスペクトル(波長)の光を宇宙空間に送り返すのだ(このスペクトルは大まかには「黒体放射温度(訳注11)」の五八〇〇度Kもしくは五五二七℃、太陽の表面温度である(原注11))。

黒体放射の力は、その絶対温度の四倍に比例するとおぼえておこう(シュテファン・ボルツマンの法則(訳注12))。黒体放射のスペクトルは変形釣鐘状を呈し、放射スペクトル曲線と呼ぶ。(図2)頂点の位置は黒体の温度に依存する。黒体は理論的にアルベドがゼロで、すべての入射光線を吸収する。

砂漠化した私たちの月に話を戻そう。反射されない太陽の入射光線は月面に吸収され、温度を上昇させる。仮に地表が完全に絶縁体であったとすれば、それはすなわち、表面の熱慣性がゼロということになり、黒体は即、受けた放射エネルギーに匹敵する表面温度を持つ。つまり、熱を蓄積できないと仮定しても、表面は受けた全エネルギーを再び宇宙に向けて放射するのである。

一方で、天体の各地点における入射光線の密度は、誰もが日々確認するように、地平線に対する太陽の傾斜にしたがって変化する。太陽は日の出や日の入りの時より、正午に最も地表を温める。

かくして、反射と再放射から生じる「放射」交換に支配される、仮定的な気候のメカニズムが解析されたわけである。

ここで導入した計算は、放射光線と太陽光線の傾斜による月面の温度の変化曲線を表わした図1に提示してある。これらの曲線はまた、赤道上に設定した一地点での日中の気温変化と、一定の傾斜のもとに太陽を見た月面の瞬間の温度とを全く同じように表わしている。

平均気温の概念があまり役に立たないことは誰でも確認できる。光の当たっていない面の温度は、おしなべて〇度K（マイナス二七三℃）で絶対〇度（きわめて厳密にいえば世界の化石燃料の放射熱の温度は三度Kよりやや低いとみなすべきで、傾斜はほぼ無関係）であり、そうすると光の当たる面の温度はおよそ緯度プラスマイナス五〇度の地域で非常に高くなる。

間違いその一　平均的原因の結果は平均的結果ではない

ある天体の表面温度を計測するのには二つの方法があり、正しい方法と誤った方法がある。図1に示す曲線の大部分は正しい数値を導いており（完全絶縁体の地表に光が当たった場合の平均絶対温度の半分）、一五二・八度K（マイナス一二〇・二℃）。悪い方法は天体表面に吸収される太陽光線の平均値から出発し、シュテファン・ボルツマンの法則の逆（絶対温度は光線の四分の一平方根に比例する）を適用する方法である。平均三〇二ワット／平方メートルに二七〇度K（マイナス三℃）を関連づける。平均値に置き換えるのは一次方程式の計算である。光線を温度に、温度を光線に置き換えるの

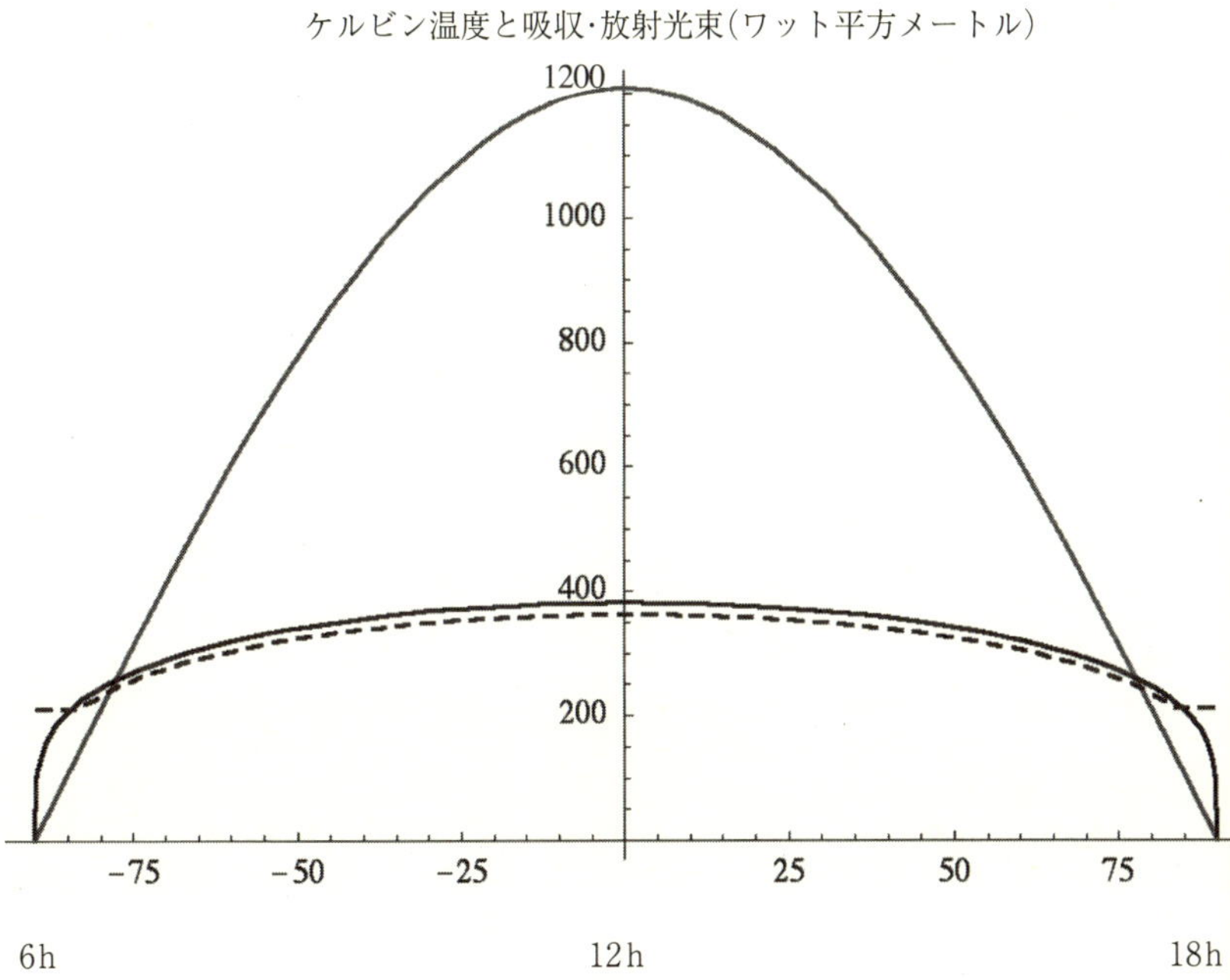

図 1

太陽光が照射された月面での絶対温度Kと吸収された光線の太陽の傾斜（ある月面地点における地平線に対する角度）による変化。絶縁体と仮定した場合、摂氏温度値は273度減算する。尖った曲線は日中の入射エネルギーの18.5%を蓄積する地表を表わす。

	仮定：完全絶縁体				実在地表
	平均放射光線量 W/m²	平均演繹温度 °K	平均算出温度 °K	平均演繹光線量 W/m²	平均観測温度 °K
月面	302	270 誤差 :+77%	152.8 傾斜 :-39%	31.1 誤差 :-89%	252

表 1

平均値の算出には正誤がある。正しい値は下線を敷いた。唯一の算出値は太字に下線。

は、はなはだしく非一次方程式的計算であり（四倍のエネルギーと四分の一平方根）、ゆえに太陽光線の平均値に関係する温度は、離れて見れば平均温度と等しくなく、反対に平均温度に関係する太陽光線は太陽光線の平均値に等しくない。表1は異なる計算結果を集約したものである。

一つは上述のマイナス三三℃の差異と、もう一つは地表から宇宙に放射される紫外線量の平均値を、地表の平均温度から得ようとする誤った方法である。これが世界的に採られてきたことは残念ではある。このような「概算」がおよぼした科学的な、そしてメディア的な結果に目を向けてみる。誤りの意味を単純に把握しておこう。平均気温を算出するために、太陽光線の平均値を出発点にすると、平均温度を過大に見積もってしまい、逆に平均温度から出発すると、太陽光線の平均値を過小に見積もってしまう。

夜間を暖めるために日中に熱を蓄積する

月の気候の現実はやや複雑である。なぜなら月の表面は完全な絶縁体ではなく、むしろ劣悪な熱伝導体であるからだ。したがって太陽の入射エネルギーの若干の部分が、月の一日間（地球の十四日に相当する）に地下数十センチの深さに伝導で蓄積され、夜間に放熱する。

この蓄積・放出現象が月面温度の日々のコントラストを弱め、日中の温度を下げ、夜間の温度を上げる。平均温度を表わすのは、温度変化する地表の下の温度値である。月の赤道の平均温度はアポロ計画の際に観測されて知られている。地下一メートルのところで二五三度Kで、太陽光線の平均値から算出した二七〇度Kより当然低く、もちろんのこと仮定絶縁体から演繹された値の一五三度Kより高い。概算の示すところによると、月面は太陽の入射エネルギーの一八・五%を蓄積し、照射面の平均温度は三・四%低下し、三〇五・七度Kから二九五・二度Kになる。蓄熱は月の夜間に元に戻り、その平均温度は〇度Kから約二一一度Kに昇る。

これらの数字はきわめて単純に、そうであるがゆえに非常に複雑なやり方で、地球上に現出する複雑な気候の、ある肝心なことを教えてくれる。ある場所におけるエネルギーの蓄積・放出現象の全プロセスが昼と夜の温度の変化を緩和し、蓄積量が大きい場合（例えば海洋）は夏と冬の温度変化を緩和する。

もう一つの教訓は、いうまでもなく、地表の平均温度はどんな服装をして行けば良いかを選ぶためのガイドとしては不十分な観光情報だということである。地表の平均温度は気候を直接的に規定するものではない。

地球から温室効果を完全に無くせば

砂漠化した天体に温室効果の無い大気を加えるのではなく、地球から全ての大気を取り除き、月の気候状況に置きかえてみよう。さらに、温室効果の無い、例えば窒素のみで構成された大気をそこに与える。地表の直近ではおよそ死んだ天体上と同様の、日中は猛暑で夜間は極寒といった事象が起きる（教育的に排除されていない推論および計算の立て方に関する場合を除く）。だが気温に関しては一切を、英語で言うところのirrelevant（見当違いなもの）に変えてしまう重要な事柄がある。マイナス三三℃の情報である。しかし、この見当違いに手をつけるのは、地表の平均温度を正しく算出してからにしよう。

そこで、**地球の表面と同じ反射力を保持しつつ**、放射の総和から温室効果を引き出すことで成立させる仮説に対する反論から始めよう。温室効果が無いと仮定した地球の大気には酸素（紫外線の活動のもとに温室効果ガスであるオゾンに分解する）と炭酸ガスは存在しない。だが、温室効果の無い地球はつまり枯れた地球である。温室効果の三分の一は水蒸気の働きによるものだから、ここには海洋も氷河も雲も植生も存在しないということになる。かなり目立った反射性を与えるかわりに、この星の風景からこうした属性を除去せねばならない。結局、同じ反射力を想定するなら、二三七ワット／平方メートルの光線が地表から放射されねばならない。とすれば既出の平均値に関する方法論的誤謬から問題はさらに深まり、平均表面温度二五五度K、またはマイナス一八℃は実際の地球の平均温度である一五℃より三三度も低いということになる。

逆に、反射性についての正しい推論となれば、レイリーの散乱[訳注13]（エネルギー交換の無い散乱効果。これが空を青く見せる）によって宇宙空間に分散した光の入射を省いた後に、アルベドは月のそれと同じで（月は地球で生まれた土質の岩でできているのでこれは現実的な仮説である）、地球から放射される光は二六五ワット／平方メートルということがわかる。正式な放射の収支は方法論的誤謬によって一〇％

以上違っている。

まだこの程度ではとどまらない。月の例から出発した地表の平均温度がおよそいくらであるかを計算してみよう。それによって、正しく算出された平均温度と、観測された平均温度とのズレのおおよその規模がわかる。地表の上にある大気との交換が無いと想定すれば、温度は公認の値より八・六度K低い二四六・四度Kとなる。実際、以下に示すように、温室効果を持たない微かな大気との交換があるわけで、わずか数度ほど高いこの平均温度に注目しなければならない。

科学的に正しい思考過程をたどることで、公認の数値にきわめて近い数値が得られる。この公認の数値なるものは、有効であると信じさせかねない偽りの「推論」を根拠にしている。ところで、数字を当てはめるのではなく、現象の性質をできるかぎり正しく示すためのモデルが求められているのはご承知の通りだ。そこに着目することは、気候モデルに当てはまる数字と観測値との「細部の」違いを検証する際に意味を持つ。

基本的視点　温室効果のないガスは単独では冷却しない

それでは、強く叫ばれている脅威の話に移ろう。実際の話、今まで展開してきた厳密さに留意した考察も、温室効果を持たない大気状態の話になるや否や、細かいことにあまりにもうるさいのでほとんどうっちゃられてしまう。特にはっきりさせておきたいのは、地表の平均温度は気候学上、最適な情報だとはいえないということだ。

ガスが温室効果を持たないということは、きわめて厳密にいうと、いかなる放射エネルギーを吸収も放射もできないということを意味する。したがって、温室効果を持たない地球の空気の温度は、地表に向かって空気を通過する太陽光線と、地表から放射されて宇宙に戻る光線から全面的に独立したものとなる。エネルギーは対流と伝導によって、地表でしか交換されない。一般に知られている、一定の圧力下で温度が上昇すると空気の密度は低くなる、という事実が思い出されるように、熱は「昇る」のだ。温室効果を持たない暖かい空気層がいったん上空に上れば、下降する理由は一つもない。熱エネルギーがこの空気層から逃げることはなく、したがって冷えることもない。

この観測の範囲を理解するためロケットが空洞の球体「白体」(原注12)の空間に向けて発射されたと仮定する。この球体はあらゆる放射線を通す、例えば完璧に磨かれた純粋ダイヤモンドの球体で温室効果を持たないガス(より適切な言葉で言えば白ガス)に満たされている。ロケットが打ち込まれた空間の総体温度が摂氏一五度とする。であるならば、外装も中味もわずかの放射エネルギーとさえ交換しない以上、この温度は永久に保たれる。それはどうすれば確認できるのか?

唯一の方法は、球体が宇宙空間を旅する道程をこの上なく精密に予測し、紫外線を感知する機械で追跡することである。目的は球体の視差確認ではない。それは物理的に不可能である。球体は何も放射しない。それはすなわち、その温度状況に関する情報を何も発信しないことを意味する。たった一つ可能なことは、球体は存在する場所においては決して見ることができない、つまりは何も反射していないことを確認し、その温度が常に一定であることの観測すらできないことを確認することである。

温室効果の無い地球は乾燥室である

地球に戻ろう。最初のアプローチとして、ビリヤードの玉のように起伏のない滑らかな表面の天体を想定する。この天体の大気の状態は地表の最も暑い地点で規定される。それは赤道の正午である。**地表の温度は約九〇℃に至る。**この温度が、地球が形成されてから少し後に生まれた大気の状態を規定する。大気はだから、この時からできるだけ原初の熱を蓄積し、この化石熱は永久に取り込まれている。毎日の小さな交換サイクルと、子午線(訳注14)の緩慢な移動が成立している地表近くではそんなことはない。地表はほとんどどこでも、そしていつでも上空の空気よりも冷たい。私たちの惑星の気候はしたがって、地表と大気の間の温度の強い逆転から生じている。しかし熱は下降せず、地表近くの温度の逆転は温室効果の介入があったとしても、脱却困難な現象(高気圧が発達して霧を発生させ低地に停滞させる原因)であることはよく知られている。最低空層が含んでいる熱の非常にわずかな量のみが夜間、伝導でゆっくりと地表に奪われるが、日中に対流によって再び急速に温められる。この毎日の熱力学的サイクルの関与する空気層は非常に薄く、赤道から極地に至るまで数十センチから数メートルにすぎない。

このように温室効果の無い地球の大気は逆に、地表の温度のコントラストが最大限になり、ほぼ全面的に均等で非常に高温な状態を特徴とする。大気はいかなるエネルギー交換も司るものではないので、空気の柱はいたるところで均衡状態にあり、断熱体(原注13)となり、高度一キロメートル毎に一〇℃の割合で温度低下を招く。大気の厚みは実際の地球上よりもっと小さい。この場合、地球の大気の厚さ一二〇キロメートルに対し三八キロメートルであろう。

起伏が原因で温度が上がる気候の奇怪さ

断熱の法則を理解すれば、今度は温室効果の無い奇妙な地球では、現実的にどのような気候になるのかを詳しく述べることができる。そこで、表面が滑らかな惑星といったありえない近似法は破棄し、この温室効果の無い地球に、実際の地球と同じ起伏を加えてみる。断熱性の観点から、最も温度の高い地点は、明らかに高度八八四〇メートルのエベレスト山の頂上の南壁である。そこでの温度は赤道の正午の温度とほぼ同じ数字に到達する。空気の柱の温度曲線は、表面が滑らかな地球で考えられる温度に対して、八八・四℃移行する(原注14)。地表と大気に熱の移動が全く無いと想定すると、気温は赤道から北極点（南極については、数キロメートルの厚さの氷冠の重量を軽減されて上昇した南極大陸の高度を考慮する必要がある）までのいずれの地点においても「海面上では」一七五度K前後で、「深度」一万一〇〇〇メートルのスンダ列島海溝(訳注15)の海底では二八五℃となる！　恐るべき気候だ。聖書から察せられる地表の平均温度マイナス一八℃という数値とはかなり趣を異にする。大気層の上限についていえば、明らかに高度三八から四六・八キロメートルを超える（図3参照）

実際には断熱散乱は、大気の伝導で冷たい地表に伝わり奪われた熱を補填するため、エベレストより高度の低いところで展開する。起伏が逆の作用を生み出し、高山の頂上付近の空気が昼夜ゆっくりと地表に移動して熱を運ぶ。その流れは一般化した温度逆流によって、乱れることなくつねに下方に向かう。探検隊が行ったとすれば、ある時は熱く、ある時は凍てついた地表に、焼けつくような空気が停滞している、と報告するであろう。大気が熱くなり得るということを示唆するような観測などされていなかったから、これと似たような超地球的情報には驚かされるだろう。放射性がないことは沈黙を意味する。

学会への影響

温室効果の無い気候がどんなものになるのかを「見に行く」という好奇心を実践に移し、思考の探検を企てようと考えた数値気候学者が一人もいなかったことを、ただ残念なことと済ませておけるだろうか。そうは思わない。人類による温室効果、気候の温暖化の危険を「わからせる」必要性は、手短に計算された数字で十分に行き渡っている。それは、地球全体の表面を基礎細胞と同様に扱い、モデリングの習慣である加減乗除の操作で成り立っていた、最も単純で最も簡略主義的なものだ。結果はぴったりデザイン通りのもので、批判の余地などまったくなかった。かくして、思想的要求と企業的利益に導かれた相関関係が、科学的伝統的特権階級の権威のお墨付きを満場一致で拝領したのである。教祖の類からモデリングやシミュレーションの権威、そして日常生活の規律に関する評論家に至るまで、逆の真理に目を向ける必要性に目覚めた者はいなかった。

過剰に温暖化した私たちの地球に、若干の温室効果がもたらされた場合の状況を比較しながら要約してみよう。

- 温室効果の無い地球の気候は地表においては、時間と空間において熱の大きなコントラストで、逆に、同質の状態にある大気によって特徴づけられる。
- 地表はほとんどどこでも、そしてほとんどいつでも直近の空気より冷たい。
- 地表と大気の間の平均温度の差はこれ以上ないほど大きい。
- 高度の高いところでは大気の循環は無く、地表の直近の傾斜での日常的現象においては本質的に減少する。

原注8　J・M・マルタン。フランス国立科学院研究所（CNRS）所長「温暖化により海面高は二〇五〇年に一メートル上昇、数世紀以内に七〇メートル上昇する」雑誌『リベラシオン』特集号「緊急事態の自然」一九九二年六月（七〇メートルはグリーンランドと南極の氷の全融解量に相当）。ここではきわめて科学的でない数字が使用されていることを銘記されたい。

原注9　太陽光線はスペクトルと呼ぶX線から紫外線までの連続的電磁波で構成され、その中間に可視光線領域が含まれる。可視光線はプリズムや水滴によって分離され虹と同じ展開を見せる。このスペクトルは図2に示されている。

原注10　アルベド。物質が反射した放射量と太陽光放射の入射量の比。まったく反射しない場合を〇・〇とし、鏡のようにほぼ全てを反射する場合を一・〇と表わす。因みに地球のアルベドは〇・三〇、火星は〇・一六、木

星は〇・七三、金星は〇・七八　また物質では雪と氷は〇・九、土が〇・一、海は〇・〇五、雲が〇・三から〇・六。

原注11　黒体は微小な開口部をもつ以外には閉鎖された空洞でできた想像上の物体で、空洞体の放射スペクトルの観測と分析に使われる。太陽は完璧な黒体ではもちろんない。しかし、X線と赤外線の間にある最大の可視光線（黄色光）で太陽が発する放射エネルギー（長い波長の放射スペクトルあるいは放射スペクトル曲線とよばれる）の分配は、黒体の表面温度にもたらされる放射エネルギーに非常に近い。

原注12　白体は黒体の正反対のもの。透明度一〇〇％。白体はいかなる光線を吸収することも放射することもできない。ダイヤモンドはほぼ完璧な白体といえる。

原注13　断熱体（ギリシャ語ではαδιαβατος、「通過できない」の意）の不可思議なベールを、一切の熱移動なしに量と圧力を変えた時のガス塊の変化で取り払ってみる。ある物体の温度とは分子の運動である。あるガスの温度は温度計の分子の運動で計測できる。その運動は表面におけるガスの分子の衝突が作りだす。分子の平均速度と衝突の量だけが問題である。熱の移動は無く、ガスの分子の平均速度は、変化という意味では変わらない。したがって温度は温度計上の分子の衝突の量の変化のみによって変わる。量が減少した場合を考えてみる。量当たりの分子の数は増加するので温度計との衝突の確率は上がり、その温度もまた同様である（自転車のタイヤに空気を入れる時、空気ポンプに触れてみると熱いことを想起してほしい）。量が増えれば逆のことも当然起こる。空気は圧縮できるので、圧力が下がれば密度も下がる。均衡状態にある断熱体の空気の柱の中で、空気の塊は均衡を保つために高度が上がると縮小し、熱交換が全く無いので圧力は下がり、圧力、温度、高度が相まって断熱の法則が成立する。

原注14　低緯度地域に向かっての温度上昇は、エベレストの温暖化によって発生する分子の運動力学的エネルギーが、平均速度がより遅い分子活動にぶつかったショックで転化して起こる一種の放射性フェーン現象という放

射によって起こる。

訳注9　中世ラテン語（bas latin）ローマ帝国の分裂（三九五年）後中世を通じて話し、また書かれたラテン語。

訳注10　ケルヴィン温度。Kで表示。一八〇〇年代にケルヴィン卿が開発した温度の単位。〇度は摂氏マイナス二七三・一六度に相当する。ケルヴィン〇度は全宇宙の最低温度と考えられている。したがってケルヴィン温度は絶対温度とも呼ばれる。

訳注11　黒体放射。あらゆる物体はその物体の温度が絶対〇度（摂氏マイナス二七三・一六度）でない限り、絶えず電磁波を放射している。どんな波長の電磁波でも、入射した電磁波はすべて完全に吸収してしまうという仮想的な物体を想定すると、その物体は与えられた温度で理論上最大のエネルギーを放射する物体である。このような仮想物体を黒体（仏語 corps noir、英語black body）という。

訳注12　シュテファン・ボルツマンの法則。オーストリアの物理学者ヨーゼフ・シュテファン（一八三五～一八九三）が「黒体放射のエネルギーは毎秒その絶対温度の四倍に比例する」ことを結論づけ、弟子のルードヴィッヒ・ボルツマン（一八四四～一九〇六）がこのことを熱力学的見地から導き出した。

訳注13　レイリー（John William Strutt Rayleigh, 一八四二～一九一九）イギリスの物理学者。エセックス州に生まれ、ケンブリッジ、トリニティ・カレッジに学び父の爵位を継いで伯爵となる。空気中のアルゴンを発見。一九〇八年ケンブリッジ大学学長になった。レイリーの散乱は、光の波長より微小な空気中の物体が起こす散乱。青の波長の光は赤より約五倍強く散乱され、夕刻には青色は地表にまで到達できず赤い光が多く到達する。

訳注14　子午線。子午線の定義は二種類あって、地球上の一地点と地理の北極と南極とを含む線が地球表面と交わった大円を地球子午線と呼び、ある地点の天頂と天の北極と南極とを通過する天球上の大円を天球子午線と呼ぶ。前者は測地上の経度を表わし、後者は天文上の経度を表わす。厳密には両者は地点毎に異なる。「午」の漢

字は和時計の時刻の表示で正午を九ツ午の刻といったことに因る。経度〇度の線がグリニッジを通過することから一八八四年にアメリカのワシントンにおける国際子午線会議で本初子午線（Prime Meridian）グリニッジ標準時が設定された。これに基づき一八八六年（明治十九年）、東経一三五度の位置にある明石の地方時を日本の標準時に定めた。

訳注15　スンダ列島。インドネシア領の火山列島。ティモール、スンバワ、コモド、フローレスからなる。特にスンバワとコモドの両島は起伏が激しく、国内で最も乾燥した地域で沿岸部の気温は三五℃を超える。しかし山岳部の気温は比較的低く、居住に耐える。

第３章　温室効果の外皮を見る……！

大なる原因は大なる結果を生む！

ムッシュウ・ドゥ・ラ・パリスより（訳注16）

《要　約》
同様の方法で分析を進めよう。温室効果ガスがどのように働くのかをよく理解し、何を加えれば温室効果の無い大気中で気候が変容するのかを検証する。科学的たるには縁遠い用語で行なわれている論争に、人類が原因である放射熱による「温室効果」を有する様々なガスに関与する数値を提供できるということに注目しよう。

宇宙的思考の経験

さていよいよ温室効果といわれるガスの有効手段について詳述する時がきた。

バーナーの炎の上に出る、都市ガスあるいはブタンガスの燃焼滓である炭酸ガスと水蒸気を見ようとしても何も見えない。これらのガスは、周りの空気と同じように透明である。ガスは実際のところすべて、黒体とは逆に「ほぼ透明」である。黒体は照射するものをすべて完全に吸収する。そのアルベドは完璧にゼロだということを思い出してほしい。一方、ガスはほとんど透明である。その吸収係数は、X線から紫外線、ソフトX線に至るまで電磁放射線のほとんどすべての波長に対してゼロである。しかし、これらのガスの構成分子は特定の波長の電磁放射線と働き合うことのできる吸収線と呼ばれる形態をしている。この線の数は限られているが、分子構造が複雑になれば線の数も増える。

ある一定のガスの塊が、その一つの、または複数の吸収線に適応した波長の光線に照射されると、ガス塊は光線のエネルギーの一部を吸収する。吸収される量は、当然線ごとに光束が通過するガスの塊の反応傾向に依存する。そしてガスの塊の温度は上がり始める。しかし、同時にこの塊は内部エネルギーを、その環境条件を与えてくれる物理的プロセスを通して逃がそうとする。

ここでの筆者の主旨は、「温室効果」ガスがどのように「働く」のかをよく理解してもらうことなので、この宇宙の恒星群のどこかに、例の透明のガスに満ちたダイヤモンド球体を再現しようと思う。思考の単純操作によって、私はこの球体を地球と同じ軌道の上に置き、軌道から外れないようラグランジュ点(訳注17)のどちらかに定める。この球体とその中身の温度は、地球の表面の平均温度である一五℃だったことを思い出されたい。球体はそれと同じ状態にある。さてここで、球体の中に若干の炭酸ガス以外のを注入する（これは想像上の実験なので、その方法まではきかないでいただきたい）。ここにはこれ以外の環境では実現不可能な、「温室効果」ガスの純粋な放射実験の条件が整っている。

何が起きるだろうか？　ガスの温度は上がるだろうか、それとも下がるだろうか？　それを知るためには、まずガスが太陽光のどの部分を吸収できるかを算定しなければならない。まず図2で、吸収ラインが地球の軌道からの距離に対応した太陽光スペクトルの放射曲線に対してどのように並んでいるかがわかる。近紫外線内には、接近した二・七μmと四・五μmのラインが二本しかない。ラインが交叉する面S_1は地球に吸収される太陽エネルギーを表わす。

「温室効果」ガスの「働き」はどこでわかるか

続いて、ガスがその内部エネルギーをどのようにして放出するかを理解する必要がある。それはもちろん、何もない中身を攪拌するのはどのようにしても不可能である以上、伝導によるしかない。すなわち放射である。しかしガスは、その吸収ラインに一致する分子の振動形態から、吸収するのと同じやり方でしか放射できない。したがって、吸収ラインは同時に放射ラインでもある。蓄積という奇跡も鍋蓋効果もない。ガスはすべての方向に均等に放射するラジエーターのような働きをする。化学的でも機械的でも放射能でもないエネルギーの素というものがあれば、温室効果ガスはまさにそれであり、単なる放射エネルギーの変換器にすぎない。放射のそれぞれの源のスペクトル光曲線と交叉するラインにしたがって吸収し、その温度に対応する黒体からのスペクトル光曲線と交叉するラインに

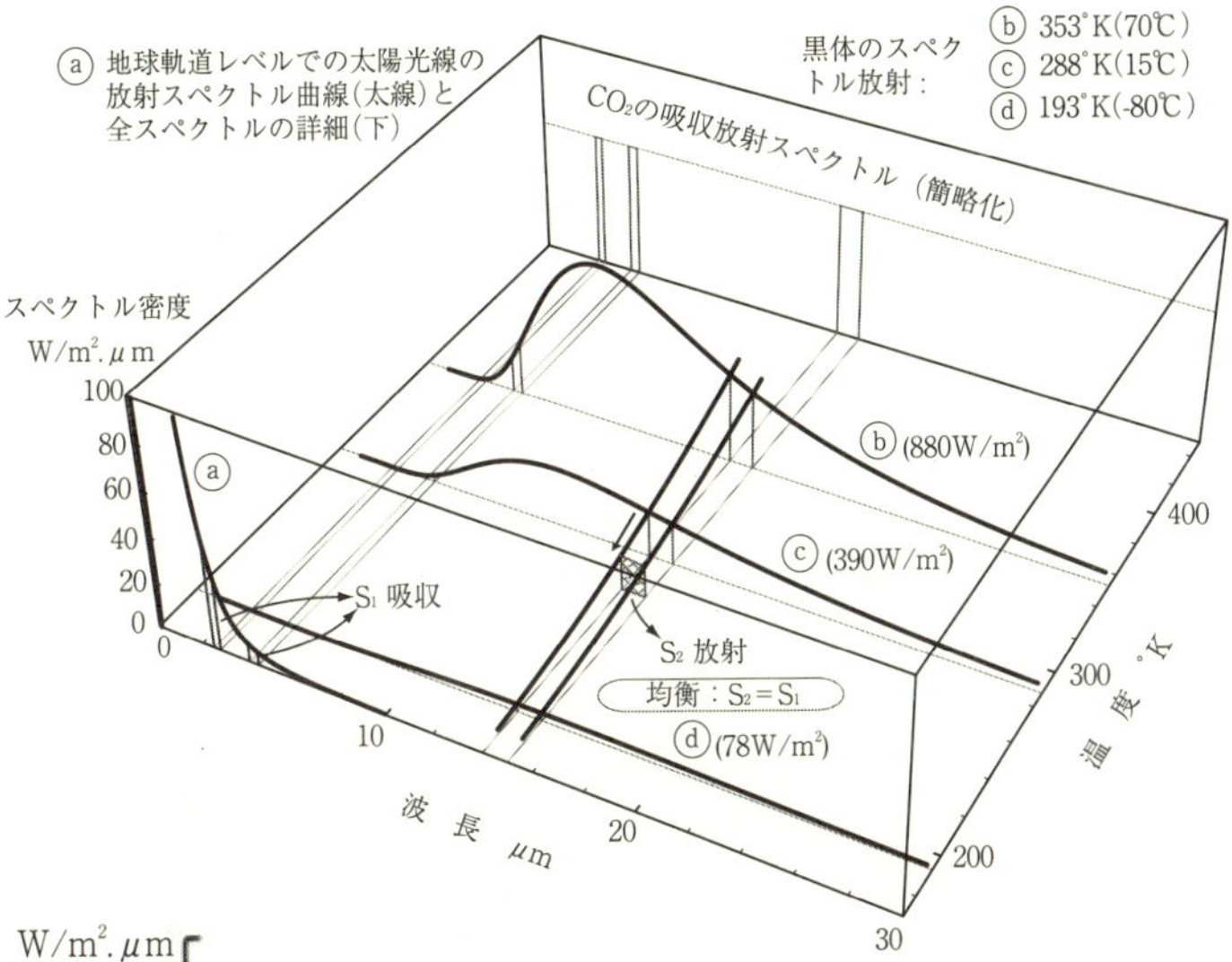

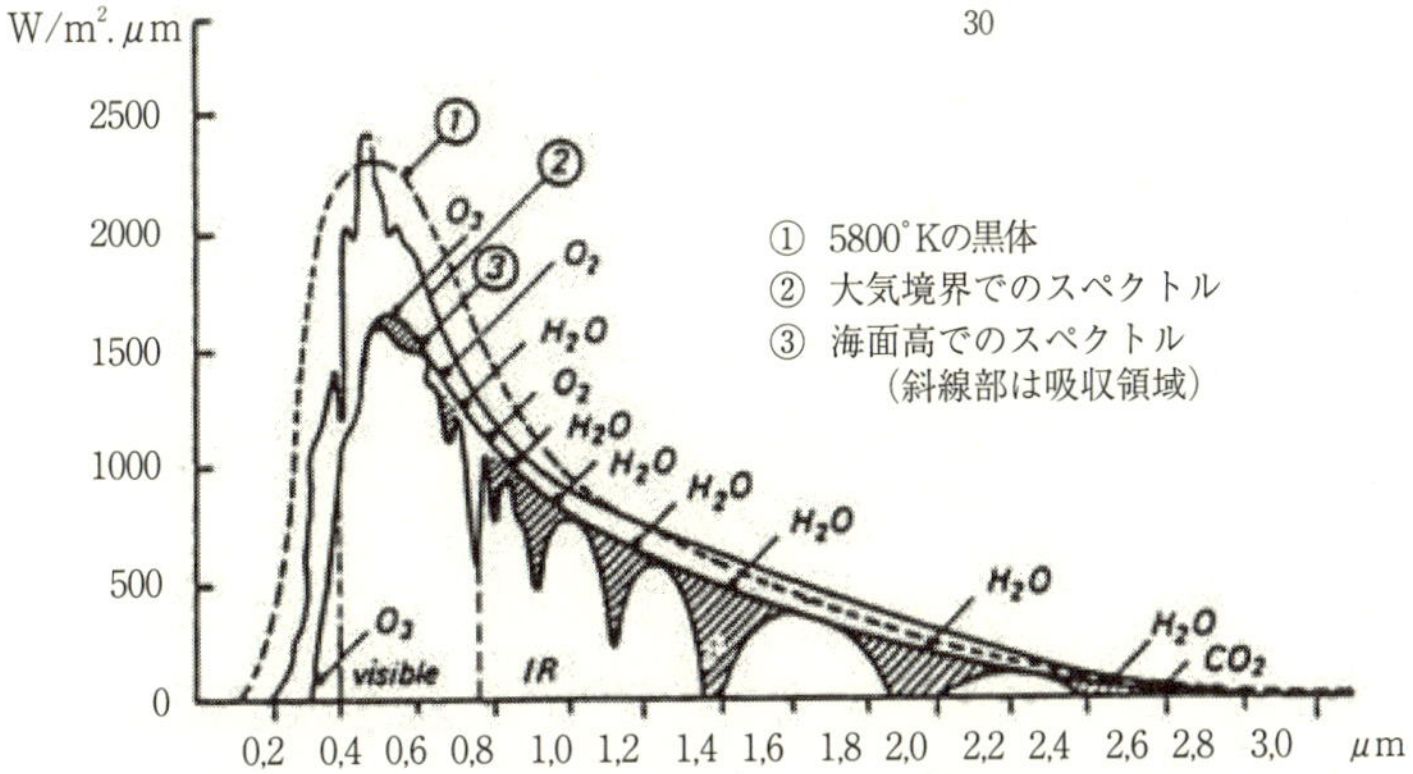

太陽光のスペクトル放射曲線

図２：温室効果ガスの機能

ガスは最初15℃（曲線c）でS_2の放射エネルギーが吸収されたS_1のエネルギーと等しくなるまで冷却される（矢印に沿って）。

したがって放射する。

一定の温度においてガスがどれだけのパワーを放射するかを知るには、その温度における黒体からのスペクトル光曲線下の放射／吸収スペクトルラインに覆われた表面を測定（各ラインの密度の比例配分）すれば十分だ。この表面は、放射された輻射エネルギーに対応する。ガスは最初一五℃で、この温度での黒体の放射曲線は図2の℃曲線である。考慮すべき唯一のラインは一五μm前後の太いラインであるが、S_2の放射面はS_1の吸収面より大きくなる。ガスはそこで吸収した量より多く放射し、冷える。計算によるとこの場合、窒素と炭酸ガスの混合気体の温度は、ある時間帯の初めにはマイナス六℃（二六七度K）で安定し、そのためにS_2はS_1と等しくなる。これが「温室効果」ガスの働きである。安定のために必要な時間はもちろん、白体とそのガス性内容物の総体の熱慣性による。長くても短くても移動で得られた温度は同等である。

温室効果が大気を冷やし風の源となる

また温室効果なき地球に戻り、分析を簡便にするために、大気に少量の炭酸ガスだけ注入しよう。この時、地球は温室効果のある惑星になるが、依然として乾燥した惑星であり、雲も海洋も植物連鎖も氷河もない。この新しい放射力のお蔭で地球の大気は、一部は当然地表に、そしてまた宇宙の全方向に向かって放射を始める。大気はその形成後間もなく、蓄積された化石エネルギーを吐き出すことになる。地面との関係はより効率的になり、エネルギー交換の大部分は紫外線の放射を通して、双方向的に距離を置いて接触することなく行なわれる。これ以降、地球の表面は夜間にも、大気の放射するガスが運ぶ放射熱を受けとる。太陽の光を最小にしか浴びない地域はより暖かい地域から運ばれてくる空気にエネルギーの補塡を蒙る。それは複雑な大気循環のシステムの成立によるものである。気候変化における最も決定的な要素として次の作用がある。極地の上、さらに一般的には高緯度において、低空層では太陽エネルギーを受ける量が少ないことと、地表からの熱がわずかであることから、熱が失われ続け、気温が急降下する。空気は濃密になり、上空の空気を希薄にさせ、低緯度からの空気の到来がそれに応える。低空層は低温、濃密となりレンズ状になって赤道に向かって移動する。冷たいレンズ状の気団を雲の冠が囲む現象は地球大気の観測衛星からよく見える。(原注15)

これらのいくつかの要素で、温室効果ガスの大気への導入が誘引する気候の革命が十分に認識できるであろう。「以前」の段階ではこれ以上何の展開もない。ここに結論を列挙するので、より簡単な理解のための一助とされたい。

- 温室効果が大気の状態を異質にし、そのことによって内部の熱対比を生む。
- この対比は気団の循環を揺曳(ようえい)させる熱力学的潜在エネルギーの差に相当する
- 地表(どこでも夜間の温度は低くなく、極地地域は寒くなく、熱帯地方は暑くない)の時空間熱対照を抑えながら地表と大気の交換の緊密化が生じる。
- 地球全体にわたって、温室効果が放射熱の収支がつねにマイナスである大気を冷やす。マイナス分は顕熱(訳注18)、水の存在、潜熱(訳注19)の形での地表のエネルギーから貰う。

• 地球全体にわたって、地表は空気よりも暖かくなり、太陽エネルギーの対流移動を相当に盛んにする。

図3は大気と地表と宇宙との間のエネルギー交換の収支を数字で示している。その情報を検証してみよう。

• 一〇五ワット／平方メートルは地表と大気が（地球のアルベドが一〇五／三四二＝〇・三〇七のところから）直接反射した可視光線の部分を表わし、システム内のエネルギー蓄積のいずれにも対応していないので収支には加味されない。

• 大気が受け取る放射エネルギーの流れは吸収された可視光線（六八ワット／平方メートル）の部分と地表の紫外線放射（三九〇ワット／平方メートル）の収支、四五八ワット／平方メートルとなる。

• 逆の流れとして、大気から放射される放射エネルギーの流れは宇宙に放射される紫外線の流れ（二三七ワット／平方メートル）と地表への紫外線の流れ（三二七ワット／平方メートル）の収支五六四ワット／平方メートルで、入射量一〇六ワット／平方メートルより多い。上層に上がった「温室効果」ガスの機能の分析が示すように、「温室効果」が大気を冷却する。大方が無視している基本的データである。

• 大気の放射熱のマイナス分は地表からの熱の移動で補填される。これは一六ワット／平方メート

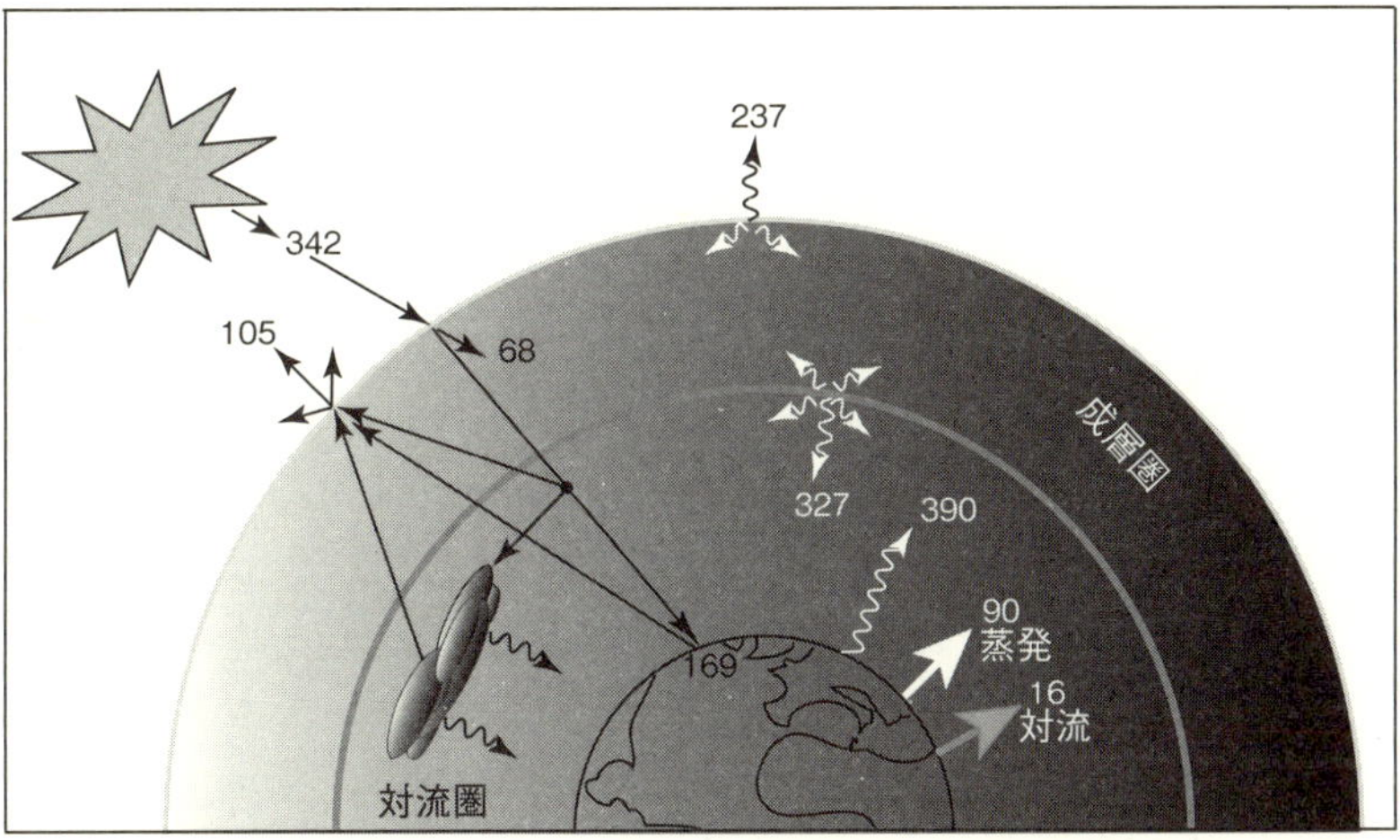

図３：地球の放射熱収支（ワット／平方メートル当たりの平均値）

可視光線
赤外線
熱の移動

ラマナタン (1989)

ル（地表は空気より暖かい）のレベルでの対流と九〇ワット／平方メートルのレベルの潜在熱（水蒸気の圧縮による）の形をとる。後者の数値は年間平均雨量一一七センチメートルに呼応する（つまり九〇ワットのエネルギーで一年に一・一七立方メートルの水を蒸発させるということである）

ここで問題になるのは、地球表面から放射される平均流量（三九〇ワット／平方メートル）を観測値温度（一五℃または二八八度K）を基点に計算することで生じる誤差を伴った近似値として算出された収支である。この点を修正するなら、表面放射は五から七ワット／平方メートルほど多く、均衡した収支を維持するための他の大気への移動の中に逆方向に分配する補塡となる。衛星観測のお蔭で放射熱の測定値が最も信頼できることを考慮に入れれば、この誤差は地表の熱の大気への移動の中に配分される。この段階で修正は必ずしも埒外の事ではなくなる。九〇分の七と一六分の七、つまり潜熱（そして雨量測定）の誤差の範囲が七・八％で、対流の誤差の範囲が四四％である。気候モデルは修正すべきだろうか？

温室効果で大気が膨張する

図4でより詳細に、温室効果の侵入が大気ではなく地表だけを対流圏界面[訳注20]まで冷やすことが確認できる。高空ではそれが逆になる。温室効果ガスの存在が成層圏と中間圏[訳注21]の空気を温める。大気の膨張はおそらく、温室効果ガスの存在が見せる最も目覚しい活動である。

「温室効果」あるいは「蓋」ともいうが、この言葉のどこが、放射性を持った大気が生みだす諸現象の豊かさを想起させるに不適切であるかがわかる。ゆえに、私たちはこれ以降しばらくは「温室効果」そして「温室効果ガス」という言葉を放射性、放射性ガス、放射性大気などの言葉と同じように使うことにする。さて、放射性ガスの存在は、急速な大気循環の必要不可欠な条件であることがわかった。乾燥した大気の場合にのみ信頼できる推論が可能になる（水と雲の水蒸気カップルは非常に複雑な動きをし、その上モデリングがとても厄介で、結果としてその放射性の増加のインパクトを質的に解説するのはさらに難しい）。水がない時、考慮しておくべき物理的プロセスは多い。放射交換、対流、伝導、そしてコリオリ力[訳注22]（地球の自転によって移動する気団に生じる力）である。気候のからくりにはまだわか

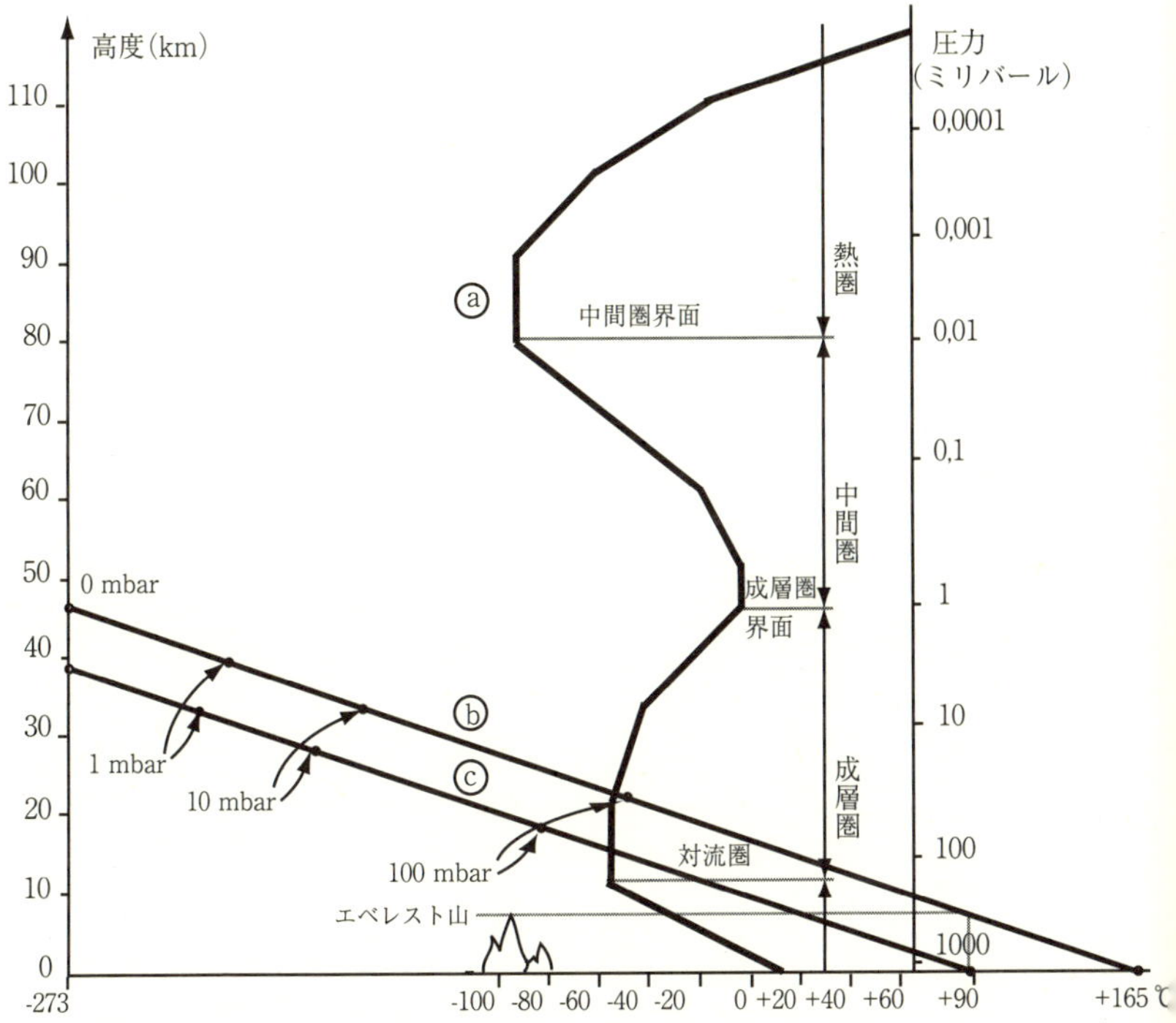

ⓐ　温室効果のある地球

ⓑ　温室効果が無く起伏のある地球

ⓒ　温室効果が無く起伏のない地球

図４：大気の平均的垂直構造

っていない複雑さが多くある。だが、気候の力学の大筋はすでにわかっている。水循環と海流によって起きる熱移動を緩和するものがない時、その境目が特に際立つことがある。これが地表と大気、昼と夜、夏と冬の温度の対比がより明瞭な理由である。循環はより速く行なわれ、風の強い、ほこりっぽい大気になる。

温室効果についてもう少し……

とにかく、私たちにわかっている大筋とほとんど変わらない状況で、大気の放射力を少し強めればどうなるだろう？　こうした大気の放射力を強めることは、紫外線の割合が増した地表からの放射線の、対流圏への吸収を引き起こす。対流圏は地表を温め、成層圏は冷える。結果、大気の吸収・放射ラインに対応する窓が次々に飽和し、これらの窓では地表から放射され対流圏を通過し、成層圏にたどり着く紫外線の割合はより少なくなる。そして、窓の放射熱の収支に対する地表の割合（ダイヤモンド球体の考察を思い起こされよ）は下がり、必ずその温度を下降させる。地球大気の放射性は百五十年来世界的に強まっており、人為的ガス排出、いわゆる「トレース＝痕跡」（炭酸ガス、メタン(訳注23)、亜酸化窒素(訳注24)、クロロフッ化炭素(訳注25)とその他のフッ素化合物、成層圏オゾン(訳注26)など）が対流圏の平均紫外線の地表への照射を一％弱ほど（計算上の数字。実際の観測はきわめて困難）かすかに高めていることがわかっている（いわゆる放射熱の人為的超過）。他方、地表と海面で行なわれた温度観測を寄せ集めると、地表の平均温度はこの期間に〇・六℃上がったことが示されている。しかし、最近のデータは地表の温度傾向は確認しているが、「期待した」対流圏の温暖化は示されていない。この温度は、「あるべきとされている」温度の三分の一でしかない。

「温室効果」のモデルには欠陥があったのか？　もちろんそうではない。モデリングの基礎になっている物理法則の有効性はずっと以前に確立されたものだ。地球の大気状態に無視しがたく影響し、被覆したりその逆であったりするガス痕跡の放射性の変化よりも決定的な多くの現象を、モデルが誤って解釈した、と単純に考えることもできるだろう。こうした困難を前に、モデリングに携わる人たちは、特に海洋の熱慣性といった干渉を数値化するのが難しい場合、自分の都合の良い方に話を片付ける。海洋の熱慣性に関しては、これが大気の光学的特性への干渉に関与することがないのは誰もが認めるところであろう。あるべき温暖化までには時間がかかる、というのはよく使われるもっともらしい主張で、その証拠例にも異議が出されており、過去と最近に起こった実際の気候変化を扱った第Ⅱ部でそれを示す。

シミュレーションの難解で複雑なシステム

温室効果のある気候と水の存在は、非常に複雑なシステムを構成する。モデリングには二つの段階が設定できる。一つは天候を予知する短期のもので、もう一つは気候を予告する長期のものである。気象予測は、気候予報のために通らねばならない道筋である。

最初の数値気象「予測」は、一九五〇年に最初の軍事用「スーパーコンピューター」のエニアックによるもので、これは数トンもする大きな機械であった。これにデータをインプットするために必要な時間（実験ごとに十日以上）を考えれば、これは大気の平均的状態の回顧的予測を単純化したものである。制限つき計算能力は一定の数の敏速な力学的現象を無視することにつながった。このアプローチは、モデルの中の天候に依存しない風と気圧を関係づけた。このタイプのモデルと計算式に改良が施され、コンピューターの性能のめざましい拡大と相まって、六〇年代半ばには使用可能な予測を得ることができるようになった。

平行して、簡略化されていない、いわゆる「基本的」一般方程式ではさらに多くの計算時間を必要とする流体力学モデルが発展した。このタイプのモデルは、強力なコンピューターを必要とする上、大気状態の正確な初期設定を必要とする。実際に起きていることとまったく関係のない大気の仮想的活動を作り出す間違った初期設定も簡単にできてしまう。非常に理論的でかつ数式的な数多くの改良が、気象学に地球的スケールのモデルをもたらした。最新型のものは、「遠隔地域」で起きていることを概略的に把握する格子間隔の大きいモデルと、一定の地理的領域内の天候を詳細に説明するための格子間隔の狭いモデルとに区別した解析ができる（「格子間隔」はモデル上で扱う大気の基本サイズとみなす）。

したがって、気象予測のモデルは大気の運動をシミュレートし、つねにその「状態」つまり格子ごとに風（動力エネルギー）、気圧（潜在的エネルギー）、気温（顕熱）、湿度（潜熱）の形態をとったエネルギー配置を把握せねばならない。大気中のエネルギーの移動と変化（拡散、放射、対流、凝縮）、地表とのエネルギー交換（摩擦、蒸発、対流）、地表と海面の状態の変化を扱うほか、地表の特徴（雪と氷の生成と融解、湿度の拡散、植生の反応）を変化させるプロセスも同様である。今後の予測の進歩とは、こうした現象をつねにより精密に再現させることを通して行なわれていく。費やされる計算の量は今後、大気の力学から得られるものを上回る。

同様に、表記と調整の難しさが想像できる大気循環のシミュレーションのモデルそれ自体の驚異的な成功を率直に認めたいものである。この点においては、現実の力学の間違った解釈からなのか、あるいはより狭い空間とより短い時間の範囲で展開しているからなのか、大量の現象がシミュレーションなしに数値化されていること（原注16）を知るべきである。

気候学モデルはまた、海洋の循環、大気の特質の多様性、植生の変化などもシミュレーションしなければならない。シミュレーションとは一日とか一週間単位ではなく、十年、百年の範囲で行なうものである。現在、問題点が集中しているのは、大気中への人為的ガスの排出に対する気候システムの反応である。

政治屋御用学者との初めての遭遇

算出された平均数値が、約二・五ワット／平方メートルに等しい人為的過剰放射熱の配分に関する結論を出そう。ガスの放射性の特徴からすれば、この過剰は温度に依存するものだとわかる。したがって、これは均一ではない。確かに緯度三〇度以下では最高で、極地圏内では最低である（北極で一・

六ワット／平方メートル、南極で一ワット／平方メートル以下）。放射熱二・五ワット／平方メートルの場合の大気のガス配分は以下のようになる。炭酸ガス六〇％、メタン一八％、亜酸化窒素六％、クロロフッ化炭素とその他のフッ素化合物、その他の物質による効果四％（様々な原因のエアロゾル、成層圏オゾンと対流圏オゾン。第Ⅰ部第5章参照）。

だが割合が異なる場合がある。総体としては排出ガスのほとんど全てが対象になっているが、炭酸ガスは人為的放射熱過重の上昇の約四五％しか関与しておらず、[原注17]このことが最も激しく警鐘を鳴らしたことで知られるＮＡＳＡのＪ・ハンセン局長[原注18]のような科学者たちをして、二〇〇〇年七月に「温室効果」に対抗する政策の復活を力説し、CO_2を攻撃するその前に、他の排出ガスに反対することを優先させる文書を発表せしめた。

特にＪ・ハンセンのような動機づけは問われるべきである。私は次のように分析する。

アメリカの政治階層はおそらく、明白な世論よりも経済およびアメリカ人の生き方を理由にした尺度に全面的に対応している。ＮＡＳＡの上層部は毎年、連邦政府の役人に彼らの計画を逐一評価してもらい、航空宇宙局の予算を承認してくれるよう説得しなければならない。一九八六年一月のチャレンジャーの惨事以後、重爆撃機を製造する軍需産業は、スペースシャトル計画と外国との競争の前で危機に瀕していた。軍需産業を犠牲にして、国家の威信をかけたミッションに集中していた費用のかかる（宇宙開発）戦略は、あらゆる方面から集中砲火を浴び、甚だしく国民の信用を落としかねないゆゆしき事態を招いていた。そこでＮＡＳＡは「オゾンホール」と気候の温暖化という切り札を出したのである。これは、地球と大気の観測活動の見直し、気候に関する科学的取り組みの発達進化、そして大きな環境運動団体（WRI、WWF、地球の友インターナショナル、NRDC、EDFなど）[原注19][訳注27]の目標に合致した情報の拡大によって人口に膾炙した。この戦略の成功は脱帽に値する。苦境を巧みに切り抜けたのだ。社会から正当な支持を獲得したことは多分NASAの事業に有利に働いたであろうし、しかも環境団体を都合良く動かし、オゾンホールと温室効果に反対する意義を大衆的に広めてくれるメディアの宣伝や政治的なプレッシャーまで導き出した。

しかしこんにち、緊急性の質とおそらくはその緊密性も変化した。北米は一九八八年の終わりから、寒波と記録的猛吹雪が連続する前世紀の頃のような厳しい冬に見舞われ始めた。竜巻とハリケーンが気候の温暖化に関係している、というような宣伝にやすやすと乗せられる者もいるが、国民全体としては、特に経済界などは、IPCCの教条に全面的にはなかなか同調しない。自らが条項づくりに参加していない国際協定の調印も、適宜な妥協も良しとしないアメリカ合衆国のナショナリストなどの反応も重要な役割を果たした。風向きはつねに変わる。別の航路を計算せねばならない。しかしながら、J・ハンセンとしてはそう簡単に意見を変えるわけにはいかなかった。彼はこの問題に深入りし過ぎていたし、NASAも同じであった。だからこそ、真底からの自己否定ではなく、圧倒的なメディア的名声を活用して、各種の人為的排出ガスの付加的「罪過」という、初めからわかっていた項目に注意を引きつけさせ、数字的にも若干の色をつけ、「科学的」論争の方向を操作し、炭酸ガスで受けた恥辱を軽減しようとしたのだ。かくして、発せられるメッセージは、炭酸ガスの脅威がはっきりすれば、それをつかまえる従来的あるいは革新的方法は十分なパフォーマンスを発揮できるレベルにまで到達するだろう、という期待で締めくくられる。

ＩＰＣＣと国連が打ち出した政策のプロセスについて扱った章で、この出版の基礎となった内容が、一九九〇年二月ワシントンでのＩＰＣＣ第三回総会にさかのぼるアメリカの戦略に記されていることがわかる。ブッシュ大統領による干渉を再読せず、この機会に提出されたようなアメリカの関わりに十分な注意を払わなかったために、ヨーロッパの委員は二〇〇〇年のハーグ会議でアメリカ代表から反対の立場をとらされた。

原注15　気候地理学者マルセル・ルルーはこれらの高層気象学的構造を「極地移動性高気圧（ＡＭＰ）」と命名した。『天候と気候の力学』（マルセル・ルルー著、デュノー刊、マッソン・シアンス叢書、二〇〇〇年第二版）子午線交換と擾動の発生、極地地方とグリーンランドにおけるＡＭＰの続発について（第Ｉ部第９章参照）

原注16　例えば、地表と大気間の相互作用の真っ只中での毛細管での水の上昇、植物の蒸散作用、乱対流による熱移動などが混ざり合った複合力学は参考資料の豊富な気象シークエンスをシミュレーションして規定した二、三の係数をあてはめた数式上に要約されている。魔法の数式は存在しないし、実際の移動とシミュレーション上の移動との間に数式の母数の変動によるところの顕著な歪みが観測される。気象学におけるモデル化の進化に関して、ジャン・コワフィエの論説「デジタル天候予測の半世紀」（『メテオロロジー』誌二〇〇〇年六月、八巻三十号）に注目すべき記述を見ることができる。

原注17　炭酸ガスの集中はその吸収放出ラインが飽和状態に近いのと同じ状態だからである。

原注18　一九八八年六月の合衆国議会の聴聞で同局長は北米に登場した熱くて乾燥した春は「温室効果」を原因とする気候の温暖化の証拠で、被害を与え始めている、と言明。この発言は数カ月後、一九八八年十月の国連総

会でのIPCCの正式発足に決定的な心理的インパクトを与えた。二〇〇〇年六月、彼の名はNASAの権威ある「ゴダード宇宙研究協会」による「二十一世紀の地球温暖化、もう一つの科学的モデル」(www.pnas.org.)という気候学会に一定程度の反響を与えた出版物の著者リストの筆頭にある。

原注19　EDF　Environmental Defense Fund　環境保護基金。

訳注16　Monsieur de la Palice。十六世紀フランス王国のフランソワ一世に使えた将軍ジャック・シャバンヌのこと。一五二五年の神聖ローマ軍とのイタリアでの戦いで英雄的な死を遂げた。「死ぬ十五分前までまだ生きていた」という有名な歌が伝わっている。

訳注17　ラグランジュ点。フランスの数学者で物理学者のルイ・ラグランジュ(一七三六～一八一三)が一七七六年に発見した宇宙物理法則。衛星が一定速度で太陽の周りを回るとき、重力のバランスを保つ太陽の引力と遠心力との間で平衡が保たれる。衛星が太陽に接近すると回転を速めて引力を相殺する。このように地球は一年かけて公転しながら平衡を保っている。しかしながら太陽と地球を結ぶ軸上に、太陽と地球の間と太陽から見た地球の裏側に太陽の周りを平衡を保ちながら一年かけて公転する衛星を置くことができる点が二カ所存在する。この二つの点をラグランジュ点と呼ぶ。これは地球の引力が太陽の引力に加わるか、または太陽の引力を奪うことによって起きる。この二点は地球からおよそ一五〇万キロメートルの所にある。また地球の軌道上の太陽と地球の間の距離を底辺とした正三角形の頂点に当たる二点と太陽の反対側に一点、全部で五つのラグランジュ点が存在する。

訳注18　顕熱　人間が感じることのできる熱。太陽熱、地表や海水や温風の暖かさなど。

訳注19　潜熱　地中や水中、海中、または水蒸気の形で雲や大気に保存されている熱エネルギー。

訳注20　対流圏界面　地表から高度平均一万メートルまでの大気層を対流圏(troposphere)という。圏内の空気が

上下にかき混ぜられている層で雲、雨から温帯低気圧、前線、台風など天候の変化を作る大気の活動はほとんどすべて対流圏内で起こっている。対流圏の上に成層圏があり、その境界面が対流圏界面である。

訳注21　中間圏　高度約五万メートルから高度八〜九万メートルの対流圏と成層圏の中間にある大気層。

訳注22　コリオリ力　地球の自転によって生じる物体の運動方向に加わる力のこと。フランスの土木技師、物理学者ガスパール・ギュスタヴ・ドゥ・コリオリ（Gaspard-Gustave de Coriolis、一七九二〜一八四三）の論文「物体のシステムに関連する運動の方程式について」の中で述べられた「コリオリの加速が運動の方程式に加えられた時の回転運動の法則」に由来する。コリオリは「仕事」という概念を機械工学に採り入れた人でもある。コリオリ力が地球気候にどのように働くかについては原注44を参照されたい。

訳注23　メタン（Methane）有機物が嫌気状態で腐敗、発酵するときに発生する気体。無色、可燃性。化学式はCH_4。温室効果ガスのうち約二〇％の影響力を持つ。

訳注24　亜酸化窒素（Nitrous Oxide）化学記号はN_2O。有機物、化石燃料の燃焼や窒素肥料で発生する物質。笑気ガスの成分。三〇〇℃で窒素と酸素に二：一の割合で分解する（空気は窒素四：酸素一）。地球温暖化係数は約六％でCO_2の百五十倍の熱吸収性を持つ。成層圏での光化学反応（紫外線による破壊）によってのみ除去される。ガソリン燃焼による排出量は全体の七％。海洋環境における窒素サイクルからの発生のメカニズムが注目されている。

訳注25　クロロフッ化炭素（Chrolofluorocarbure）フロンの一種。洗剤、噴霧剤、発泡剤など広く使われてきたが、化学的に安定した物質で大気中に放出されても対流圏では分解されにくく成層圏まで達する。そこで紫外線を浴びて初めて分解し塩素原子を放出する。この塩素原子が触媒になりオゾン分解作用が連鎖的に起こる。

訳注26　成層圏オゾン（Ozone Troposphérique）オゾンは酸素に紫外線が当たると発生する物質で強い酸化作用を持ち、人体や動植物にも有害である。成層圏にはオゾンを多く含む層があり太陽からの有害紫外線を遮断して

地表の生命を保護している。

訳注27

ＷＲＩ　World Resources Institute　世界資源研究所。地球温暖化の軽減を目指すＮＧＯ。一〇〇人の科学者、政策専門家、ビジネスアナリスト、統計学者、地図製作者などが結集し一九八二年にシカゴで発足。元ＮＲＤＣのジェームス・ペットがプレジデント。

ＷＷＦ　World Wide Fund for Nature　世界自然保護基金。一九八六年発足当時は World Wildlife Fund と呼んでいたが主旨を拡大して改称した。地球の自然破壊に反対し安全で健康な生活を目指すＮＧＯ。会員一〇〇万人を誇る。本部はスイス。

地球の友インターナショナル　Friends of the Earth International　主に原発に反対する世界の環境保護団体の連合体。七〇カ国以上の国から成る。会員一〇〇万人以上。一二〇〇人のスタッフを擁し毎年世界各地で総会を開いている。本部はオランダにある。

ＮＲＤＣ　Natural Resources Defense Council　天然資源保全協会。二〇〇三年にはアメリカ海軍の低周波ソナーを鯨の生態に悪影響があるとし、連邦議会に控訴しその使用を廃止させた。主として法廷闘争で目的を達してきた実績のある環境保護団体。会員一〇〇万人以上。

ＥＤＦ　Environmental Defense Fund　環境保護基金。レイチェル・カーソンの『沈黙の春』に触発されてＤＤＴの使用禁止運動をきっかけにアメリカで始まった環境保護活動団体。白鷺、ハゲワシ、ハヤブサの保護に始まり、カリフォルニアの水源保護、ガソリンの無鉛化規制、アマゾンの熱帯雨林保護活動、排ガス規制など影響を与えた活動は多い。

第4章　水上スキーをするモデル、狂ったモデリング

私は雪が好きだ……通り過ぎる雪……

シャルル・ボードレール

《要　約》

水循環は気候の舞台で主役を演じる。しかしこの役はつねに解読困難で、雲の不確実な役割ゆえに把握しづらい。この不確実さは、様々に異なるモデルを調整して表現されるが、予報となるとかなりの相違が生じる。興味深いのは、こうした相違が不調和な気候変化に関係しているのに、気候学の権威が一致団結して唱える説から外れていることである。

空気に少し水を加えるとすごい効果が！

水は地球上のどこにでも存在する。異なる形態をとり、あらゆる種類の状態で蓄積されている。そ

の形態たるや数え上げればきりがないほど無数にある。水の循環に関するデータは、大きな不確実性に覆われている。さて、水は気候のプロセスでもっとも活動的で複雑な構成要素の一つである。水は、潜熱の状態で、二〇％前後が地上のエネルギーの大気への移動に、六〇％が大気の放射熱に関与している。水は雲の放射的特性を通して、大気放射線の二〇％から四〇％を宇宙と地表に送る。他方、水は子午線と回帰線から、極地への熱の移動にも寄与している。熱帯地域の水蒸気が、全体的な大気循環によって運ばれるのである。この水蒸気は、高緯度の適切な条件下で凝縮する。潜熱のプロセスとして説明されるものだ。[原注20] 大切なのは、これらがすべて時と場所に応じて不均等に作用している、ということである。水をめぐって起きるこの大気と気候の現象の膨大な多様性は、浜の真砂のごとく尽きるところがない。これは大気の放射性という唯一の疑問が、水の作用によっていとも簡単に片付けられてしまうという話である。つまり、水循環が関与する変換作用の総和の基本データは、単なる観測では得られないということをすばやく察知すべきなのである。この領域ではモデリングの右に出るものはなく、矛盾があるとすればその方法自体にある。

まったく当たり前で、手を延ばせば届きそうな範囲にあるのに、いざ捕まえるとなるとここで厄介なことが現実となる。年間平均雨量は観測できないのだ。この規模はとてつもなく大きいもので、地表から（雲が形成される異なる高度と緯度での）大気にもたらされた潜熱に等しく、そのエネルギーの総和を特定するために不可欠なデータの基礎となる。船がめったに通過しないような海洋に降り注ぐ雨の量を、実際の話、いかに正確に算定するのか？　雨量計から集められた大量のデータも、各地の風と気流の条件次第では疑わしいものとなる。

最大の帯水層、つまり対流圏が含む水の量は最少でほとんど大部分が気体の形をとっている（すでに見たように断熱性の観点から成層圏は対流圏より暖かい。冷気の壁の法則から、成層圏は地球全体にわたって乾燥している。よって、すでに書いたが、超音速航空機の定期航路が闖入することにより誘発される乱気流を無視することはできない）[原注21]。対流圏の水の量は一万三〇〇〇キロ立方メートルと推定され、そのうち一％以下が液体もしくは雲の中にある固体である。空の上にある水槽といえる雲の実体は、通常厚さおよそ〇・〇八六ミリメートル（一九八七年～一九八八年に打ち上げられた気象衛星ノアの九号と一〇号が採集したデータを参考にしてISCCP計画[原注22]に組み入れられた数値による）の薄い膜である。この膜は地表と地下に存在する全水分の一〇〇万分の一％以下の量に匹敵する。しかるに、この触ってもわからないくらいの薄いフィルムが、おそらくは大気という巨大な機械の働きにおける不確実性の最大の源を構成しているのである。

雲は熱帯を冷やし極地を暖める

コロラド州ボルダーにある国立大気研究センター（NCAR）は、気象学の近代化と水の循環に関する興味深い問題を長く専門にしてきた研究陣を擁している。

一九九四年十一月、NCAR研究所長のJ・キールは雲と気象システムへの影響についての署名論文を科学雑誌『フィジックス・トゥデイ』に発表した。この論文は、明確かつ図解も入れたやり方で気象モデルにおける雲の正確な役割を述べる一大挑戦であった。彼は、緯度五〇度以下で雲がどのようにして大気を暖め、高緯度で冷やすのか（地上から見て雲が低緯度の地表の温暖化と高緯度の冷却化を低減することを意味する）などといったことがらは世界的によく理解されていると述べている。筆者はこの点に固執したい。なぜならこれは、五、六年来激しい論議の対象になっている、宇宙線が気候に及ぼす影響の可能性を考える際に想起されるものだからである。

この論文の興味は、モデル（とりわけ側面交換を無視した平面幾何学上の雲）に導入された矛盾点と、雲の光学特性（例えば近赤外可視光線内の光線吸収能力はおよそ一〇〇％の値）に漂う不確実性に注目していることにある。彼はまた、気象衛星が集めた月々の放射量の収支によるものだとして、気候モデルが有効だと強調しているが、これでは不十分である。もっと短い、一日毎の水準に至るまでの時間の間隔で取り組む必要があるし、エルニーニョのような現象を扱う長い場合には、二～三年の間隔が必要である。論文は、解決されていない基本的問題のリストを列挙して結論としている。異質な雲の形成による放射効果を、いかに数百キロメートルの間隔で積分するのか？　この全く基本的な問いに答えるため、彼は雲の幾何学と異質性、および水滴の形成に関与し、雲の次元と光学特性を規定する原子物理学的プロセスの理論的結果に助けを求める。これは一九九四年の話である。科学的にはもう十分にわかっているという宣言の響きが良かったリオデジャネイロ会議の二年後、グリーンピース・インターナショナルの科学部長ジェレミー・レゲットの、地球の温暖化を止めるためのドラスティックで即刻な処置を求めた圧力的要求、そしてその目的のために、気候の不断の脅威（一九九〇年二月ワシントンにおけるＩＰＣＣ第三回総会での宣言中の彼自身の言葉による）を現実的に示したＩＰＣＣによる勧告が出された四年後のことだ。

モデリングの悪夢

Ｊ・キールの署名記事から六年後、二〇〇〇年二月二十日ワシントンＤＣで、水の循環と雲の役割が権威あるＡＡＡＳ（アメリカ科学振興協会）の年次シンポジウムの中心テーマになった。ボルダーにあるコロラド大学の教授ランドール博士は状況に関する総括を報告した。この厳粛な場で教授が選んだ言葉は、アメリカ人お似合いの十分に露骨な表現の自由さとともに、ここに報告し、恥じをしのんで翻訳するに値する。

「これは多くの理由から非常に胸くその悪い問題である」と彼は言った。

「例えば、水は極度の『凝結』状態になりやすい。大気中には数キロメートルにわたって湿ったゾーンがあり、次いで乾いたゾーンがあり、また別の湿ったゾーンと繰り返していく。（中略）雲の直近の空気の運動は特に複雑である。（中略）空気が雲の中に入るとその運動は乱気となり、同時に数学モデルの深刻な問題となる」

彼は地表と海洋で発生し、気化した水が何度にもわたっていかにそのフェーズを変える（蒸気の状態から液体に変化し、またその逆に変化する）のかを解説しながら、雨または雪となって落下するまでの平均八日間の大気中での滞在期間を追う。関与するエネルギーの量と、大気の光学特性に関連した多様性から、こうした種類のプロセスの数学的理解と解釈には重要性がある。ランドールはまた、こうしたエネルギーを大きさの順に並べる。そして相当なエネルギー的重要性を持つ、正確かつ激しいこれらの現象に固執する。それは低気圧である。(原注23) 低気圧は対流圏の中の水とエネルギーを移動させる。

「低気圧は空気をわずか三十分で対流圏の頂点にまで運ぶことができる」

「低気圧には特急エレベーターのような機能があり、大気を通過するエネルギーの束に巨大な影響を与える」

ランドールは、太陽光線と地表からの赤外線放射が雲と水蒸気と相互に作用し、雲が一方では太陽光線の一部を宇宙に放出して地球を冷却し、もう一方で赤外線を捕まえることで地球を暖める、という二重の役割を演じていると、すでによく知られていることに再び戻る。

地球の大気循環のモデルに不可欠な数学的方法論が行き詰ったことで、結局のところ、相対的に単純なこれら大気現象のモデリングが難しくなったことを白状しつつ、彼は続ける。

「水ほど厄介なものはない」と彼は結ぶ。

「大気科学の学会は二種類の人種を保護している。私たちのように数学を好む者とそうでない者とがいる。モデルに擦り寄りたがる者のほとんどは水の複雑性から逃げる。数学的には水は見事なまでに不可解であるが、私たちのようにそれに惹かれる者もいる。なぜなら、水は大気を解明する上で、きわめて興味深い役割を持つからである」

この話は、すでに二十年以上も前から地上でも宇宙でも様々な方法が試みられてきたにもかかわらず、水循環の不可解さにあまり変わりがないことを示している。

これらの現代の気候をリアルにモデリングする問題に付け加わるのが、対流圏の平均湿度と雲の被覆に対する温室効果ガスの集中増加への効果の評価問題である。モデリングの何が「水の複雑性」をマスターするにおぼつかないかは今見たばかりである。モデルを作る人たちが、この効果の関連性を数式で表わすのは不可能である。これは選択の問題なのだ。実際の実験では、二・五ワット／平方メートル当たりプラス〇・六℃の人為的過重がかかる。反作用（空気の湿度の上昇はしたがって、冷却性のある雲の被覆によって補われる）の不在のため、他の場所でも同様である。しかし、モデルのほとんどがポジティブな反作用で調整されている。つまり、空気の湿度上昇によって生まれた補足的過重放射は、雲の被覆の偶発的変形によってゼロになることはない。しかしながら、他のパラメーター(訳注28)がモデルの計測に干渉してくる。

また、現実の気候の大きな方向性を見出すために設定されたモデルは、排出の筋書きによって生じる将来的結果の予測を求められた場合には、見るからにばらつき始める。この相違は、気候の現実性をしっかりとした方法で表現し、未来を予測するモデルが持つ限界を証明している。なぜなら、変化する気候の甚だしい違いにその都度モデルが対応しているからである。

不確実な計算による不適切な予測

図5は、人間活動による排出ガスの筋書き（八十年間にCO_2が毎年一％増加する）に対応した十五の

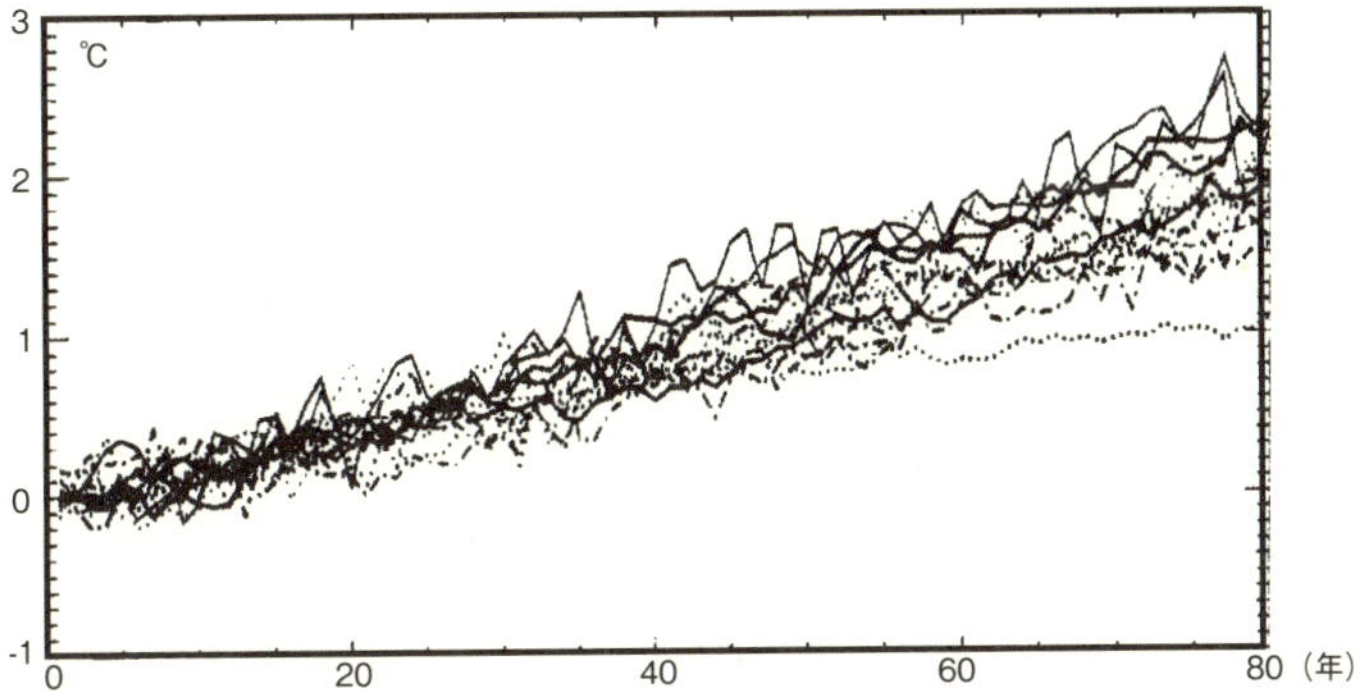

15の参考数値モデルによる空気中のCO_2濃度の1%上昇ごとに対する地表の年間平均温度の変化

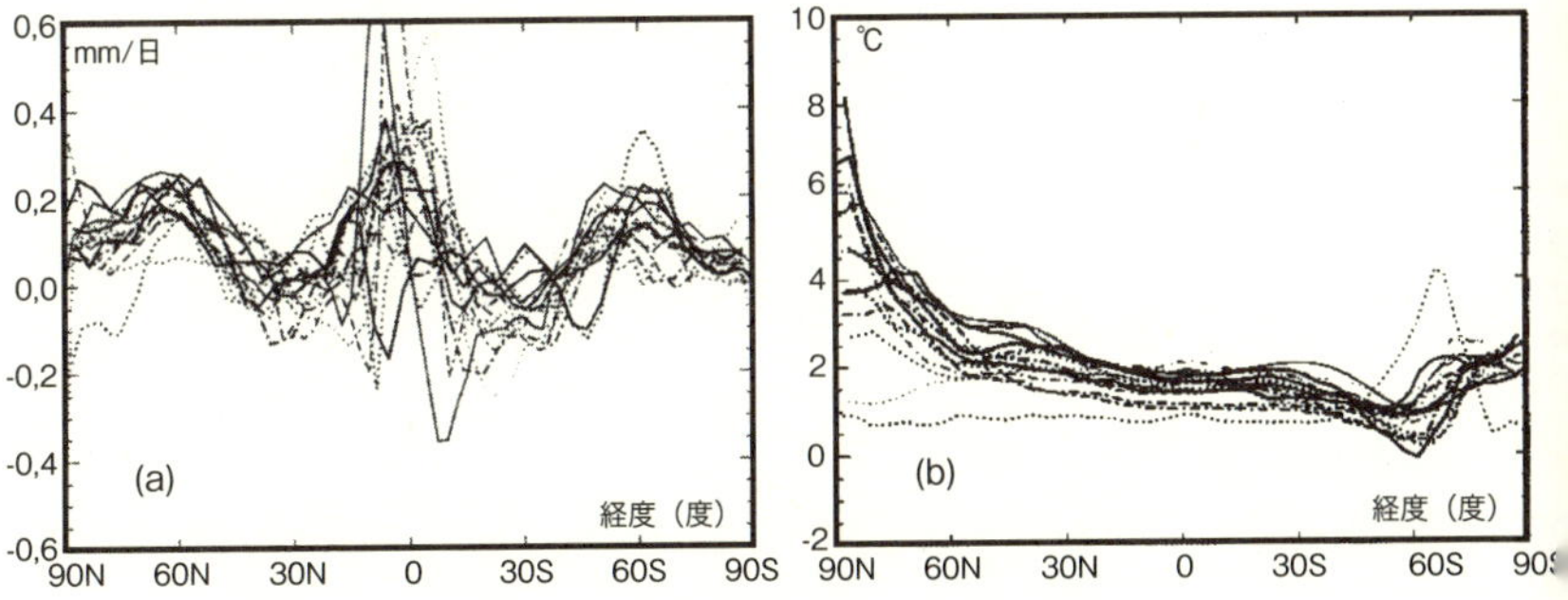

同様の15の参考数値モデルによる空気中のCO_2濃度の1%上昇ごとに対する(a) 降雨量の地域的変化、(b) 温度の地域的変化 の2061年～2080年における年間平均値

図５：15 種のモデルが提示する予測（IPSL 資料）

モデル間で完全に異なる気候に対応した調査規模の進化状況に一致を見ることができないモデルの不適格さが指摘できる。

モデル(原注24)による三種類の予測を集約したものである。一番目は平均温度、二番目と三番目は各々緯度に応じた年間雨量と年間平均温度を示している。シリウス星からやってきた「正直な訪問者」(訳注29)の観点からこのグラフを考えてみよう。

放射光線という言葉を「漠然と」解釈すれば、温度曲線間の幅が一・五度Kとすると、地表から反射された光線つまり散乱の分岐点は八・三ワット／平方メートルとなり、人為的排出による過剰放射は四・三ワット／平方メートルにすぎない。温室効果の不確実性の分岐点は原因のおよそ倍で、可能な誤差はこの分岐点内にとどまらない。すべての科学者の一致するところでもあるのだ……。にもかかわらず数値を得るために筋書きを書かねばならず、モデルに勝利者の栄誉をもたらさねばならない！　温度の緯度分布を見れば、もう少し先に進むべきであることがわかる。(原注25)

雨量変化の曲線が証明する中身の水準はもっと低い。その表示するものには何の保証もない。生命の条件においては、雨量は温度より重要なのだが。

我らが訪問者は、モデリングの技術は未熟である、とずばり言い切るであろう。そして自分の星に戻り、さして面白くもなさそうに、地球の気候モデルの能力では実用的な予測を引き出すのは無理な話だね、と家族に話すだろう。そして多分、大部分が脆弱で議論の余地のある、おまけに支離滅裂な数字を根拠にした大騒ぎと、結論として論理的に説明のつかないコンセンサスを前に、驚きを隠せないだろう。これについても語らねばならないのであるが、これは次章に譲る。

その前に、ＩＰＣＣが一九九五年度報告の幹事会要約で、問題をどのように要約しているかを引用するのも有益であると思われる。

「半球あるいは大陸のスケールでの海洋と大気を組み合わせたモデルの計画は、地域的スケールよりも信頼できる（?）。温度に関する予測の方が、水循環に関する予測より有利であると思われる」後半には厳密に言って全く信頼性がないのはわかるが、前半に関していかなる意味で信頼という言葉を使っているのかは要約には述べられていないのである。

原注20　水一グラムを気化するには水一〇グラムの温度を五六℃に上げるのと同じエネルギーを要する。水蒸気が液体に戻る時、このエネルギーも元に戻り、そこでその場を強く温める働きをする。

原注21　本書とは関係のないある記録には、最近の観測（一九九六年）結果によるとロケットの航跡の周囲四〜一〇キロメートルの幅で約一時間成層圏のオゾンが明らかに減少することが示されている。ここで科学はポエジーと合体する。数年前、宇宙をテーマにした絵画コンクールで、地球と宇宙空間の間の大気圏の境界線に開けられた穴を通過するロケットを描いた子供がいた。この穴は何かという質問にこの子は、これはオゾンの穴でロケットを通すために開けてあるのだ、と答えた。

原注22　ＩＳＣＣＰ計画　国際雲気象学観測衛星計画。

原注23　地球上には毎日約五〇万の低気圧が発生している。大部分は「赤道チムニー」から上ってくる熱帯エネルギーから発生する。低気圧の現象にはまだミステリアスな面が隠されていて、大気の物理的特性の多様性とその発生との関連性や気候変化との関連性はまだ確立されていない。現象の短さと弱い拡張力、シミュレーションはされていないが確立論や助変数方程式で扱われている。当然のこと、ランドールはこの点にこだわる。

原注24　二〇〇〇年のＩＰＣＣレポートは二一〇〇年の人為的排出過重を約五・五ワット／平方メートルに導く経済シナリオに特権を与えている。予測が示す温度の分岐点はこの時点では二・五℃、または一四ワット／平方メー

トルのモデルの不確実性は図5で示す実験結果より相対的に大きい。

原注25　極地地域の予測の分岐点七℃は平均三〇ワット／平方メートル台の熱線の差に呼応する。つまり「温室効果」空中摂動（一・五～二ワット／平方メートル）の十から十五倍の値である。このような数字は、報告はしっかりしているという「証拠」として発表され、まかり通っている。判定する者はいない……。

訳注28　パラメーターとは主たる変数または関数に対して補助的に用いられる変数のこと。助変数または媒介変数と呼ぶ。諸現象を数値でシミュレートしたとき物理法則にしたがって質的、量的、時間的変化などを表わすために用いることによって様々に異なる曲線が描かれる。

訳注29　著者はここで、仏哲学者ヴォルテール（フランソワ・マリー・アルエ）が一七五二年に地下出版した、地球というちっぽけだが豊かな天体に住む人間という愚かな存在を嘲笑する物語『ミクロメガス』に登場するシリウス星人を引用していると思われる。

第5章　塵と大気の化学

学者が他の学者を賞賛する言葉は
甘い蜜の味をした毒である

ヴィクトール・ユーゴー

《要　約》

気候変化の唯一の要因としての放射ガスの人為的排出とともに生じた平均温度の変化の再現に決定的に失敗したモデルは、エアロゾルやその他の塵を冷却要因に利用する。しかしその活動は、特にそれが衰えた時、雲の活動よりも特徴づけが難しい。したがって、その活動はパラメーター（助変数）の数式で表わされる。モデルの調整に一定の自由が与えられているお陰で、シミュレートされた平均温度の曲線と現実のものとが接近する。それは続いて、人間活動による間接的な放射効果に接近する。対流圏のオゾンの発生に寄与する最も重要なことが、大気化学の複雑性の一つの例として説明される。

塵まみれの方が効果が高い

「肺なんですよ、肺！」十年来、「温室効果」が荒廃せる気候変化の主要な原因だと耳にタコができるほど聞かされてきた。筆者が前著でも引用したトクヴィル(訳注30)は、その滑らかで無比の中立的スタイルをもって、安易な説明へと人の心を籠絡する誘惑を告発している。

「複雑さは人の心を疲れさせ、人は唯一の原因だけが果てしない大きな結果を生むという考えの中に易々と溺れがちなものである」

この思考を考慮に入れつつ、私たちが告発している「政治的に正しい」と提示された気候のカルテと変わらぬ単純化主義に自らが陥らぬよう気をつけたいものだ。

まず一番に何が喧伝されているかといえば、要は「地球は温められ、おかしくなる危険がある！」ということだ。色々な発見にショックを受けて、納得の行く説明が求められている。必要な条件は、モデルに過去を再現する能力があれば予測も可能であるということである。仔細に検討すればこんなことは十年前には手に負えないことではなかった。

最終的な問題であり、つねに見事なまでの不協和音を奏でている地球の平均温度の問題のみを考えてみよう。シミュレーションと事実との間の隔たりは（科学の）進歩で縮められねばならなかった。だからこそ「温室効果」の他の要因がモデルに導入された。不完全さは少しずつ改めら

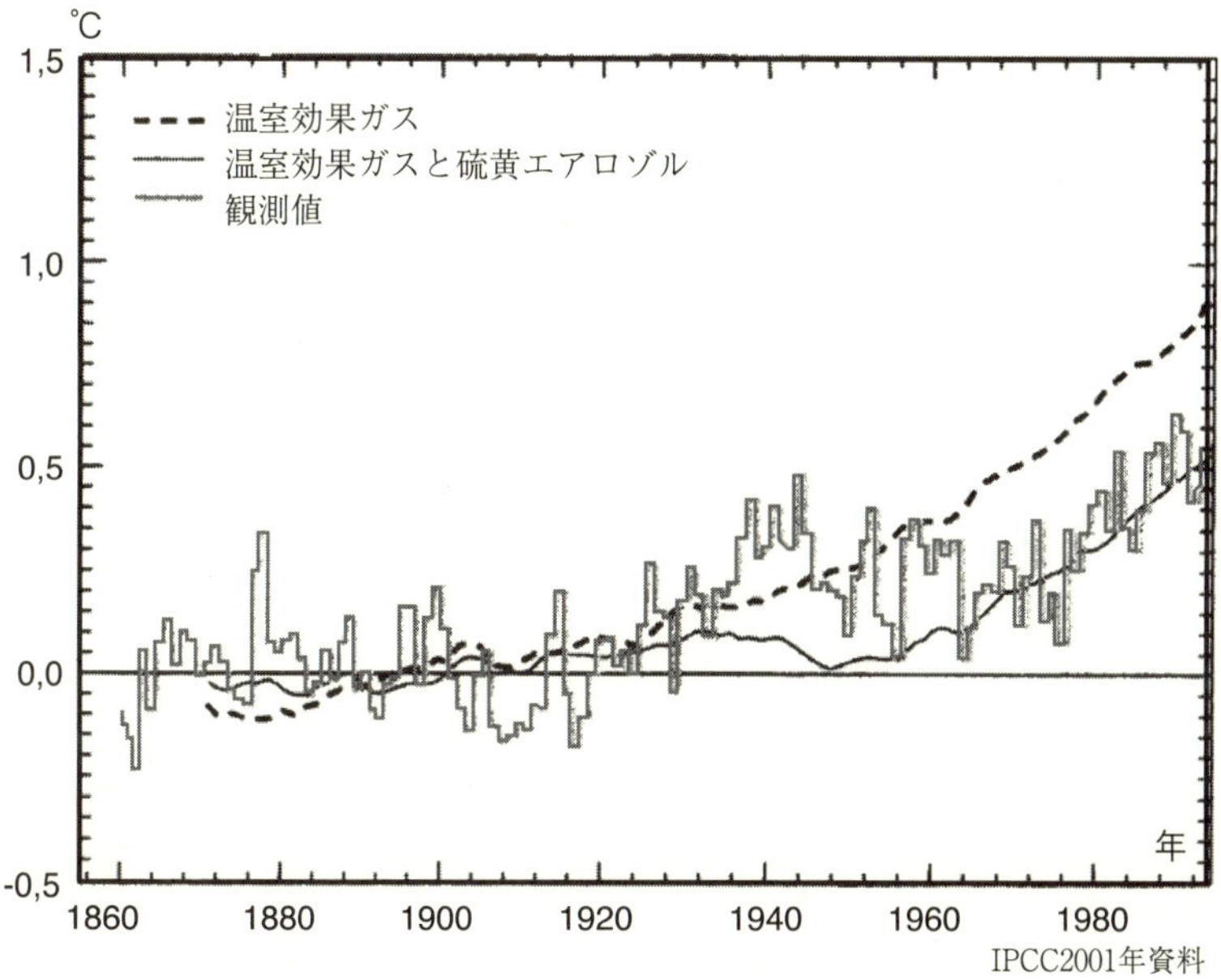

２種類のモデリングと地表の年間平均温度変化との比較

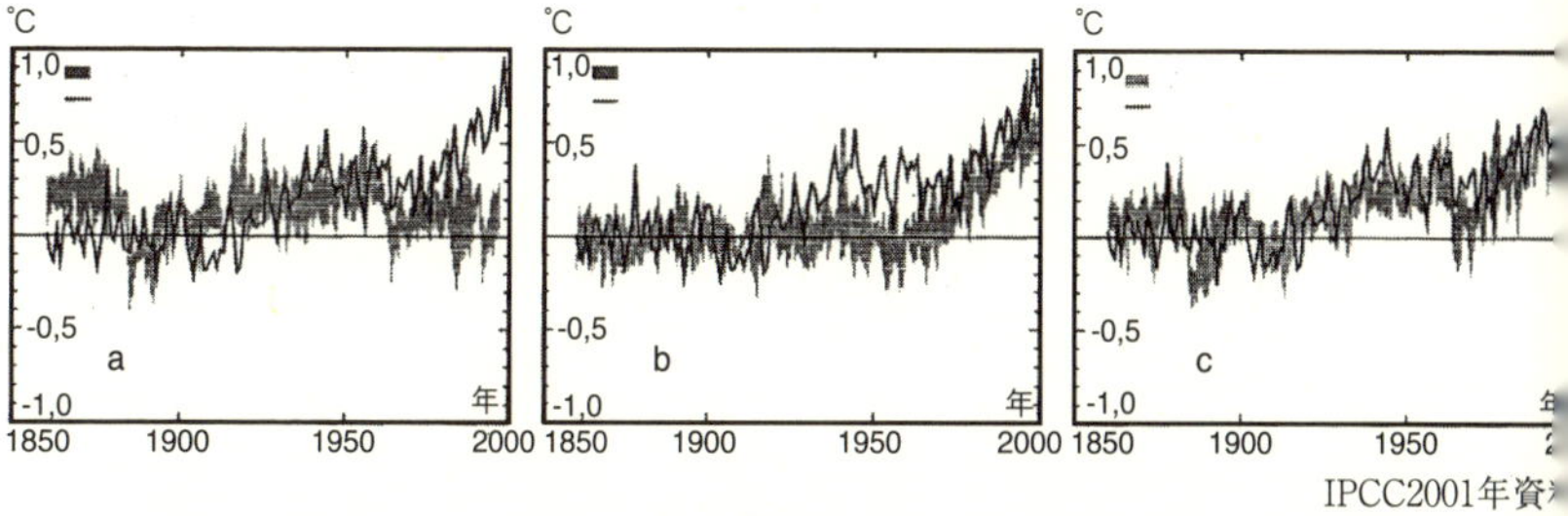

図６：1996 年と 2001 年の地表の年間平均温度の進化を再構成するためのモデルの調整による影響例

a：一切の摂動（温室効果、エアロゾルなど）を含まない４つのシミュレーション
b：人為的排出による過剰放射を含む４つのシミュレーション
c：「すべての過剰放射」を含む４つのシミュレーション

れ、新しい効果を示すチャンスが生まれる。例証なしに伝えることが難しい、主観的な印象の世界なのである。この例証は、エアロゾルと塵の人為的排出の問題に関係している。この例が気候の舞台の正面に登場してきたやり方には、メッセージを当世風にするべく、いかに上手に仕掛けるかが十分に説明されている。特に、どのような時に海洋に助けを求めることになるのか、といった別の問題も取り上げよう。

図6の、最近百五十年間の地球の年間平均温度の二系列の曲線について考えてみよう。最初の系列は、一九九六年にIPCCが選択し公表したもので、同じモデルによる二種類のシミュレーションを比較している（点線）。一つは「温室効果」のみによる温度上昇で調整され、他方はエアロゾルを考慮に入れて調整したものである（実線）。モデリングは、それがおおむね依拠してきた唯一の一大根拠である平均温度の進展に追いつくことに何年間も失敗してきた。大量の人為的ガスが大気に排出される前の初期においては、調整は順調になされ「栄光の三十年」(訳注31)の初頭から測定されていた現実の数値との相違が拡大する傾向にあった。答はいとも簡単に出た。冷却作用を持つ要因が排出ガスとペアになって含まれている。工場の煤煙あるいはエアロゾルがそれである。これが単純なものではなく、光学的に類似する雲の問題よりおそらく面倒な物質なのである。その性質とサイズによって、エアロゾルは時には太陽光に対して遮蔽幕になり（一九九一年のピナツボ火山の噴火で広範囲に広がったごとく）、時には地表の赤外線をとらえる働きもする。こんにち、排出エアロゾルの性格を規定するのは微妙なものがある。過去についてては何をかいわんやである！　とはいうものの、人はグラフで確か

めたがるので、グラフの最後の部分、つまり現代の温暖化と「ぴったり」合わさるパラメーター表示が開発された。だがその代償として、一九一五年から一九四〇年の間に生じた温暖化と、その後六〇年代の終わりまでに起きた変化は、モデルから脱落し、厳密な意味では完全に除外されてしまった。これは向こう一世紀の予測に信頼性をもたらす妨げになる（法則、厳密に言うと先験的調整に従うべきである）。

二番目の系列は、同じく二〇〇〇年末にＩＰＣＣが発表したもので、同じ手順を踏んでおり、モデルにとってははるかに喜ばしい結果となったようである。このイリュージョン・マジシャンの公演ツアーのような印象を与える原因は、人為的か非人為的かどうかにかかわらず、様々に異なる摂動を、単一のシミュレーションが提示した数字で示さず、ＩＰＣＣによる政策決定者のための技術概要のエッセンスの「最大評価」に倣って、「最もあり得る」数値に本能的に目が行く、中央の不確実ゾーンでの四種類のシミュレーションの総合的数値だからである。この提示方法が、一九二〇年から一九五〇年の間の優れたシミュレーションと、その後のやや劣るもの、あるいは初めは並で次第に正確になったその他のシミュレーションと両立しないという証拠はない。証拠こそないが、時を選ばず当てはまるシミュレーションとなればこんな便利なものはなく、万人に歓迎される超特ダネを狙ってのものである。嘘も方便か？　こじつけによって、観測された気候変化を十分に「説明」できるなら、他にもこじつけで役に立っているという可能性を排除できない、という意味なのだろうか。

こうしたこじつけの中に、火山の噴火に誘発されたものがある。高所大気中への大量の塵と、エアロゾルの注入を伴う噴火の度に気候が寒冷化し、時には二〜三年にわたって収穫に壊滅的打撃を与える。この寒冷化は均質ではなく、ふつう火山噴火の起こる半球でより強い。それは夏より冬に顕著だ。地球の平均気温は一℃の一〇分の一単位で低下する。

高層オゾンと低層オゾンは完全に別物である

もう少し発展する価値のある分野がある。大気化学である。大気中に存在するガスと分子間の化学反応の、想像を超えた複雑性を大筋だけでも説明するのも、これらの反応が及ぼす過剰放射熱に対する無視できない効果を説明するのも、大変なことである。しかも、オゾンの化学は研究課題の中で特に重要な位置を占めている。まず歴史的に見た場合、オゾンホールの問題が気候警告に先行して取り沙汰され、大気の放射熱の総和との関係と、成層圏のオゾンの減少（オゾンホール）と対流圏のオゾンの増加（産業公害の確実な結果）が、いくつかの疾病の原因になる、という人間の健康の観点では脇におかれていた。

そこで、成層圏のオゾンホールの主役について考えて見よう。まず知っておくべきことは、CFC[原注26]が春先における高緯度地域でのオゾン層の部分的破壊の原因にほぼなっており、CFCの代替物質が一九八七年に調印された国際協定、すなわちモントリオール議定書以来開発されているということである。成層圏オゾンは、反応を惹起しうる分子が他に存在している空気中の酸素に、太陽光の紫外線が作用して発生する、温室効果を持ったガスのことである。その濃度が下がると、地表への紫外線のより強力な通り道を開けることになるので、生命体にはより危険なものになる（若年性白内障や悪性黒色腫の増加、植物性プランクトンを損傷する可能性）。放射熱量へのインパクトは小さい。放射性ガスであるオゾンの濃度の減少は成層圏の温度を下げる。より少ない放射性ガスと最低減の温度によって、赤外線に照射された成層圏の放射熱の低下が引き起こされる。赤外線の地表への効果は、およそ〇・一ワット／平方メートルで、低下を引き起こすＣＦＣの過剰放射熱と代替物によって、釣り合いがとれる水準はほぼ〇・二五ワット／平方メートルである。

もう一つのオゾンは対流圏で発生し、対流圏に入る紫外線の多様な光線の全くの埒外にある場合を除いて、成層圏で起こることとは何の関係もないことから、全面的に区別した形で検証すべきである。この存在は自然物（例えば広葉樹や針葉樹の葉から発散するテレピン）、人工物（燃料の不完全燃焼ガス、蒸発した炭化水素など）、あるいは両方（メタンガス）などの炭化水素類[原注27]の蒸気に対する紫外線の反応を生む。化学反応はきわめて難解で矛盾したものだ。窒素酸化物も燃料から発生し、逆説的な形で化学反応を起こす。一定の濃度の炭化水素の場合、窒素酸化物との関係におけるオゾン濃度の曲線は初めは上昇し、次いで下降する。別の言い方をすれば、ある都市の空気中のオゾン濃度の数値については、窒素酸化物の濃度が弱いものと強いものとの二つの数値があり得る。もしそれが初めの数値ならば、窒素酸化物の排出を抑えれば良いわけで、すべてに通用する。もしそれが、オゾン濃度の観点において二番目の最高の数値ならば、窒素酸化物の含有量を増やせば良いということになる。しかし、最善なのは、オゾンの含有率の最大可能量を制限するために、炭化水素の濃度を抑えることである。この問題性は特に、公衆衛生に関わる。それは、エンジンから排出される超微細な粉塵に加えて、対流圏オゾンが強度の有毒汚染物質であり、免疫抑制物質であり、航空航路と視界を極度に阻害するからである。このことから、内燃機関エンジン（自動車だけに限らずすべて）の乗り物による交通を制限することは、市町村の住民やその代表者の不安への優先的な対処につながる。このオゾンが誘発する過剰放射熱は、酸性スモッグが発生する場合、地域的に非常に高くなり、周辺領域を相当に温暖化させる。地球的には平均過剰放射熱は〇・五ワット／平方メートル以下と算出されている。

しかし対流圏オゾンの化学的力学は緩慢に働き、その周辺に風が密集してダメージを与えるほどではないが、植物連鎖は特にオゾン濃度の上昇には敏感に反応し低減する。だからこそ、都市周辺数十キロメートルまでの地域の環境保護は、都市の内部と周辺の変動性の問題に対する答えに条件付けられているのだ。

モデルは支離滅裂である

対流圏オゾンの健康と環境への負のインパクトを正しく解剖し予測するには、大気に広がるこの汚染物質の煙の変転をモデリングすることに頼る以外にない。そこで、危機の水準を特定し、自動車の規制を定めるために、気象学シミュレーションに助けが求められた。大規模な被害の可能性を測定するのなら、要因が自然によるものか人為的かに関わらず、汚染の季節的そして地理的な多様性のシミュレーションに頼る。そこでオゾンが気候問題と結びつく。

フランス科学アカデミーの報告（一九九三年第三十号）は全面的に対流圏オゾンを扱っている。この情報の大部分は報告からの引用である。オゾンの含有物の、自然性のものと人為的なものとの配分に関する研究はすでに始まっている。出された数字は、一方は陸地を、もう一つはモデリングを尺度にして導かれている。陸地を尺度に考えれば、オゾンは現実に赤道地帯の森林の上空と、山火事の被害を受けた熱帯地域に集中している。しかし、工業化の前に行なわれた観測は、私たちの地域では自然要因の含有物が少ないことを示唆している（熱帯雨林上空より二倍から三倍少ない）。他方、工業化前の大気のシミュレーションでは、いかなる緯度でもこれらの古い数字はことごとく立証されず、およそ三倍の数字を示す。現在の大気のモデルは観測値より一・五倍小さい数値を示している（観測値によるとオゾンの平均濃度は北半球では四倍、南半球では二倍）。

モデルを作る人もまた……

こうした数字の問題のほかに、データの解釈がアメリカの物理学者フェレルが前世紀に提唱した三種の大気循環（ハドレー、フェレル、極地）を参考にしているということがある。だがこれはもう五〇年代から誤謬とされているのだ！ 私の感触では、ここできわめて面倒なことに触れてしまう。数値気候学者は、純粋で頑固で、議論の余地のない確定的な、大気と海洋の「平行六面体小格子」を適用した古典物理学の方程式を持ち込む一方で、時代遅れの一般的大気循環モデルが染みついた推論を行なう。さらに厄介なことに、気象学教育機関ではこのモデルを教え続け、出版物等で一般論的なシミュレーションや観測の数値を置き換えるべき時にもそれは変わらない。この問題に関しては、大気循環を扱った第Ⅰ部第9章でさらに展開する。

原注26　Chlorofluorocarbon。フロンガスのこと。毒性が無く冷却材、溶剤として使われる安定した物質。冬季の終わりに両極地上空の成層圏を覆うオゾンの環境条件を破壊する触媒作用を発生させる可能性に加え、その複雑な分子構造は炭酸ガスの数百倍から数千倍の放射能を持つ。化学産業界から提案された代替物質は成層圏オゾンに対しては無害であるが逆に放射能はしばしばＣＦＣより大きい。ＣＦＣの排出は早晩には止まらない。実際には発泡スティロールの断熱材を使った建造物を解体すると気泡内のＣＦＣが一部、廃材の処理法次第では全面的に放出される。

原注27　略語はＣＯＶ（揮発性有機化合物）。

訳注30　アレクシス・ドゥ・トクヴィル（一八〇五〜一八五九）十九世紀フランスの政治学者で政治家。貴族階級出身でありながら貴族政治に批判的で早くからアメリカの民主主義に目を向けた。民主主義における宗教の重要性を説いた著書『アメリカの民主主義』（一八三五）はヨーロッパ中で話題になった。一八三七年国会議員に当選、新左派を結成。『続アメリカの民主主義』（一八四〇）でフランスの中央集権主義を批判し悪評を浴びるもフランス植民地軍と官僚政治をも批判、左傾化を強めた。一八四八年の第二共和制発足では共和国憲法の起草に貢献、外務大臣となる。一八五二年大統領ボナパルトのクーデターによる第二帝政に強硬に対立、投獄された。釈放後は執筆に専念、『アンシアンレジームとフランス革命』を著した。

訳注31　「栄光の三十年」とは一九五〇年から一九八〇年頃までの約三十年間に、戦後の復興から工業、商業の発展を遂げたヨーロッパ資本主義諸国の歩みを評価するものとして使われる現代史観。これらが植民地、植民地独立戦争、ベトナム戦争などを背景に成り立ったことを指摘する批判もある。

第6章　氷の貯蔵庫はどこに存在するか？

やや不明瞭な命題を証明するには、きわめて明瞭な自明の理、あるいはすでに認められているか、またはすでに証明された命題のみを用いなければならない。

ブレーズ・パスカル(訳注32)

《要　約》

寒さを氷の形で閉じ込めることは気候の緩和につながる。しかし、雪や氷のアルベドは一に近く、太陽光線の割合を反映して、冷却傾向を増大させるような作用が働く。この上で、気候の温暖化の場合に、南極とグリーンランドに氷冠が生成されるという点についてのモデルの矛盾した予測を検証する。新旧を問わず、過去の教訓は懸念にまで至っていない。これがかくも物わかりの悪い原因なのだろうか？

寒冷圏とは何か？

時代は温暖化の恐怖にあるが、たとえそれが温和なものでも、もし継続的な寒冷化がやってくるという天災が察知されたら、この恐怖はたちまちにして消え去ってしまうだろう。寒冷圏は、ある種の地球冷凍機である。そこには何年にもわたる大浮氷群や、何万年にもわたる極地氷冠が蓄積し、フリゴリー(訳注33)は最大である。もしこの寒さの源に、照射される太陽光線のほとんど全てを渋々宇宙空間に送り返す特性がなかったら、地球は寒さの源を制御する優れた緩衝装置を気候の仕組みに取り入れなければならなくなるだろう。実際、冷蔵庫はそのフリゴリーの蓄積と同量の熱量（エネルギー交換率が一〇〇％以下ならそれ以上）を周辺環境に棄てている。しかし、冷蔵庫はまず第一に、氷河や氷山のように太陽エネルギー吸収を抑えはしない。したがって、寒冷圏はポジティブな遡及効果を有する。それは寒いほど拡大し、拡大するほど太陽エネルギーの吸収が少なくなり、太陽エネルギーの吸収が少なくなるほど寒くなる。まさしく堂々巡り(原注28)を繰り返す逆悪循環である。逆効果はここで終わらない。寒さが増せばより乾燥し、空気中のメタンが少なくなる。寒さが増せば空気中の水蒸気も減少する。空気中の水蒸気とメタンが減ると、大気の放射力が落ちる。大気の放射力が減少すれば、気候の寒冷化を招く……。ところが乾燥した空気は塵が多く、塵の多い空気は日射量の低減を招き、寒冷化を補塡する。風土による塵芥だけが、植物プランクトン(原注29)による光合成に不可欠な要素である鉄分を含んでいる。鉄分が多くなると、植物プランクトンの活動が活発化し炭酸ガスが海洋に奪われる。つまり、空気中の炭酸ガスの濃度が下がり、温室効果が低下する。もっとひどい場合は、気候が再氷化の方向に転じ、深層海流の循環が緩慢となった結果、炭酸ガスが大気に還る率が下がってしまう！　生物圏の生産性のためには、寒冷圏の領域が最低限に留まることがきわめて望ましい。そして、それが現実の問題だとすれば、あたかもこの状態が未来永劫に続くかのように、天然資源と宇宙空間の管理まで仕切ろうなどと考えないほうがよい。現状を見てみよう。

地球上の大量の氷の存在は、南北極地圏内の遠くまで及ぶ大陸の碇泊地域の存在に依存する。この条件は、大陸プレートの構造地質学の研究過程でわかったことで、大陸漂流とも呼ぶものだが、少なくともこの高緯度地域にまで大陸を運ぶものである。(原注30) 地球はこれまで十億年の間に三度の氷河期を経たが、最後の氷河期が実際に始まったのはおよそ一億年前で、南極大陸に永久氷河を形成し北半球の山に氷河を発達させた。しかし私たちには、グリーンランドの大永久氷河（インドランドシス）(訳注34)が形成され、南極の氷冠が強化された後の二～三億年前からの拡大についてしかわかっていない。この時期から、氷河期と間氷期のサイクルがおよそ十二万年の周期で続いた。簡略化すると、氷河期は十一万年続き、間氷期の長さはその十分の一である。したがって私たちは当然、かすかなものではあるが、間氷期に生存しているという幸運に恵まれていることになる。長い氷河期の特徴は、北半球の大規模な氷の蓄積である。それはアラスカを除く北米、アイスランド、北欧、シベリアにわたる数千メートルの厚さの強固なインドランドシスとなっている。気候は地球上でより寒く乾燥しており、空気中の炭酸ガス濃度は低い。生物圏の一次生産性は最低である。(原注31) 寒冷圏はこうしたインドランドシス、南極氷冠、そしてより小さな要素としての山岳氷河で構成されている。また量も少なく、その重要性は小さく季節にも左右されるが、広く存在する大浮氷群、海洋に浮かぶ数メートルの厚さの氷層なども加えねばならない。間氷期においては、寒冷圏の大きさは最小である(原注32)。最小のなかの最小はどれだけなのか？　私たちはもうそこにいるのか、まだなのか？

モデルは『燃えない』

一般大衆および早く結論が欲しい立場の人々にとっては、気候変化は二つの小さな問題に要約される。気温はどの程度暖かくなるのか？　海面高はどの程度上昇するのか？　図らずもこれがよくわからないのだ。

敢えて繰り返せば、こっちで少し暖かく、あっちで少し寒いなどはよくあることで、選りすぐりの観測機器によるデータなしに、各地の平均をとれば地球の平均温度が出る、とする観念がまかり通っている。何年経ってもこれには驚かされる。だがこれがどうやら伝統的標準で、進歩したモデルとはなはだしく矛盾した数字が出てくるわけではない。だからこそモデルは気候変化の論議の中心に陣取り、あらゆることの副次的要素となる。

そして結局、あるべき方向性が因果関係論によってそらされ、過熱⇩氷の融解＋海洋の熱膨張⇩海面高上昇、となってしまう。したがってこの面からいえば、コミュニケーションに問題はない。エコノミスト流に言えば海面高上昇の脅威とは、報告された温暖化の副産物である。

IPCC報告は、寒冷圏の進化の可能性が提起する問題の大きな重要性を認めている。当然、予測はモデルによって成立する。一九九〇年と一九九二年の二つの報告は明瞭に、使用したモデルは「単純モデル」であるとしている。モデルは、山岳氷河の後退と南極氷冠の状態維持（西側沿岸崩壊の危機を喚起しつつ）と、グリーンランド沿岸の氷帽の可視的減少を結びつけている。以後の報告（一九九五年と二〇〇〇年）はモデルの質についてはもはや言及していない。降雪の多様性と極地氷冠の進化の関係に固執して、南極の大きな回復の可能性と、グリーンランドの逆の可能性が報告されている。

最大の潜在的脅威は、ウェデル海とロス海で海面より低い水準まで融け、所々が凸凹になっている南極西岸の氷河にある。「不安定」と「コラプス（崩壊）」なる言葉はしばしば文学に登場する。もし、気候の温暖化で海面下の基盤が削られて氷河が不安定になり、「崩壊」して海面が四メートルから六メートル上昇したとして、何をびくびくするのか。六〇年代から大地の上に、八〇年代の終わりからはシミュレーションのために捧げられてきた多くの研究を正当化するものだ。断層の全面的な痕跡を発見するには、地質第四紀の初め、氷河期にまでさかのぼる必要があるが、しかしそれ以来、大陸の配置も大気循環と海洋循環の結果とともに変わっている。もし飛躍的に解明が進んでいたとしても、モデルの不確実性抜きにパラメーター計算するにはまだ非常に不十分である。だから、偶発性の集合として片付けられたシナリオに特色を持たせるための、仮説のからくりを見極めねばならない。結果が最高（周囲融解を超過する水面高に至らしめる南極の氷量増加）から最低（数世紀の間での氷河の消滅）

までであり得る以上、試算は一極に集中しない。

したがって、寒冷圏の気候的な役割は重大だ。モデルが予言しようと試みる変化とは、漠然としたことがらである。自然が遠い過去や最近の天候に為したことは私たちに何を語るのか？

南極の晴天

南極氷冠の周辺についての地質学研究(原注33)は、南極氷冠の量が実際的に気候の変化とは無関係であることを示している。これは、南極の氷の蓄積量が、一万八千年前の最後の大氷河期（LGM）(原注34)の際の一二〇メートルの海洋の低下のうち、二五メートル分に当たるとしていた、それ以前の気候モデルに矛盾するもので、地上の観測では実際にはわずか〇・五から二・五メートルの間での現象であったことがわかった。いいかえれば、南極は約一万四千九百年前(原注35)に始まった大氷河期の際の海面高上昇に、逆の意味ではほとんど参加しなかったのだ。モデルを作る人たちは訴訟は得策でないと考えたようだ。『ネイチャー』誌は彼らの論拠を掲載し、同じ号に批判の論説を載せた。この出版社はコロラド大学のJ・T・アンドリューの署名原稿で、カルホーンと共著者たちによるシミュレーションの結果、かくなる海洋を満たすに十分な水が存在しないとする主旨の結論に異議をさしはさんだ。論争を断ち切るため、南極西部でNASAの研究員が行っていた研究に仲裁が委ねられた。著者の知るところによれば(原注36)、明白な異議申し立て以後、何の出版物も発表されていない。

もう古くなったこの情報は、温暖化がいつの日かあの**ウォータワールド**[原注37]を招来するかもしれない、という妄想的怯えをしずめるべきであった。ドイツの一流誌『**デル・シュピーゲル**』の一九八六年八月十一日号[原注38]の表紙は、ケルン大聖堂が半分水に浸かっている写真に「ディー・クリマ・カタストロフェ！（気候の大災難！）」という悲鳴のようなタイトルがつけられていた。しかし、この種の通俗的エコロジスト・ジャーナリズムが人情に訴え、「自然保護派企業」が南極の海に水しぶきを上げて崩れ落ちていく氷の山脈の鮮烈な映像を一年中テレビで流し続けることによって、混乱はとどまるところがなくなる。一万八千年前の最後の大氷河期にも、まったく同じ映像が記録できたことだろう！　黙っていても氷河はそれ自体の重量により前進する。南極が力学的均衡を保っていることを考慮すれば、それは毎年、降雪によって生じた氷のほとんど（九六％）と雪解け水（四％）の、容積にして約二二〇〇キロ立方メートル（氷の昇華はこの総量にほとんど含まれない）を海に流している。周辺ではこの流出の速度は、年間一〇〇から二〇〇メートルである。しかし、氷は川のように海中に拡散する流体ではない。重さに耐えかねて急激に崩壊した氷は支える力を超えてのしかかる。崩落は大抵の場合、轟音を立て渦を巻き起こす……。

氷河学者クロード・ロリウスは、このプロセスを解説するために示唆的な法則に依拠している。極地氷冠は「海洋に大氷山を生み出す」ことでその増加分を処理している、という。

ここでダメ押しをしておこう。大氷河期と退氷期の終わりとの間、南極の平均気温の上昇は一〇℃であった。世界は極端から極端へと移り、最も多く氷に覆われていたところが最も少なく覆われるようになったとしても、氷の総量は少ししか変わらなかったのだ。南極氷冠の何らかの融解を宣言するには巨大な想像力を求められるもので、それは見事に間違って計算されたモデルか、たっぷり悪意に満ちていなければありえない。かくして南極点に身をおく限り、南極大陸は第四氷河期にも地球を守ってくれることだろう。

寒気が去ると降雪が増える　グリーンランドの逆説

正反対に、グリーンランドに関しては情報はあまり不安とは結びつかない。これは二種類のデータが納得させてくれるはずだ。

一つは、非常に古いがＧＩＳＰ２計画(原注39)とＤｙｅ３計画(原注40)で発掘された氷冠の凍結化石から引き出されたものである。これらのデータは、最後の氷河期の終わり頃に起きたグリーンランドの高温の気候温暖化が、めざましい豪雪を伴っていたことを示している。氷河の大部分が保存されていた。氷河期の古代気候学の方法論の精密性と能力を評価するために、この情報を得さしめた方法は再度行なうに値する。

グリーンランドの降雪はもともと雪の少ない南極（年間二センチメートル）よりも大量である。さらに、氷冠の年代は極めて正確だ。乾期にアメリカから吹き込む風に運ばれた塵の層で各年が刻まれている。氷層間の厚みは降雪の量を表わし、同位元素構成が、水がやってきた場所の温度と緯度を表わす。(原注41)このようにして年間の降水量と場所の温度、また水の源の情報を通して、この時代の大気循環を関連づけることができる。
すべての時代において、積雪は温度と同様に多様だ。温度が下がれば降雪は少なくなり、その逆も起こる。こうして約一万四千九百年前、最後の氷河期が突如終わりを迎えた時、グリーンランドの気温は数年にわたって六℃上昇し、氷冠の厚みは六〜七㎝から一八㎝まで増した。二〇〇〇年後、退氷期で一気にブレーキがかかり、大氷河期に似た平均気温がこの地域を支配し、それと同時に降雪が昔の低い水準に戻った。退氷期は千四百年後、大氷河期の最後と同じやり方でまたもや突如起こった。このような海面高の変化、気温と降雪の関係はアーレニウスの法則(訳注35)にしたがって、純粋に熱力学的には説明できない。グリーンランドに雪をもたらす低気圧の進路も変わるものと考えねばならない。つまり、全体の大気循環の様式は、氷河期と間氷期の間では著しく変化するからである。この詳細は六年ほど前から知られている。退氷期再開の時期における氷の同位元素構成の変化は、水分が蒸発し、次いで雪の形でグリーンランドに再び落下した緯度は、温度に関する警告がまだ確実になる前の、温暖化の最初の時期に一〇度まで昇っていたことを示している。塵の年間堆積量に伴う変化もこの分析を立証している。

よろしい！　だが最近の気候変化は何から起きているのか？　廃れたとはいえまだアナログ解析は健在なのか？　ＩＰＣＣの意見を聞いてみてはどうだろう？　ノンである。では一九九〇年ＩＰＣＣ報告にある、グリーンランドの夏季の温度と海面高の変化の一世紀間の科学的データを検証し、そこに北大西洋地域の、急激な変動が現われやすい海洋の温度曲線を補足してみてはどうだろう。それならウイである。

まず、海洋の温度とグリーンランドの温度が足並みを揃えて変化していることに気がつくが（解説しやすくするために逆さにした図7の海面高のグラフを参照のこと）、別に驚くほどではない。一九五〇年以前はすっきりした並行論で、温度が上昇すると海面は下降する傾向がある、とされていた（そして、海の熱活動が海面ではより緩慢であるというドグマへの疑問を受け入れれば、変化にはけっこう幅がある）。次いで図式が変わる。並行する小さな構成要素が海面高上昇の問題へと向かわせていった。

一九一五年～一九四〇年の期間をどのように解釈すればいいだろうか？　地球の温暖化の活動の中で、この期間がより注目されている。この時期、海洋は熱活動全体のおおもととされていた。一方、氷が夏にあまり融けないとはなかなか考え難かった。要するに、山岳氷河の後退に加えて、IPCCが持つ海面高の水準を左右する二つのファクターに人気が殺到したわけである。この状況の中で、海面高上昇の現象がなく、それが海洋の大量の水を強引に動かすことになる。一体誰のために？　それを結論づけるには資料がやや不足している。それは事実である。しかし、降雪の増加が水を抱え込むという唯一の可能性の下に、グリーンランドが水の移動に一役買ったと考える見方に太鼓判を押すのも自由である。最近の塵の地層間の間隔を測定すると、それは確認できる。私の知る限り、これをテーマにした研究が発表されたことは一度もない。

要約すれば、寒冷圏の強固な核が何かはしっかり突きとめられている。現在も拡大過程にある南極氷冠と、グリーンランドのインドランドシスである。この五十年間の気候変化における北大西洋の高層気候の状況変化が、グリーンランドとスカンジナビア地方の氷河の雪発生の条件を強化している。他方、確かにアンデス高地とアフリカ高地の氷河は後退し、温暖地方のいくつかの山岳氷河も後退している。これらすべてが、寒冷圏をできるだけ最小限に近い状態におこうとしている。

言葉にはだまされやすい。私たちは間氷期にいるのか？　実際、グリーンランドと南極の氷山の存在が氷河の文脈を示している。このようなシチュエーションは最小限の氷河の気候状態に対応しているが、それでも氷河には違いない。これは程度の問題である。もう一つ可能な状態とはより高所に起きるもので、強力なインドランドシスがアメリカ大陸とユーラシア北部に（バフィン島経由でグリーンランドと合体する地点まで）発達し、北極海に広がった氷山がアイスランドからグリーンランドに及ぶ地域を越え、スコットランドからセントローレンス河口まで一気に南下する、というものだ！　南極近辺には陸が存在しないことから、南半球では二つの状態の差がきわめてわかりにくい。海上の氷山の面積が相対的に大きいということだけである。

氷河と氷冠の総体に蓄積された水は相当な量である。氷河期の最も寒い時期、理論的にはこの量は最大で海面高を二〇〇メートルまで下降させる量に匹敵した。こんにちの様な暖かい状態においてはこの蓄積は八〇メートル分で、そのうちの九〇％が南極の氷に含まれている。

中間の時期では海面は一二〇メートル上昇した。

南北半球の地形的な不均衡と、大西洋の海流回廊の存在は、北半球における気候変化と特に氷河の出し入れの「調節」をするモーターの役割を与えている。

『温室効果』が寒波を呼ぶという報道

数年来、マスコミは決まったように温室効果の上昇の逆説的結果として、氷河期タイプの寒波がヨーロッパを壊滅させる、という懸念を繰り返し報道している。モデルの混成でもたついたことしか言えなかった時期、筆者はその第一人者の一人だと思っていたし、おためごかしのフィクション(原注42)でしかないこの仮説を数式化する第一人者だと思っていた。それは、限りなき地球破滅の物語であった。しっかりしてくれ！ 今では大気循環と海洋循環を付き合せたモデルを調節して、以前のたわ言も予測と呼ばれているけれど(原注43)……

以来、ロビイストは完全武装だ。ウインタースポーツに温暖化、低地や珊瑚礁の島の住民に温暖化、寒がりには氷河期襲来、太陽熱で金儲け。よりどりみどりである。「不測の事態に備えた最大にして最新の予防」全盛時代なのだ。

しかし、気候の警鐘によって否応なしに始まってしまったとんでもない運動に身を委ねるのは早計にすぎる。私たちは議論を豊かにすべく、まだまだ大自然に学ばねばならない。逆風に抗して船を漕ぎ出すには乾パンの備えが必要である。

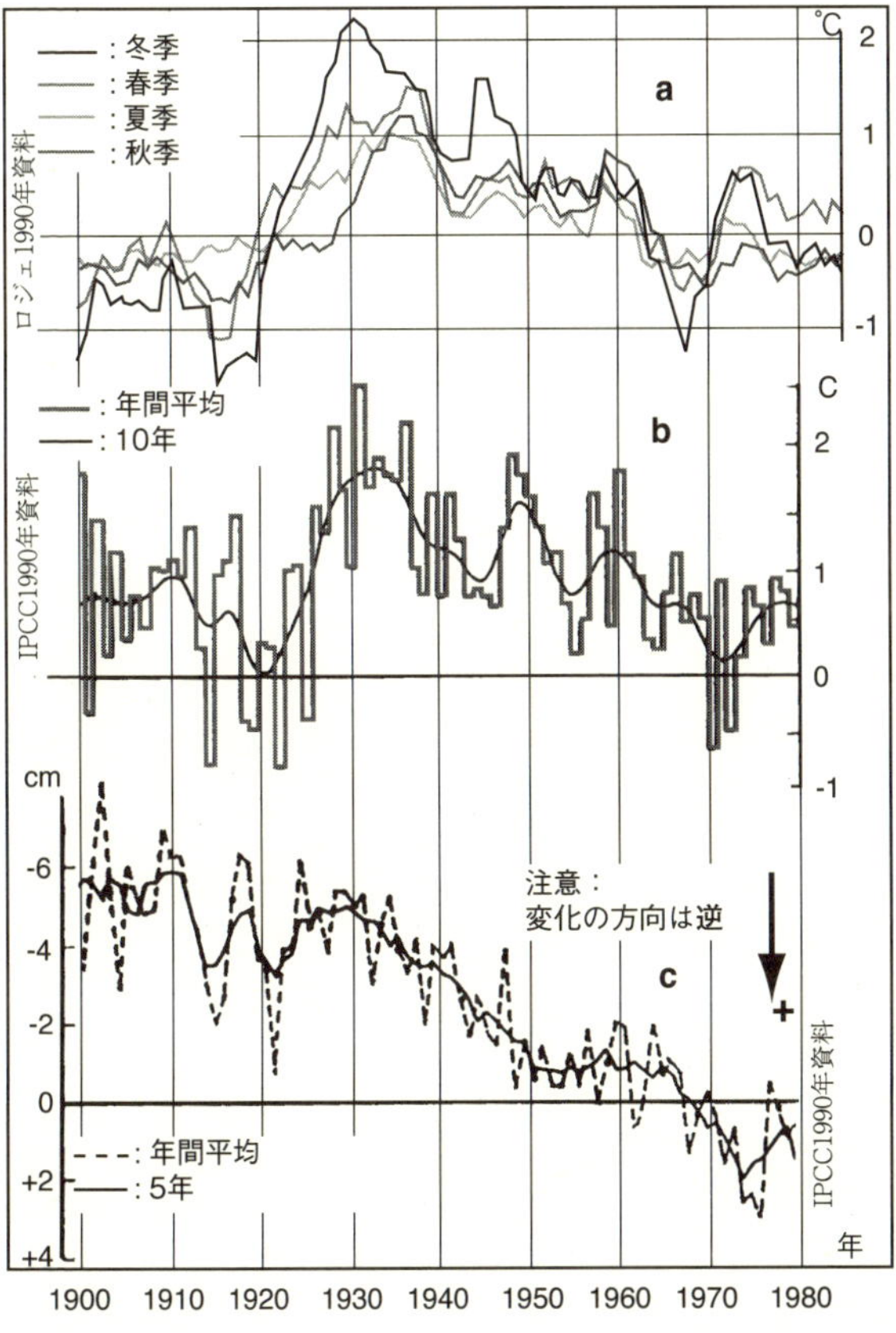

図７：比較年表

a：北大西洋の平均海面温度の季節ごとの変化（1964年参照）；明らかに微弱な熱活動に注目。
b：夏季グリーンランドの平均温度の変化（任意参照）
c：海面高の変化（1970年参照）

原注28　大気中に存在するメタンの大部分は有機物が嫌気性細菌で分解した結果である。グリーンランド氷帽から採集した大気の数値は気温とメタン濃度の完璧な対応を示している。これは炭酸ガスとは同じではない。

原注29　このテーマに関しては以下を参考にされたい。A・J・ワトソン他『Effect of iron supply on Suthern Ocean CO_2 uptake and implications for glacial atmospheric CO_2, Nature,Vol 407,12 October2000』（南半球の海洋におけるCO^{2}の吸収にたいする鉄分の効果と氷河期の大気との関連性）。

原注30　アメリカ大陸とヨーロッパ・アフリカ大陸間の距離は一千万年間におよそ一〇〇〇キロメートル広がっている。これは大気と海洋循環に、つまり気候に影響を及ぼしたと考えられる。

原注31　光合成は光と熱と水と炭酸ガスを必要とする。炭酸ガスをとらえるため、植物は葉の気孔を開き組織内部の水分を蒸発させるのと逆の働きを促す。乾燥し、炭酸ガス濃度の低い大気は光合成の収穫を下げる効果を与える。さらに、気候の寒冷化は雨林、サヴァンナ、温帯林、タイガ樹林、プレーリーなどの自然生物圏を驚異的な形で減少させ排除する。例えば、最後の氷河期（一万八千年前）では針葉樹がフロリダの植生に登場している。

原注32　次章では寒冷圏という言葉は氷山ではなく地上的要素にのみ関与する。

原注33　E・A・カルホーン他「南極の氷量と二万年前における海岸上昇から海面下降への影響」（『ネイチャー』一九九二年七月二十三日号）。

原注34　Last Glacial Maximum（最後の大氷河期）の略語。

原注35　平均気温が現在より二度低かった始新世（八千年〜六千年前）に南極西部の氷山が移動した形跡も発見できない。

原注36　M・オッペンハイマーの概論「地球の温暖化と南極西部の氷床の安定性」（『ネイチャー』、一九九八年五月

二十八日）はこの論点には口を閉ざしている。

原注37　虚偽の仮説を出発点にして製作費を集めたが世間には認められず大失敗に終わった映画。

原注38　タイミングが興味深い。問題の記事は気候問題の警鐘を世論に喚起した日、NASAが自然環境の主要NGO向けの情報活動を開始した直後に掲載された。ケルン大聖堂が半分浸水するには南極の氷冠が完全に消滅することが必要である。

原注39　グリーンランド氷床計画Ⅱ（Greenland Ice Sheet Project II）結果は『ネイチャー』誌九五年一月五日号に発表された。W・R・カプスナー他著「グリーンランドにおける一万八千年間の積雪が大気循環に及ぼした主要な影響」。

原注40　W・ダンスゴール他著「新ドリアス気候現象の突然の終焉」（『ネイチャー』、八九年六月十五日号）。

原注41　酸素18の含有物から降雪地の温度が分かるが^{2}H（重水素）の含有物からは気化した場所の温度が分かる。

原注42　イヴ・ルノワール著「温室効果・何が問題か」（『科学と未来』五五〇号一九九二年十二月号一八頁～二四頁）

原注43　要因になるメカニズムの詳細は第Ⅰ部第7章と第Ⅱ部に述べてある。

訳注32　ブレーズ・パスカル（一六二三～一六六二）フランスの数学者、物理学者、神学者。初めて計算機を発明した。無限の宇宙における人間存在の無意味さと、人間の理性との乖離に懐疑を抱き、カトリシズムに解決を求め『パンセ』を著した。理性を優先させる同時代人デカルトと対立した。

訳注33　熱を奪うためのエネルギーを表わす単位。一キログラムの水を一℃下げるのに必要なエネルギーを一フリゴリー（一キロカロリー）と呼び一・一六ワット時に相当する。

訳注34　In（d）landsis 大陸全てを覆う永久凍結した極地氷河のこと。ノルウェー語で「氷の国」を意味する。因みにグリーンランドはヴァイキングが到達した九八二年には温暖化の時代にあり、沿岸部は緑に覆われていた

ことから現在の名前がついた。

訳注35　温度が高いほど化学反応は促進される、というスウェーデンの物理化学者スヴァンテ・アウグスト・アーレニウス（Svante August Arrhenius、一八五九～一九二七）が方程式化した法則。$k=A*exp^{(-E_a/R*T)}$で示される。

第7章　海洋のオーケストラ

予測するのは容易なことではない……
とりわけそれが未来に関わるときは。

ジャック・シラク

《要　約》

大気と海面の風の摩擦と寒冷化後の海面のへこみが主たる原動力となりうる場合には、これらが海洋循環の大部分を支配する。長い期間を扱うすべての気候シミュレーションが、大気循環と海洋循環を連結させようと考えるのはそれが理由である。ごく最近まで、海洋と大気のカップリングは余計なデータを採らないために「アプリオリに採用」されてきた。この分野での技術水準は大きな進歩を求められている。

大西洋の海流回廊は深層循環のおおもとであり、世界の気候におけるその重要性は二十年前に認知されていた。メキシコ湾流は、この深層循環を強めてくれる水量を高緯度地域に向かって運ぶ。深層水の海面への回帰に関する知識はこの十年でかなり進化した。

この知識がより充実すればするほど、気候温暖化が深層循環を強く攪乱し得るという考え方は確実性を失うようである。この知の進歩は、海洋と大気の連結モデルでも気候変化に関する権威的議論においてもまだ採用されていない。

地球の海は風の下

海洋は気候システムの不可欠なファクターである。海洋は主として加湿器であり、浮かぶ冷凍機である。部分的に氷山に姿を変えながら、前章の冒頭で力説したように、海洋はまた冷凍機と相容れない冷却器にもなる。しかし海洋はこの他にも有効な機能を有しており、疲れを知らないエネルギー運搬者であり蓄積者であり分配者でもあるのだ。

海洋は、有毒な廃棄物が猛威を振るうこんにちの様々な不安要因から、か弱い生命を守ってくれる。海洋の生命が地球上のすべての生命の起源であったことは確認されている。海洋は最も豊かな楽譜を奏でる。気候のシンフォニーを演奏するオーケストラの指揮者を指名するとすれば、目下のところ海洋こそがタクトを握りテンポを決めるに相応しいと思われる。

あまりなすところがないのでは、という海洋に対する見方を取り払った後、その演ずる役割についての考察へと読者をいざなおう。これには二つの理由がある。一つは、海洋は無為ではないということ、そして二つには、海洋の熱活動が活発でないゆえに気候温暖化が全面的に現出するまでには時間がかかるという考え方が、新旧の気候変化分析によって裏付けられてはいないということである。しかも、海洋学はきわめて高い頻度で新発見が続く、今大いに発展中の科学である。気候学上の公式な疑問点は新発見を選択的に採りいれる。不安要因の足しになるものは利用し、その他は無視する。論文の中身はでっち上げ年代記報告書である。

大気の気候マシーンとの永続的な相互作用の中で、広大な海はそれ自体で一つの世界を構成している。因みに、海は地球の表面の七一％を占め、地表から大気への水蒸気の流れの八八％をまかなっている。海は、気候に対して決定的な作用を及ぼす複雑な循環の基となっている。しかし、そのプロセスは内在的なものである。実際には二つの力が海洋循環の源になっている。一つは海面水に対する風圧であり、もう一つは密度の濃い水を密度の薄い水の下に押しやる重力である。この二種類の力が作る流れは地球の自転によって方向を変えられる。コリオリ力(原注44)である。そこで、海流が物質とエネルギーを遠くに運び、大気の循環に影響を与えることになる。海洋の循環はまた、蒸発と降雨や降雪と河川の運搬物の地域的不均衡から発生した低水準の差異により屈曲する。海洋と大気の二つの循環の連結は、多分に仮説的なデジタル数学的作業にとどまっている。得られた成果は成果としても、まだ非常に学習的かつ示唆的範囲のものでしかない。

メキシコ湾流

海面海流はいくつかを除いて（一般の河川の小さな逆流のような調整作用の）、高気圧の回転運動の大きな細胞を構成する。この中でも、おそらくヨーロッパで最もよく知られている海面海流、メキシコ湾流に目を向けてみよう。この有名な海流はヨーロッパの気候の鍵であり、おまけに最強のパワーで海水を攪拌し、深層海流を起こすメカニズムの鋼鉄の鎖といえる。この深層海流は、海洋総体の換気作用と海洋生物へのミネラル栄養分の供給における中心的役割を演じている（この章に関するすべては図8を参照されたい）。

すなわちメキシコ湾流は、メキシコ湾を出てグリーンランド南部に至り、二股に分かれる。

一本目の流れは北大西洋分流と呼ばれ（DNA）、北東に流路を延ばしアイスランドとスコットランドの間を抜け、ノルウェーの北岸に沿って上り、ニューゼンブラとスピッツベルゲンの間のバレンツ海で散開する。この一本目の海流から二つの海流が分かれ、グリーンランド南東のルートと（アーミンガー海流）、アイスランドの南のルートをとる。

二つ目は東に進路をとり、アゾレスの東を回り込み、マデイラ島をかすめ、北回帰線を越えると西に曲がり、アンティール海流の名を戴くことになる。この海流はフロリダ沖でメキシコ湾流と合流し、環が繋がる。メキシコ湾流は、南で他の二つの海流によりパワーアップされる。一つはアフリカ北西海岸の近辺に発するものである。そこでは海に貿易風の圧力がかかり、深海の冷たい水を押し上げ（アップウエリング現象）、カナリア諸島の寒流を生む。この寒流はほとんど真南に向かい、カボベルデ諸島を通過し、西に向かい、そこで名前を変え、赤道北海流となり、ヴェネズエラ沖でガイアナ海流に補強される。かくして一本化した両海流は、カリブ海を東から西に横切り、メキシコ湾に突入する。ここで二度目の合流が起こり、メキシコ湾流の源とな

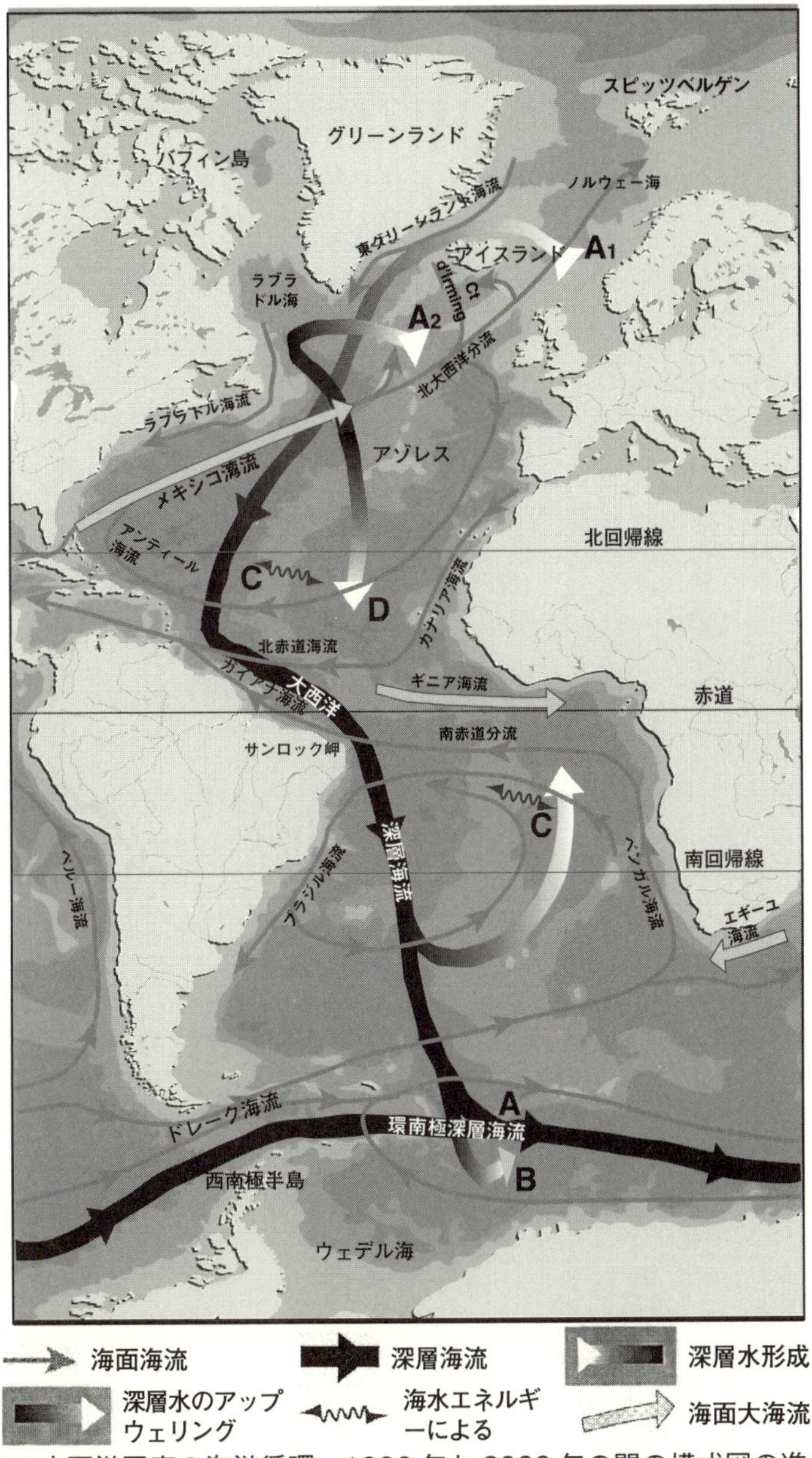

図８：大西洋回廊の海洋循環、1990 年と 2000 年の間の模式図の進化

Ａ　ＡとＢで表わされた深層水は環南極深層海流に追いつく（1990 年の図表）
Ｂ　大西洋深層海流の一部の湧昇（1994 年、タグワイラー）
Ｃ　潮力が深層水の上昇を助ける（2000 年１月、エグバート）
Ｄ　Ａ２で表わされた赤道の北の湧昇（2000 年９月、ラヴェンジャー）

る。元はといえばメキシコ湾に始まった流れである……。

ガイアナ海流は大きな海流としては唯一、南北半球を結ぶ特殊な海流である。ガイアナ海流はホーン岬からやってきた海水を運び、ベンガル海流となって南アフリカ西岸に沿って流れ、喜望峰を通ってインド洋からやってきたエギーユ海流(訳注36)を取り込み、赤道南海流として西に曲がる前に、赤道北海流を取り込む。ブラジル北岸沖で赤道を越え、少し離れたガイアナ沖で最終的にガイアナ海流と呼ばれるようになる。ベンガル海流はカナリア海流のように(カナリア諸島は北半球の西アフリカに相似する)、南極貿易風の圧力の産物であるアップウエリング(湧昇)した冷たい海水を運ぶ。

熱帯海域を巡る間に激しい蒸発を経たメキシコ湾流の海水は、熱く最も塩分の濃い水になる(一リットル当たり塩分が約三七グラム。海水の平均塩分含有量は三四・五グラム)。付け加えれば、塩分と温度の異なる水は混ざらない。極めてゆっくり溶け合っていく。さらに、海面の大きな海流は、気団の移動とは反対に、非常に局限的で範囲性が強い。その垂直方向の拡張は五〇〇メートルを超えることもある。しかし最も早い流れは海面に近い深さのところで、水深数十メートルから二〇〇メートルの間である。幅はめったに一〇〇キロメートルを超えることはなく、速度は毎秒一メートルか二メートル、メキシコ湾流のような暖流は塩分も濃い。

メキシコ湾流がヨーロッパの暖房装置となるところ

もし、メキシコ湾流が環大西洋を巡る間に、伝導と発散作用を通して熱を直近の大気中に与えることに甘んじながら、その構造を変わらずに保ち続けたならば、ヨーロッパの冬の穏やかさに説明がつかなくなる。水の伝導作用は、数十メートルの海中に存在する熱を移動させるにはまったく不十分である。もしメキシコ湾流がこんな動きをするようであれば、海は無用の長物ということになる。カナダの冬を極寒から免れさせる熱はどこから来るのか？

その答えは、メキシコ湾流の北方分岐流である北大西洋偏流がノルウェー海とグリーンランドの凍結した海中に消滅することにある。奇妙な答えである！　いかにして暖かい水が冷たい水の下に落ちていくことができるのか？　そして、この現象がどのように大気を暖めることになるのか？

その仕組みはこうだ。これらの海域の海水の塩分は、夏季の氷山の融解による淡水と、高緯度地域の少ない蒸発のために相対的に薄い。寒い季節の間、表面の水は北大西洋偏流の中心の暖水（一〇℃から一二℃）の塩分濃度に等しい温度[原注45]になるまで冷える。この地域では、冬季には止むことのない時化で海は荒れ、塩分の濃い暖水を上昇させる。この塩分の濃い海水は北極とグリーンランドからの冷たい風を受けて、一℃から三℃あたりまで冷える。濃度はそこでただちに海底三〇〇〇メートルまで降下するほど高くなり、北大西洋深海流と呼ばれる巨大な海底海流を形成し、北米大陸の大陸棚に沿ったコリオリ力に引かれて南下する。この海流の流量は巨大なものだ。世界の海流の総和のおよそ一五倍[原注46]はある。

海洋は冷却ポンプのようになる。海洋は冷凍機のように熱量を排出し内部を冷やす。大気から見れば、これはボイラー、海のボイラーである。このパワーは五〇〇〇億キロワット超、もしくは数十ワット／平方メートルを超える。このポンプのエンジンになっているのは、濃い海水を沈める重力である。放出される巨大な熱量は、北大西洋が毎年浴びる太陽エネルギーの三〇％に相当し、これはつまり海洋が同量のエネルギーを寒さの形で吸収することを意味しているのだ！　海洋深層水はノルウェー海（約七五％）とラブラドル海（二五％）で構成されている。

このタイプの循環――熱サイフォン――は熱塩、テルモアリンヌ（Thermohaline 英語ではサーモヘイライン）と呼び、塩分濃度が水温（＜thermo＞）と塩分の強さ（＜haline＞、ギリシャ語で塩の意）によって変化することを表わす。海洋深層水の構成を語るときは常にこのことが喚起される。この場合、構成とは深海や海底の水を取り替える仲立ちを意味する。

氷山が海底に水を送る

海洋深層水の構成は氷山の形成と融解にも関わっている。海の氷は淡水でできている。海水は凍る時に塩分を出し、海面水の塩分濃度を上げる。海が凍り、ほぼマイナス二℃になると塩分は最も濃くなり、海面水は海底に向かって沈んでいく。その逆に、浮氷群や氷山の氷が融けると、水は特に周辺の海水の熱を吸収し十分の九まで沈む。塩分濃度の異なる海水は混ざり合わない。淡水は海面にとどまり、氷の融解温度にある塩水は沈む。どちらの場合も、海面にとどまっている水の塩分は少ない。一番目のプロセスは、最も冷たく最も塩分の濃い海水をもたらす。この海水が広がって世界中の海底を覆う。最大の生産地点は南極大陸に二つの深い湾を形成し、南極点から一〇〇〇キロ以内にあるロス海とウェデル海(原注47)になる。強烈なカタバティック風(訳注37)が吹き荒れ、南極の氷冠を四方から叩きつける。このせいでいくつもの浮氷群が生まれ、短いけれども穏やかな季節になると融けるのである。

北氷洋ではこのメカニズムで海洋深層水が生まれる。この水は一時的にグリーンランドとノルウェー海を流れる。

海洋深層水の物理的特徴としては、気候にわずかしか依存していないということを強調せねばならない。単に、地球上に氷があればあるほど、海はより塩分を含み海底の水は塩分濃度を増すのである。逆に、海の氷の形成温度が塩分の濃さにわずかしか依存しないことから、海洋と熱とはあまり符合しないといえる。気候変化では、この物の道理の側面を決して修正できない。海洋は、一千年を超えるような年月にわたり寒さをストックする巨大な天然の冷凍庫のように働いている。なぜなら、海洋は寒さを閉じ込めることしかできない。熱は貯められないのだ。海洋の温暖化の危険を語るのは言いすぎであり、不正確である。高緯度と熱帯内地域を除いては、夏と冬の温度差が一〇℃位までなら温度の季節的変化は重要性を持つという理解の上で、平均温度は上部の層だけに時に激しく上下する傾向がある。

海洋の巨大『ベルトコンベアー』　海面から海底へ、海底から海面へ

地球上で水を構成する場所は他にはない。北太平洋と北氷洋の周辺に露出している地表の配置が、メキシコ湾流の太平洋版である日本列島に沿って流れる黒潮が北緯四〇度線で分岐するのを妨げてい

る。その結果、北太平洋には塩分の薄い二つの海流しか入ってこない。一つは北極からベーリング海峡を経てやってくる親潮と、もう一つは北米大陸の西岸に沿って北上するアラスカ海流である。高層気象学にしたがえば、北太平洋では氷河期のピークにあっても浮氷群は形成されないことになる。熱塩循環を成立させるに必要な条件は何一つ満たされない。しかもベーリング海峡の浅い海底が、北極海の海洋深層水が北太平洋に進入するのを止めている。その結果、この地域は海洋深層水発生地帯から最も遠い。この海域の水が最も古い理由である。

北太平洋と大西洋の現象学的状況の違いは、気候の形成における地形の重要性をこの上なく描き出している。しかしその全容を知るにはまだまだ時間がかかるであろう。南極を巡って展開される数々の場面は、我々の時代の地質学的尺度として、地球気候における不変な存在とは何かを見定めるものである。

北米沖の真南のどこかを横切っている大西洋深層海流についてはそのままになっていた。そこでこの海流はというと、そのまま南下しカリブ海の東で赤道を通過してから、コリオリ力よりもラテンアメリカ北部の起伏のせいで東に折れる。レシフェの東でサン・ロック岬を過ぎると、今度は地形的要因にとってかわりコリオリ力が働き、南東に方向を保ちながらアルゼンチンとナミビアの間の途中で中部大西洋の背後へと至る。そしてさらに南下し、ウェデル海で生まれた冷たく塩分の濃い海洋深層水の上を通ると、上昇して六倍以上の量の深層水が西から東に流れる南極外還流とぶつかり、混ざり合う。当然この水にも行き場が必要である。

水は何らかのやり方で海面に戻る以上、南極外還流に入り込んだ分の水量が出て行かねばならないわけで、結局はメキシコ湾流に合流しルートは完結する。この巨大な海洋巡歴の全容は発見者の海洋学者W・ブルッカーとG・デントンによって「Ocean Conveyor Belt（海洋ベルトコンベアー）」と名づけられた。

行程は複雑な進路をとりながら進み、地球上のすべての海洋と海域同士を連関させる海面海流を十分に取り込んでいる。このサイクルは六百年から千年かけて完成されたと推測される。

しかしながら、このすべての海洋深層水の海面への還流、アップウェリングはいかにして起きるのか？ 話が面白くなるのはここだ。いくつもの観点から疑問が生じるからである。

放射熱だけで海洋深層水の上昇は可能か

最近のいくつかの出版物を読むとこれらの著者たちが、熱移動がより容易で高密度の蒸発に対して補完作用が必要になる大西洋、インド洋、太平洋の熱帯地域では変温層のプロセスを通した熱の放射には限界がある、という考えに十年前にはまだ納得していたことがわかる。古い深層水の塩分濃度は変温層で低下し、南極から赤道に流れる新しい深層水に押し上げられて古い深層水は上昇しやすくなる。必要な放射係数値によって、ごく単純に深層水の平均生成量は下がる。しかしここで、門外漢の目にはおそらく細かすぎるような難問が生じる。層をなした海洋の中では、水の層の混合は水柱の重心の高さを変える傾向にあり、上昇は重力に抗して行なわれる。そのためには、混合を助長する激しいエネルギー源がなければならない。二十五年以来、海洋学者は算出された放射係数から、きわめて高い規模の上昇を説明できるエネルギー源を探し求めてきたが無駄であった。

なぜ放射なのか？　この現象は温度傾斜が存在し、特に傾斜が激しく大きい時に起こるのは当然であるから、放射は間違いなく深層水の上昇に関わっているといえる。

『ベルトコンベアー』の顕在性の概観　キャンペーン主義者が騒ぐとき

なぜ放射熱だけなのか？　放射はきわめて都合が良いのである。放射のシミュレーションの方法には昔から標準規格がある。かくして、人為的炭酸ガスの大気への排出の滞留時間の特定に使われた最初の海洋モデルは、五つの区分しかない単純な放射モデルである。(原注50)

都合が良いのはこれだけではない。もし放射だけが深層水のアップウェリングに介入するなら、ベルトコンベアー機能は全面的にノルウェー海とグリーンランド海の海面の塩分濃度に依存することになる。この塩分濃度が北大西洋偏流の海水の塩分濃度より低くなり、凍結まで行けば、そこで地球における最大の深層水提供者が営業を停止し、気候は激しく変動する。ヨーロッパには、氷河期が戻ってきたというように相応しいような厳寒の冬があった。

八〇年代の終わりにかけて　最後の大氷河期を形づくった激しい気候移行の正確な年表が確立され、地球軌道のパラメーターの変化が氷河期サイクルを決定するとするセルビア人数学者M・ミランコヴィッチの理論の再整理が求められた。数十年で起きた急速な移行が、二万年もの長い時間をかけた日照量の分配の緩慢な乱れによっていかに誘発され得たのか？　大西洋で採集した沈殿物の分析の結果は一方で、南極やグリーンランドの氷の掘削標本から観測される気候移行と、同時期に起こった熱塩循環の突然変化の証拠にもなった。そして世界中どこでも、古代文献研究がこの見解を力づける。深層水の形成の激しい減退、すなわち海洋による寒気の奪取は、氷河期の強化あるいは回帰を意味するものだ。ところで、ベルトコンベアーも深海の有機物が分解して発生した炭酸ガスのかなりの部分を大気に戻すのに役立っている。もしその量が減少し、この補助的な寒冷要素が弱まれば、空気中のCO_2の密度は下がる。これで説明がつく。いつだって一風変わった理由を求めたがるのが人情なのだ。

というわけで、W・ブルッカーとG・デントンが一九八七年に出版した本に戻ろう。その読者向け参考資料にはこう書かれている。「北大西洋の（深層）海流は――そしておそらく地球上のすべての海流は――氷河期の間、中断されていた」。過去の分析から将来的観測を経て二人は次のように結論づけている。「……我々の惑星は人間活動による温室効果ガスに抗している。気候システムは未だ知られざる新たな均衡に向かって揺れ続けるのだろうか？」

七年後[原注52]、深層水のアップウェリングに関する同じ基礎理論に立って、ジャン・クロード・デュプレッシーが北大西洋の深層海流の人工的切断という考えを発展させた。「大西洋における淡水の量に対する感度が海洋循環のアキレス腱である」とみなし、温室効果の増大における継続的気候変化が「北半球の高緯度地域での顕著な降水の増大あるいは北極海を覆う解氷……そこで生じる海洋循環の変更は西ヨーロッパの急速な寒冷化を呼ぶことになる」可能性を誘発すると唱えている。

一九九二年に筆者の発した ジョークが科学的な保証を得たのである。種々の温室効果の増大のシナリオとともに、一九九三年に行なわれた海洋大気のカップリングモデルの実験結果に――答えは一つなのだが――筆者は注目していた。(原注53) その実態に関してはすぐ後に述べる。

実験は放射熱の不十分さを示す

その間、科学雑誌『フィジックス・トゥデイ』の一九九四年十一月号で、物理学者J・R・トッグワイラー(原注54)は海底水の海面回帰の問題に挑んでいる。彼の研究「海洋循環の逆転」は、前年に大西洋の広い海域で行なわれた海底三一〇メートルの変温層への化学的トレーサーの注入による重要な実験結果から出発している。大西洋変温層は出発してから六カ月間、数百キロを滔々と流れた後、二〇メートルから五五メートルほどにまで厚さを増したわけで、このことから変温層の放射係数が純粋に拡散性を持つ深層水のアップウェリングのために求められる数値より十分の一も低い、ということを十分に推論する必要があった。これは数十パーセントの差という問題ではなく、どのクラスの規模なのかという問題である。再生を求める深層水のパワーには、放熱以外にいくつかの原因がある。トッグワイラーはそこから、非常に刺激的だが総体的なメカニズムの強靭さに関しては今ひとつ保証の限りではない原因を一つ選択して特徴づけた。

彼の考察は我々を南極の海域に連れ戻す。この海域における地形学、大気学、海洋学といった気候のダイナミズムのすべての様相を包摂する。その大要を追ってみよう。

考察は南極海の海面の大西洋深層水の広がりを示す

南極は自由な海に取り囲まれている。最も近い陸地であるホーン岬は南極半島の最南端からおよそ一〇〇〇キロの距離にある。この相対的に狭い海域はドレーク海峡と呼ばれている。大陸の継続が終わっていることで、高緯度と低緯度間の温度差の軽減に関与するどのような表面海流もここを流れることはできない（北半球のように）。これは全面的に大気に課せられた役割なのである。この理由から、地球上のこの気候地域はしばしば嵐に見舞われ、唯一ヨットレースを敢行できる夏でさえ嵐が来る（「四〇度の咆哮」《ナポリの緯度》や「五〇度の遠吠え」をご存知か？）。南極はあらゆる方角で強力な極地移動性高気圧に呪われており、これが深い低気圧のもととなり、その上にさらに深い低気圧を発生させる。

西側に支配的な強風は、南極大陸の周辺を吹き荒れるドレーク海峡北東の海面を最大限に叩きつける。強風は海面水に拡散する流れを作り、流れは北へと導かれる。しかしこの水流に太平洋からの深層水を加味し、極地還流の水量に加え、海底の起伏を超えて海底二〇〇〇メートルから一五〇〇メートルを上昇しドレーク海峡を堰き止めるような力は存在しない。逆に、南の極地還流の深層水の移流[原注55]が起こりうる。なぜなら海面水が十分に低温で、水柱の脆弱な成層を壊して混合するのに、きわめてわずかなエネルギーしか必要としないからである。最後に残されているのは次のような疑問である。

移流した南の極地還流の深層水はどこからくるのか？　そこでトッグワイラーは、この水流の直近の緯度にある活動中の風の変化が、南で上昇し北で下降する対流の垂直の目をその周りに発生させようとすると説明する。しかし、北では水柱の成層が対流の下降を妨げる。唯一可能な説明としては、北大西洋の深層水の一部が南極還流の下を通り、海面の水流分岐が誘発する「水不足」を補塡すると考えられる。

著者はまた、この発見において、南極地方の地理が、暖流が南極に接近するのを妨げている実態を強調する。移動を起こすのは大気であり、特に活動的な大気循環である。つまり、最も激しい風が吹くドレーク海峡の地形が、北大西洋からの深層水の重要な移流を起こさせるということである。かくしてわがヨーロッパの温暖な気候の大部分は、高層気象と両極地の海底の仕組みに負っているのだ！

正反対に、赤道で気象的レベルで南北半球に分かたれた大気循環に対して、海洋循環は地球の南北の気候連関を確立している。北大西洋の空気の温暖化は部分的に南極沖の深層水の移流に依存している！　このことから、海洋深層水の循環は北大西洋における降水量の増加に私たちが考えるほど影響されるものではない。

ありえないモデルの予報を阻止すべき時

記述内容もさることながら、この気候論文は気候シミュレーションにおける大気循環をカップリングする必要性を啓発する。しかしもう一つ、絶対に基本的なことも教えてくれる。繊細な格子構成によるモデリングの感度である。トッグワイラーは二つの答えによる一つの循環モデル、という仮説をテストした。一つ目は大部分の気候モデルが採用しているもので、縦に四度×四度、一二のブロック、二つ目は八十倍細かい縦に一度×一度、六〇のブロックの格子である。これで得た循環の図式は途方もなく違った。一つ目は海洋循環によく似たイメージを提供したが、低緯度での深層水の過剰なアップウェリングにつながるもので、二つ目はアップウェリングが上記のメカニズムで起こるもの、シミュレーションは安定せず、循環は急速に減退しようとした。逆に、低い数値の答えでは循環の活動状態は安定している……。

どちらが正しいモデルなのか？　粗い格子のモデルは、安定はしているがある種の現象を正しく表わさないし、(原注56)一方十分に繊細な格子のモデルは、細かくはわかるのだが全体がつかみにくい。一つ目のモデルは明らかに、非現実的な状況に対して無闇に捻じ曲げることを避けるために、いくつかの流れの人為的調整を行なう条件で、中期から長期のシミュレーションのためだけに採用することができるものである。このようなジャンルの実験を報告する論文は、「流れを最小化するために、海洋と大気のインターフェースを通した熱と水の流れは、季節と地域による量にしたがって調整されている」と遠まわしに言う。端的にいえば、結果は一部、モデルからのデータにある！　そしてこの手の操作は長く決まり事とされてきた。それは他にやり方が見つからなかったからである。

それでは、流れを最小化しなかった場合にはどうなったのか？　問題の流れを計算する自由を与えたモデルはいかに流れを表わしたか？　一時期、世界で最も権威があり最大の軍事・民間研究機関

（研究員一万一〇〇〇人）であったローレンス・リヴァモアー国立研究所での気候モデルの最高技術水準の報告[原注57]は雄弁に結論を出している。

「カップリングしたモデルの研究は現在のところあまり前進していない。大気と海洋のモデルで観測された限界に条件を当てはめることは、循環と熱力学状態を正しく導くと考えられる。自由に放置することは、逆に地球の過剰な寒冷化、海洋の蒸発など異常な結果を導く……しかしながら、カップリングの方法論が数学的に満足すべきであるかどうかはまだわからない」

明らかである。温室効果は増加するとし、海面低下によって気候の寒冷化がもたらされると予測しながら「自由な」シミュレーションがそれに答えるのである。

つのるデマゴギーの圧力的予告に抗して

排除された最後の報告（二〇〇一年第三回アセスメント報告）までは、IPCCの科学報告はとても地味なもので、上記の問いかけに反駁を加えなかった。IPCCの内部でも外部でも誰に迷惑をかけることもなく、大げさな言葉を多用しながら、詳細にこだわりすぎるほどにこだわり、気候変化がもたらす多大な損害をカタログ化していただけであった……。

ところが最後の報告は相当な進歩を示している。「最近のいくつかのモデルは、昔のモデルに使用された熱と水の流れの非物理的な調節に走る必要もなく、現在の気候の満足の行くシミュレーションを作り出している」。

得られた結果を明記した論文がある(原注58)。詳述され、公平に検証され、よりニュアンスに富んでいる。炭酸ガスの濃度が四倍に至るほどに進行した場合、二〇〇〇年から二〇〇三年(!)の間にラブラドル海で深層水は生成されなくなり、大西洋の深層海流の水量が二五%減少する。しかも、モデルで得られた記述可能な水準は海洋の変化を追う計測機器を設置する場所を特定できる。

もしこのような深層海流の完全な中断などといった破滅的空論についていくなら、この新しい予測は不安のレベルを下げるためになされるべきであったろう。だが、そうは受けとられなかった。使用された海洋モデルの性格が、まだ海流の地域的多様性(大気における天候の多様性に該当する)を表現し得ない粗末なものであり、予測の不確実性の程度がこれまた不確定であるにもかかわらず、ウッドと共同執筆者たちの研究は、ただちに「温室効果ガスの排出を削減することの危険を完全に隠蔽する政治的保証の中に遅れることなく身を投じる」ための補足的理由として要請されたのである。

現実に耐え得る仮想　昨今の貧弱な予測

だが、事実の発見は時として仮想現実を作り出す。ウッドの論文が出て一年も経たないうちに「この分野の」二種類の研究が、ウッドのモデルによって効果的にシミュレートされた現実性の領域に、ウッドが誘発した警告に色を失わせるような深刻な疑問を投げかけたのだ。

一つ目の研究は一九九二年八月に打ち上げられた海洋観測衛星トペックス・ポセイドンの超精密高

度測量レーダーから送られたデータに関わるものである。[原注59] 彼らはそこから、ベルトコンベアーの維持に必要な混合エネルギーが、海底の起伏のある地帯の潮力エネルギーの二五～三〇％の消滅によって約四〇％（または一〇億キロワット）もまかなわれていたことを発見したのだ。そのプロセスは気候から独立したもので、この面については何ら心配する理由はない。明日にも月が海水からの放射と反射を保持しなくなる、といった話ではない。もし彼のモデルが潮が充塡した機能的エネルギーを計算に入れていたなら、トッグワイラーの高度解析シミュレーションが観測した循環の減少は最小になった可能性がある。

かくして、六年の間に二つの「新しい」エンジンが現われ深海の循環の頑健さを助長させた。南極沖の大西洋を源とする深層水の移流と潮力エネルギーの重要な一部がそれだ。警告的論文はこれに対して一言もない。

二つ目の研究は、ベルトコンベアーが南極に流し込む前に北極の深層水を集めるという、大方に共通して受け入れられている見方とは正反対に、ラブラドール海で形成された深層水のほとんど全部が北大西洋に留まることを明らかにした。厳しい指摘である。モデルは自然の仕組みを再現するかわりに、しばしば人間の自然に対する考え方を暴露する。

海洋力学の対象分野は明らかに不透明である……。まだ若い科学でもある。したがって、その対象を経験に基づき安定した、数値モデルの参考になるようなモデルにして提案できる科学にまで至っていない。これらから引き出された予測は質的計測ひとつさえ欠いたもので、きわめて希薄な信頼性しかない！　この科学が気候のテクノクラートから得た信頼なるものはまことに怪しいものである……。

批判の技術というものがある。海洋力学がどのような意味においても確信をもたらすのは容易なことではない。第三者が仲直りさせようと心底から心配して聾唖者同士の会話を煽っているようなものだ。そこで、議論を先に進めるために少し引き下がってみよう。ウッドが作ったシミュレーションは、二〇三〇年以前という非常に短い猶予期間を示唆している。ここから、モデルの最も悲観的な予測に立てば、温度は少なくとも一℃は上昇する。さらにもっと悲観的になって、関与する地帯では二℃上昇するとしよう。最低の温度上昇は確実に、一九一五年から一九三五年の間の冬季の上昇（図7の上参照）で突発的に、あるいはまたバイキングがグリーンランドとカナダとの海上連絡を確立した一七三〇年前後(原注60)の、おそらくは中世の気候最適条件の時期に起きた。この二つのどちらか、深層水の生成が減少しなかったか、そのどちらの状況でもないか、である。いずれにせよ、気候は難を逃れたのだ。

しかしながら、異議あり。「温室効果」の図式では、こうした急速な温暖化の期間では優勢だった配分とは異なる降水が起こり、おそらく過去には起こらなかったであろう、これまでにない地表水の淡水化と相まって、温度要因が介入してくるであろう。この自然の革命の明白なしるしはない。モデルが提供する悲観的予測のどれかを選ぶしかないとして、一体どれを？　北極の高緯度地域に降水量約プラス〇・三ミリ増加するモデルか、それともその正反対の極端、マイナス〇・一ミリ前後（図5）を選ぶか？ エリザベス・テシエ？ それともマダムお日様？

一九九二年の私の筋書きはやはりおふざけだというのであろうか？

原注44 コリオリ力。フランスの物理学者で数学者ギュスタヴ・ガスパール・ドゥ・コリオリ（Gustave -Gaspard Coriolis 、一七九二～一八四三）が一八三五年に地球の自転が地表の動く物体の運動をどのようにそらせるかを示した。この偏向の原因になる力に彼の名がつけられた。この物理的習性は海流と風の偏向に法則的に働き方向性を与えるものだが、南と北半球では法則が逆に働くので低気圧や高気圧に関する場合に判断を誤る危険が高い。「再確認」に導く推論と、故にこれらの法則の再発見は単純かつ確実である。一つの分子がある停止点から赤道に向かって移動したとする。「停止」とはここでは地球の自転に引っ張られていることを、つまり太陽の昇る方向に向かっていることを意味する。もし地球が円筒形をしていてシンメトリックな軸を中心にして回転しているとするなら、その速度はダイナモのように一定である。軸に平行した運動も回転に影響されない。しかし地球は球体で子午線がダイナモの位置にある。回転速度は極点のゼロから赤道の時速一六六七キロメートルまで子午線に沿って変化する。赤道に向かっている分子は緯度が高ければ高いほどその出発点の子午線にしたがって後退する。貿易風の東西循環（モンスーンはその逆方向）がこの現象を示している。ここで高気圧の大気状態を考えてみよう。高くなった気圧は高気圧の中心から全方向に向けて空気を分散させようとする。赤道に向かおうとする分子は西に偏り、極地に向かおうとする分子は東に偏る。これが一体となって北半球では時計回りに、南半球では反時計回りに回転が起こる。低気圧の場合は低気圧の中心の周りに逆の偏向運動が起

こる。地球の表面に水平運動の偏向を誘発する力、コリオリ力は運動体に相対的な速度に均衡しその場の緯度に正弦の関係にある。その水平分力は赤道に対してゼロで極点に対して最大である。地球上で最も暑く湿度が高く時化の多い地帯であるのに赤道上に竜巻や台風が決して起きないのはこれが理由である。運動は上昇性か下降性の垂直分力を持ちうる。偏向の方向と力の数値を特定するためには当然つねに回転軸からの距離の変化を考慮しておかねばならない。〈コリオリ力の限界〉赤道に向かう垂直運動の分子に働くコリオリ力は偏向の方向を保持する赤道面上にあり、渦巻き運動はしない。〈その他の限界〉極地での沈降運動は地軸に平行に働く運動であるがゆえにコリオリ力は働かない。

原注45　温度が七℃低下すると海水の塩分濃度は一g／ℓ上昇する。

原注46　三重水素トリチウム3Hは水素の同位元素。半減期は十二・五年。核反応中に生成され核爆発で〈燃焼〉する。核実験の日付と規模が分かれば海洋深海に分散したトリチウムの量と浸透度が算出できる。

原注47　ウェデル海の海底の水（マイナス二℃で塩分濃度三四・六g／ℓ）は北大西洋海の深層水（二・五℃で塩分濃度三五g／ℓ）より塩分が濃い。しかし構成量は五から七倍小さい。

原注48　宇宙線は空気窒素のごく少量を炭素14に変え、それが海洋水中の炭酸ガスに溶け込む。炭素14の崩壊期は五六〇〇年。深層水に含まれる炭酸ガス中の炭素14の崩壊度を計測すればその形成からの時間経過が直接わかる。

原注49　深さとともに生じる温度の不連続性を変温層と呼ぶ。高緯度においては変温層はない。変温層は主として海面水と深層水を分かつ水の層を指す。熱帯地帯では薄く海面に近く（海底一〇〇メートルくらい）、温度傾斜が大きいことを意味する（塩分濃度は現実にはすべての水柱において安定している）。逆に中緯度地域では変温層は海底六〇〇メートルから七〇〇メートルから始まりはるかに厚い。温度傾斜は当然明らかに緩やかである。したがって熱帯地帯の方が深層水（古い水）の熱が変温層を通して上層部に放射されやすい条件が揃っている。

原注50　H・エシュガー他著「自然界における二酸化炭素研究のためのボックス放射モデル」（『テルアス』、一九七五年第二七号）U・シーゲンタラー著「海洋の露出放射モデルによるCO_2の過剰取り込み」（『ジオフィジック・リサーチ』、一九八二年第八八号）

原注51　『サイエンス』（一九九〇年第一四九号）掲載の「氷河期のサイクル」

原注52　ジャン・クロード・デュプレッシー著「ヨーロッパの寒冷化に向かって？　増大する温室効果が海洋循環を減速させる」（『ラ・ルシェルシュ』一九九七年第二九五号）

原注53　S・マナベ、R・J・スタッファー共著「海洋の大気システム上での大気中CO_2増加による世紀規模での効果」『ネイチャー』、一九九三年七月十五日第三六四号。

原注54　国立海洋大気局地球物理流体力学研究所（ニュージャージー州プリンストン）

原注55　ここではある力が働いて起こる上昇のことをいう。

原注56　原注54にある研究で参考として使用されているモデルはトッグワイラーが北極を源とする深層水の南極沖への移流なしに最初にテストし、循環のスキームとほぼ同じように引き出した解析と大体のところ同じである。炭素サイクルのモデリングでも四〇％もより精細な解析にもかかわらず同様である。P・M・コックス他著「カップリング気候モデルにおける炭素サイクルフィードバックによる地球温暖化の加速」『ネイチャー』二〇〇〇年十一月九日第四〇八号。

原注57　P・ルビヨワ「多分に平行的な数値モデル」地球海洋の気候モデルの平行化。CEA―N2741、一九九三年。

原注58　R・A・ウッド他「気候モデルにおける大気中のCO_2の作用に対する変温層循環の構造変化」『ネイチャー』、一九九九年六月十日第三九九号。

原注59　G・D・エグバート他「衛星高度計データから推論した深海の潮力エネルギーの消滅の意味」『ネイチャー』、

二〇〇〇年六月十五日第四〇五号。

原注60　K・L・ラヴェンジャー他「ラブラドール海中とアーミンジャー海中で直接速度計測で観測した中間海中の再循環」『ネイチャー』、二〇〇〇年九月七日第四〇七号。

訳注36　毎秒六五〇〇万立方メートルの水量を時速三キロで運ぶ最も早い海流の一つ。全長二五〇〇キロメートル。南緯二五度から四〇度のアフリカ東岸を流れるインド洋の暖流と赤道南海流がマダガスカル沖で合流しアフリカ大陸の南端で極地還流にぶつかり東に回りながら竜巻を大量に発生させる。インド洋の熱と塩分を大西洋に運び、竜巻は海面高を変化させる。

訳注37　カタバティック風。南極地方に特徴的な下降気流風。南極地域の大気環の特徴に大いに関係する。春と夏には氷山を流し冬には浮氷群に割れ目を作る。この割れ目から海洋の熱エネルギーが大気に伝わる。浮氷群が存在しなければ海洋の熱エネルギーは大量に大気に奪われてしまう。また氷冠の冷気を海洋に運び極地周辺地帯を冷やす。

第8章　空気のように自由自在　風がたどる道

この神秘にかなわぬのなら、
企てた者を装おうではないか

ジャン・コクトー

《要　約》

海洋循環の再現に力を注ぐ海洋学とは反対に、気象学と気候学は十九世紀後半にでき上がった記述的モデル、いわゆるフェレル・モデルで事足れりとしている。このモデルが提起する大気循環の図式は、気象の規模、風、気圧、温度などの統計から演繹されている。それでも、このモデルはもう廃れており、事実を正確に再現していないとされている。数値モデルのテストは主に平均値を算出するもので、実際の風と仮想的風がたどる道が力学的に一致していることを保証しない方法である。この常識はずれの状況は現実の気候と最近の進化の再現や、はたまた未来予測を試みるシミュレーションの解釈に深刻なハンディキャップを課す。それでもここ十五年来、対流圏の循環を解説する衛星観測に基づいた力学モデルを利用することができる。

数値気候学者はこれを使うのを拒否する。

去年（こぞ）の不思議な風

風が天気を支配する。この摑みどころのないエンジンは暑さと寒さを吹きつけ、雲の塊を分かち、運び、雨降りと晴天を勝手気ままに決める。風のやる事はいつも悪さがすぎる。ひとたび怒れば恐ろしい嵐を呼び、船を木っ端微塵に破壊し、森を根こそぎ抜いてしまい、水の壁を地面に叩きつける。好意に満ちた貿易風に殺人的ブリザード、風はその掟を押しつける。

風の前では、運命主義者になる理由に事欠かない。旱魃や豪雨でどれだけの収穫が失われたことか？　季節外れの結氷でどれだけの開花が台無しになったことか？　海上事故にみまわれ、どれだけの船舶が行方不明になったことか？　人間の才知をもってしても、風には降参である。放し飼いになった風神アイオロスを相手に何ができるというのか？　身を潜めるしかないのか？　あとはもう成り行きにまかせるだけだ。これが人間がとるべき唯一の正しい対応策だ。生贄を捧げて幸運を祈り、神との神話的契りを呼び覚まし、船舶と装備の御加護を願う。神との保険契約で無知蒙昧な船乗りを勇気づけ、家族の不安を取り払うのだ。実際には何の保証もないが、この気休めプラシーボ（偽薬）効果はなくてはならないのだ……。

より具体的には、風を鎮めることができないのであれば、風を理解せねばならない。まずは名前をつけることから始まる。どの地域にも独自の風が吹く。私たちの地域にはミストラル、トラモンタン、レマン湖風(訳注38)など一連の風がある。構造風、貿易風、アルマッタン(訳注39)、モンスーンなども……。風に名前をつけるのはまず相手が何者かを知り、そしてその行動の有様を説明し、カオスから生まれてくるように見えるものが何か、を順序だてて考えるためである。

風を観測し理解することが遠洋航海の鍵となる。航海用の道具が発明されるはるか以前、海の男たちは大海を冒険し、つつがなく無事に帰還し、その経験を代々にわたって伝えてきた。ヨーロッパから遠く離れた最も並外れた人々といえば、おそらくミクロネシア人とポリネシア人たちである。彼らははるか大昔から、ちっぽけなプラオス(原注61)に乗って太平洋横断の航海に挑み、散々な目に遭った。唯一の手段は風と海流と、水平線に昇る星座の知識、そして鳥の飛翔と天頂の星の運行を観察することであった。地中海沿岸の住民たちが遠い海に漕ぎ出し、自然の猛威を身に染みて知ったのは、きっと文字が発明される以前のことだろう。また、スピッツベルゲン（北緯八〇度）の凍てついた水平線から、カナダの暗い大森林や燦燦(さんさん)たるシシリーへと流浪したヴァイキングたちの遍歴を思い浮かべてみよう。

これらについて書き残したものはわずかしかない。富を運んだ海路は商人たちの秘密であり、執拗に守られた。宣教の情熱に突き動かされた最も大胆な者たちは生還することはなかったし、十八世紀にユカタン半島の海岸にたどり着いたアイルランド人の神父たちも再び戻っては来なかった。

歴史は時に、「発見」の前に情報が先行し、それが「発見」を助けたことを示唆している。あの時代の最も博学で経験豊富な航海士の一人であったクリストファー・コロンブスは、いかにしてアンティール諸島に到達するための最善の往路と復路（同じルートは通らなかった）を、第一回目の航海から発見できたのか？　彼が誰からこの知識を得たのか、どの手紙にも書かれてはいないし、どの文書にも記録されていない。その他にもいたであろう、目端が利いて冒険的だが知識があまりない者は、長く苦しい実体験を経て、こつこつと秩序立ててインド航路を開拓したポルトガル人のように、成功したこともあったが、北氷洋の彼方に眠るキャセイの宝を発見しようとバタビヤ商人の出資を受けるも、その進路の探索に失敗して命を落としたウイレム・バレンツ（訳注40）のように徒労に終わった例もある。

こんにち、これらすべては月並みで無関係で役に立たない話に見えるが、大多数の人々は、かの大航海時代に起きたこうした事実についてほとんど何も知らないのだ。世界は狭くなり、何カ月も、さらには何年にもわたり、未知の風土に触れながら大海を行く途方もない不安の旅に出発して行く男たちの値打ちは、きわめてわずかな人々だけにしか理解してもらえなかった。風が記憶を運び去って行った。そして未来への恐怖と、約束された破滅の不安と、そしてまた規範化の文化が、自由気ままに風が吹き、測量柱など立っていなかった小さな自然の、喩えようのない詩的な魅力を確実に窒息させているのだ。

ハドレーからフェレルへ　行く手険しい古いモデル

経験主義が科学的方法論に道を譲って以来、もはや三世紀になろうとしている。確かに記述的な蓄積は続けられた。必要に迫られて。材料はすぐに底をつく……。しかし、それと平行して西洋の科学は大気の運動を司どり、それを図式化する法則の研究を試みた。

天文学者で物理学者のジョン・ハドレー[訳注41]は当時、望遠鏡の概念を完成させ、海上の船の位置を正確に測定した最初の道具、八分儀を発明したことで有名であった（アイザック・ニュートンがすでに鏡の配列を発想していたことを彼は知らなかった）。一七三五年、彼の航海への興味が偶然に熱帯の大気循環の図式に近いもの、つまり貿易風の仕組みを提起させることになった。彼は、赤道上空で激しく上昇し、南北回帰線の低空で下降する特徴を持った子午面（緯度線に沿った南北鉛直断面）にある二つの循環について記述している。ハドレー循環[訳注42]とは後につけられた名称である。おそらく最初は高度での空気循環の仕組みが測り難く、それが知りたいという演繹的精神が大気力学へと向かわしめていったのであろう。

ハドレー理論が成功した理由は二つある。一つは例外で、もう一つは当時では発見できなかった間違いである。現実的には熱帯においてだけ平均循環と現実の力学が合致する[原注62]。間違いとは、気団を完全に閉ざされたものとみなしていたことである。ハドレーが知らなかったのは、赤道上の水分の凝結は、上昇気流の強い過熱と乾燥を伴い、乾燥した下降気流の全体的再生を不可能にする、ということであった。結局、もし気流の一部が下層を通り、赤道上の出口に向かって回帰できる低気圧の高層気象条件を得、そして他の気流が上層で再生されれば、三つ目の暖かく乾いた気流は高緯度帯に向かって拡散する。気団から離れた気流は、極地移動性高気圧（AMP[原注63]）が凝集する高気圧帯の産物である子午面循環で相殺される。つまり、ハドレーは彼の死後半世紀以上を経て発見された、水の熱力学サイクルを支配する法則に無知であったことや、中緯度帯の大気循環の混乱と気まぐれが貿易風の型に日常的に関与し得ることに注目しなかったことで責められはしないということだ。

ハドレーの説明からちょうど一世紀後、コリオリが、地球の自転がその運動に関連するすべての移動をいかに屈折させるかを一般論として示した。そうした中、とくに気圧、風、温度の気象学データの体系的収集が始まっていた。一八五〇年代、アメリカの物理学者で技術者のウイリアム・フェレル(訳注43)が海洋と大気の様態と運動を説明するために、コリオリの発見を独り占めにした。彼は暴風雨の時の竜巻の運動のメカニズムの確立に成功し、ただちに正論として認められた。他にも、彼がまとめた統計資料（赤道地帯、近極地高緯度帯、緯度三〇度付近の高気圧、風の分布図）は、ハドレーが考えた三つの循環を南北半球に二つ設定した有名な模式図のさらなる拡大に導いた。ハドレーの循環セルは、赤道と緯度三〇度付近との間にある。フェレルの循環セルは逆方向の緯度三〇度から六〇度に向いている。極地循環はハドレー循環セルと同じ方向である（図9参照）。彼が死んだ時、「気象の科学に対し、ニュートンが天文学にもたらしたのと同じ堅実さを持った機構的基礎を与えた」と讃えられた。

この墓碑銘は、フェレルとその学派が与えた影響力を表わしている。気象学と気候学が代表するものの一過性を知る者は、この墓碑銘は誇張しすぎだと思うであろうが、彼の影響がこんにちまで続いている以上それは事実であり、彼の「三つの循環という伝統的モデルが破棄されたのは一九五〇年前後のつい最近のことで、何らかの子午面に沿った中緯度循環の根拠の図式は文献学的にはとても役に立つが（傍線は著者）データ的には確認されない(原注64)」のである。

フェレルによって気象学と気候学を二分することが習慣化した。後者の気候学は統計的データを解釈することだけを求められたがゆえに、一挙に現実の力学的内容が骨抜きにされてしまった。月や四季や年という任意の時間のインターバルの中で先行して起きた事柄の、データの算数的加減乗除の数字の海に溺れてしまった。しかし、ある時一定の場所で、ある気団が一定の方向に向かって通過する道筋の追跡など可能だろうか？　平均化された力学など完全な抽象である。温度変化、物体に蓄積された体感できる熱量、加速度に関連するニュートンの法則、これらの関係を抜きに大気循環を生じさせる諸現象を結びつけることはできない。ガスの物理的変化、水の状態変化、雲の光学的特性の変化、放射を支配する熱力学の法則、放射の力が絶対温度に比例するというシュテファン・ボルツマンの法則、対流による熱の交換、コリオリ力……すべては要点を押さえるためのものである。この条件下では、放射の場合に例証を挙げたように（第Ⅰ部第1章、表1参照）平均値は平均的原因の結果ではないのであるから、この場合まず起きる一貫性の無さという避けがたい現実が、時間と空間にも当てはまる。フェレルが演繹した三つの循環の図式による風の平均分布図と、実際の気候力学との間には有効な関係は存在しない。実際、ヨーロッパ上空に氾濫するサハラの粉塵や、毎年冬になると極北からヴァージニア州やフロリダ州に襲来する寒波やその他諸々の、三つの循環の分割だけでは理論的に起こり得ない現象をどのようにモデルに取り込めというのか？　サハラ南部の乾燥の進

図9．フェレル循環セルモデル
・7月と1月の風の平均的領域（A：《高気圧》対D：《低気圧》）
・平均的垂直循環モデル

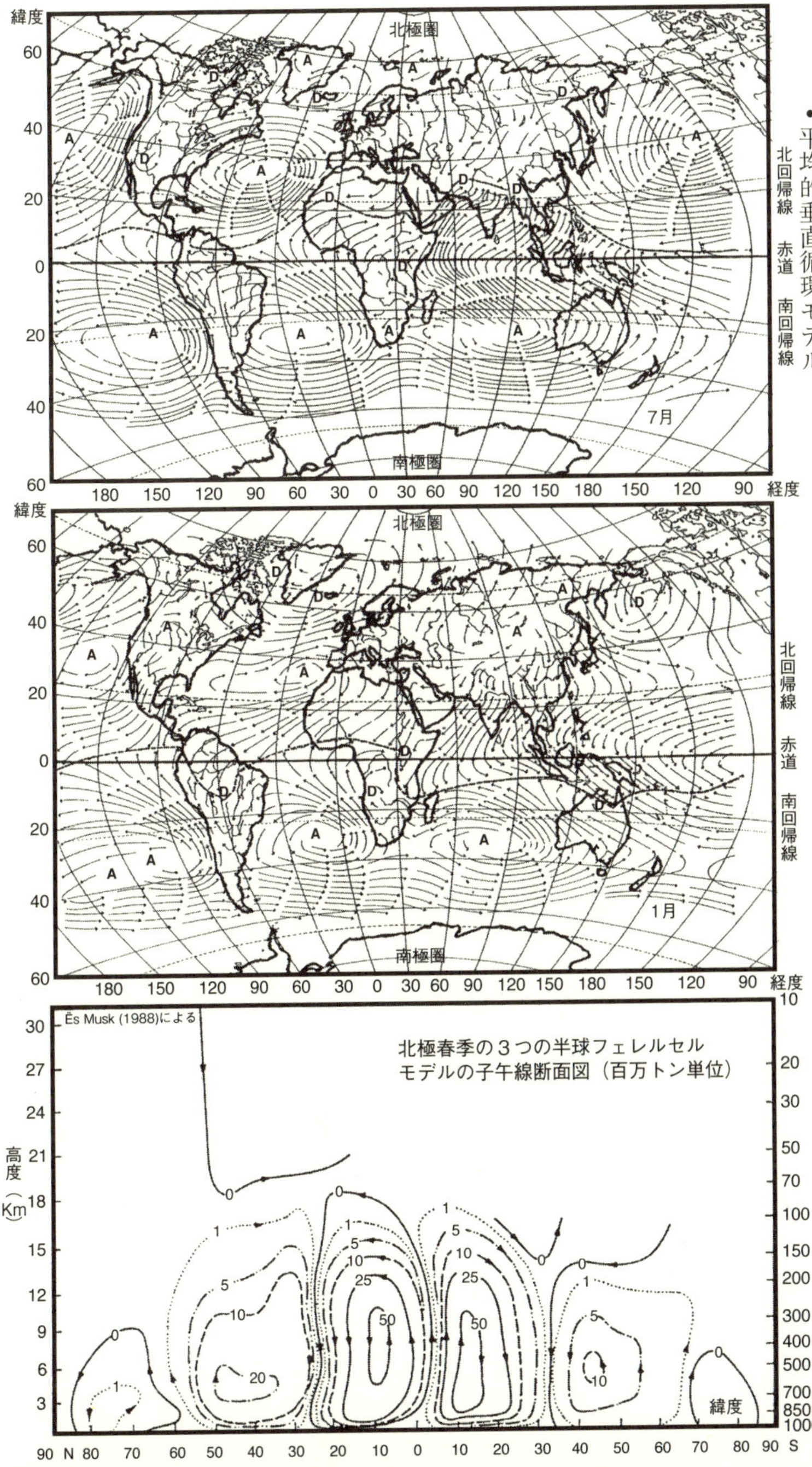

行、北米の寒波の再来など、現実に進行している気候変化をどのように説明するのか。

フェレルの遺産は、したがって、原因に戻ることのないまま、日々の天候の力学を解釈するために適した一般的大気循環のモデルから気象学を取り去ってしまった。かくして誤った概念が気候観測と前述のモデル、特にすべての気象学者が心から断念しなかったかに思われるフロン・ポレール（極地前線）[訳注44]のモデルをむりやり結びつけた。大気圧に関する統計によって各地の空に活動する多数の気圧の中から「アゾレス高気圧」や「アイスランド低気圧」のような「気象のキャラクター」が誕生した。これらの気圧の移動、膨張、衰退、陥没、埋没などの原因になっているのはどんな現象なのであろうか？　力学的解説モデルの不在が因果関係の階段を昇ることを阻んでいる。天気が良いのはアゾレス高気圧がヨーロッパを被っているからであります、以上終わり！というわけである。

フェレルの遺産はまた、数値気候学からシミュレーションのための格子の質的な読み方も奪っている。数値的循環の図式については、参考資料も時代遅れで統計的域を出ず、多くを語るには及ばない。

結果　参考モデルを排除した数値気候・数値気象

フェレルの理論の弱点を、かくも執拗に攻撃するのはいささか無茶で不当に過ぎはしないか？　その死後に、偉大なるニュートンと同じ地位にまで持ち上げられると知っていたなら、フェレルとておそらくまんざらでもなかったであろうが、後継者たちが利用したことの責任まで当然彼が負うべきものだというのであろうか。否、フェレルは単に科学史の一ページを飾るだけの存在ではない……。わずかな行数ではとても語り尽くせないが、フェレルのモデルは依然として、一般的大気循環に関する卓越した総合的判断材料である。それは例外なく、気候学と気象学の高等教育機関で教えられており、エコロジーと環境の講座にも組み込まれている。科学事典を紐解いてみても、フェレルに関して一章が割かれている。フェレルの理論は、全体循環の文脈における大気の働きを設定するために日常的に使われている（第Ⅰ部第1章の最後の行を参照されたし）。もっとひどいことに、さし迫る決定的試験に間に合わなかったために、あろうことか観測不能の「ウォーカー循環」[原注65]なる、混乱に混乱を重ねるだけの代物まででっち上げられた。知の連鎖（何をもって知というかはわからないが）に関する科学番組で、風の事を説明するのにフェレルを引用するのを聞いたこともある！

フロギストン[原注66]まで範疇に含む理論の概念領域において化学を教えるのに「文献学的に有効」と言えるだろうか？　天文学や天体物理学が「球体音楽」を参考にするのと同じ様に？　これはまさしくフェレルのモデルとその補追を、高価な骨董品の陳列棚に加えてはいないということである。

記述的気候学、記述的気象学はずっと以前から根本的な現代化を図るべきであった。なぜそうはならなかったのか？　それを理解するには、本書の冒頭に後戻りせねばならない（第Ⅰ部第1章）。そこで筆者は、六〇年代にフランス気象学に数値方法論を導入した技術長官ギ・ダディ（元国立気象学院長）に登場願った。彼の精神においては、シミュレーションはお互いに有効な意見交換をしながら相互の考察に役に立つ結果を生むように、全体循環の理解の進歩と手を携えて進むべきである。復古的に、世界いずこも同じように気候・気象学への数値的方法論の導入によって「文化革命」の火蓋が切られ、次第に二つの主義に分化した研究に関わる政治の中で、数値派の課題と要求が、決定的支配力をつけ始めていった。モデリングの主対象は大気ではなく、その環境と同じ動きをする物理的システムとして扱われる、あらかじめ決められた、やや小規模の大気の格子である。時間は、算定時間または「時間的切捨てなし」と呼ばれる一定の長さに区切った瞬間ごとに分類される。瞬間毎の大気の状態が巨大な表に格子の箱の数だけ蓄積され、それぞれの箱に変数を代入した方程式の答が入る。これらの方程式は、つまり流速との相互作用を考慮した各格子の内部の力学を表わす方程式と、直近の格子から発生する標準システムであり、瞬間毎の答が出る。こうした方法を還元主義と呼ぶ。総計の表示は、高層大気と地表の格子の極限にしか現われない。モデリングした循環について現実的なものを求めるのなら、それは探すしかない。モデリングの「収穫」は結局、大気測量が大した成果をもたらさないのと同じで、計算された全てのうちのほんのわずか一部でしかない。しかし、「刹那的」にしかものを見せてくれない時間の流れの専制支配に抑え込まれた事実の観測とは違い、モデリングは潜在的に、それが仕掛けた出来事をすべて保存する。これらの資料を使って、好みの観点から見た別の天気図を再構築することができるし、モデルからどんな結論でも引き出せる。何という素晴らしい進歩！　何と好都合！　何という支配欲！

したがって、フェレルの残した廃れた明証にモデルを置き換えるための経験的作業になぜ投資するのか？　未来は数値モデリングと、それがもたらす無比の柔軟性に属しているというのに！　これはギ・ダディが二つの規範の上での数値派の「ハイジャック」について語っていたところの戦略的方便を念頭においたものだ。かくしてこの領域は教育研究機関から見捨てられ、ほとんど古い学識に凝り固っている。

シミュレートした大気力学と、大気循環の有用で正しいモデルが示すものとの比較ができないので、モデル製作者はフェレル翁の時代のように平均値で論ずることもままならぬ。私たちは多くの複雑な現象が、シミュレートされずにパラメーター数式で表わされているではないかと警鐘を鳴らしてきた。モデルの線引きは、現実の平均的気候に近い平均的仮想気候へと導くパラメーターの扱い方を発見することで成り立っている。そうした結果を出さしめるパラメーターのコンビネーションは、相当任意にこね上げられている。いいかえれば、どのモデルも適切な方法で複数のパラメーター計算を使い、平均的な現実の気候を表わすことができるということである。本質的に、結果は選択した誤差によって変わる。つまりシミュレートされた平均値と観測された平均値の格差の性格付けによる。

平均的気候の最近の変化を再構成しようとする試みは、それが「安定した」平均気候にではなく、すでに十分資料化された歴史的な（百五十年以前から）変化にアプローチするものである以上、より厳密な線引きを当然必要とする。それにもかかわらず、ここでもまだいくつものパラメーター計算が幅を利かし、あれこれのモデルを作っている。

中世のやり方では、底辺に潜む力学の存在に目が届かないことはわかった。どんな数学を使っても、算出した平均値と力学的誤差を見越して測定した平均値との差を結びつけることはできない。

平均値に根ざした議論はさらにこの先、仮想と仮想を比較しつつ広がる。地球の平均温度の面においては信頼できる結果になるだろう。なぜなら、すべてのモデルが大体同じ値を出しているからである。しかし、予測間の開きは「気候の多様性」（図5参照）と呼ぶに相応しいほどはるかに大きく、あくまでおおよそでしかない。

十五年余り前から資料モデルが入手できるようになったが、その有効性については誰も認めたがらない。ここで、学界に存在する二つの邪魔な石ころの一つに触れることになる。この石ころとは、反論の拒否、学界追放、非難、デマなどを引き起こす原因になっている利害の対立、ブランドイメージの保護、科学信仰と呼ぶべきものに原因を帰すことの拒否、慣例の桎梏などである。予算に恵まれ、政治的主流を行く有力派閥に属さない者にはチャンスはない。まずもってこの学界の歴史的環境と事情を検証し、ついで気候変化（第Ⅱ部で扱う）の理解を大いに深めてくれるこの資料モデルの大筋を説明しよう。

初歩的『優良科学』VS『天真爛漫な』衛星画像観測

数値派が気候学と気象学の研究施設への投資を始めた時期に、気象衛星による大気観測の最初の画像とデータが天から舞い降りてきた。続いて静止衛星が視界を広げ、極地軌道衛星が高緯度地域の事象を正確にとらえた。以来、赤外線による雲の頂上の温度、水蒸気の分配などの観測値を満たした補足情報が豊富に得られ、大気運動の総体が継続的に追跡できるようになった（図10から12参照）。得られたデータの質と量は非常に迅速に、科学的見地における絶対的な斬新さを引き出した。雲塊の分配と移動によって具体化される対流圏循環の概観である。（原注67）大気循環の研究は、ついに平均値の王国から解放された。この天から降った食物、マンナは、フェレルが手に入れることのできた貧弱な情報を出発点に試みた企てを再びゼロに戻すことを可能にした。経験に裏打ちされた頑丈で確認可能な対流圏循環のモデルである。

たった一人の科学者だけがこのチャンスを完璧に活用した。地理学者で気候学者のマルセル・ルルーである。何ゆえに、気象学者と気候学者のきわめて大多数が彼らの規範を一新できる機会を逃すはめになったのか？　習慣の為せるわざなのか、平均値を使う長いフェレル主義的実践の結果なのか、あるいは「空のてっぺん」で起きる乱気流と嵐に関するかたくなな研究のせいなのか？　おそらくは議論の余地なしの新兵器を操作して数値計算する、という抑えがたい文明的魅惑のせいであり、純粋で頑丈な物理学の法則で組み立てたシミュレーションが素晴らしい科学を実践しているという強い印象を与えるのだが……もちろんパラメーター処理を余儀なくされている（恐ろしい羽目に陥るとはどんなことかについては、雲が数値気候学に課した第Ⅰ部第４章の問題を参照されたい）こと一切にあまりとらわれないという条件においてのことである。

そうであるにもかかわらず、なぜ彼らは研究者の仕事を認めず、そのモデルを少しも問題にしなかったのか？　理由はおそらくかなり自然なところにある。

それは、特に低空層の現象について、事実に関する百科事典的知識を駆使した経験主義的観点から、どんな段階と時期にも当てはまる力学的モデルをもって、気象学と気候学の融合が実現可能なことをいかに受け入れるのか、そしてまた、数十種類の優秀で高い能力の設備をもって、これまた日進月歩の進歩を見せるコンピューターがはじき出した大量のデータを使いながら、大気循環モデルを引き出すことに成功しなかった数値シミュレーションを「強制的」に取り入れることなしに、単独の試みが成功をおさめている事実をいかに受け入れるのか、ということである。そして、これらのことすべての前提がコロンブスの卵の話に類似しているということ、つまりものの見方と考え方を根底から覆してしまうごとく、顔の真ん中にある鼻のように当たり前の存在であった極地移動性高気圧（AMP）こそが、対象化すべき既成概念そのものであることをいかに受け入れるのか？　究極、物理的法則の方程式の摘要によってのみ有効だと主張してきた演繹的方法では、この気象的、気候的舞台の原始的役者を押さえ込むことは絶対に不可能であることをいかに受け入れ、認めるのか？

それにしてもなぜ、この経験を侮るのであろうか？　なぜ、自然とルルーの業績が生んだ解読性のあるものと比較するための概要的視点を生むべく、コンピューターのアウトプットを整理しないのか？　シミュレーション展開の概要的視点が経験主義的モデルで証明された、風の通り道を参考にした現実の大気循環に対応することを予め確かめずに（見た目に全くはっきりしているのだから）、気候予測が平均的には信頼できる、などとなぜ大言壮語するのか？　また特に、気象と気候に関する伝統的考え方を構成している仮説と不確実性の部分を軽減すべく、このモデルを利用しようとしないのか？

肝心なことはすべて複雑な低大気層で起きている

気象学と気候学の学術機関の姿勢だと、首をかしげるしかないこれらの問題を考えよう。これ以上の説明はないと思われるので、ここはマルセル・ルルーに大気循環の講義から彼のモデルの正しさをうかがおう。

「対流圏は大気が攪乱している部分と定義できる。その中でも低空層、特に最下部のざっと一五〇〇メートル辺りの境界大気層では循環は最も複雑で混乱している。これらの低空層こそ以下の理由から大いに注目するに値する」

「なぜなら（低空層は）最も密度が高く、大気層の半分は五五〇〇メートルまでに含まれる（大気圧が五〇〇ヘクトパスカル以下の高さ）」

「なぜなら（低空層は）雨になる水蒸気のほとんど全てと熱と温室効果ガス（水蒸気に他ならない）を有し、五〇〇〇メートル上空以上ではこの状態は見られない」

「なぜなら、逆説的に、大気を暖める主たる熱源は太陽ではなく地表である。基盤の相違、海洋そして／あるいは大陸の熱作用、地表との接触に誘発された上昇と下降の垂直運動（沈潜、乱気流、対流）、差動的過熱そして／あるいは広域にわたる水平循環から発した深い熱性低気圧（特に熱帯における）による誘引作用の結果生じる熱勾配などの理由から地面と空気のインターフェースには相当な重要性がある」

「海洋・大陸分布と連動する地理的要因の中で、起伏はその高度によって地表の温度に作用し、地形は子午線交換の特に重要な部分の進路に関するきわめて強固な高層気象学的要因を生み出す」

「これら地表にある要因は、対流圏の下部層での大きな循環空間の境界を形成する。これらの低空層の気団は、地表での状態の影響の弱まりに応じて単純に大きくなる帯状循環によって乗り越えられ、高度が上がるとともに空気量は減少する。最大の関心は、最も複雑であるけれど子午線循環のためには最も重要であるところの低空層に払うべきである」

「対流圏循環に崩壊はない。対流圏循環は両半球で中断することなく活動するが、極地から熱帯へ、熱帯から極地へと様々に変化しながら（……）」

「低空層では極地温暖循環は極地移動性高気圧（ＡＭＰ）という極地の産物に支配され、これが寒さを運び出し、反対に高緯度地域に暖かい空気を運んでくる。」

「極地移動性高気圧（ＡＭＰ）は高気圧膠着（ＡＡ：熱帯地帯でＡＭＰによって低空層に形成される高気圧の凝集現象で、熱帯性高気圧によって高空層に上昇する）を形成し、それは温暖循環と熱帯循環の正真正銘の緩衝地帯である」

「高気圧膠着（ＡＡ）が形成する関係は貿易風の流れを促し最終的にモンスーンにまで至り、熱帯の中心にある気象赤道（ＥＭ）に向かう」

ルルーの循環モデルは以来「ＡＭＰモデル」の便利性を私たちに見せつけ、気候と気候変化に密接に結びついた読書の参考となっている。時間という気象のプロセスも同時に同じ枠内で説明できる。低気圧の発生についても偶然性を排除する。竜巻は、気象学者が三十年この方理論化してきた「空高くにある」ジェット気流の中のどこかで低気圧を発生させるのではない。ここに、これから展開しようとするＡＭＰモデルの二つの側面がある。一つ目は気候変化に割いた第Ⅱ部で展開し、二つ目は第

Ⅰ部第10章、（この後すぐ）で、著者には決定的なものに見える科学的反論についてである。これは一九二〇年代にノルウェーの学界で「極地前線」として認められた概念が、一九五五年に正式に破棄され、それが一九九八年に科学アカデミーに報告され、仮認証されたものである。後はマルセル・ルルーの著作を読まれることを薦める他はない。

原注61　プラオスは何週間にもわたる航海に必要な食糧を運ぶ能力はなかった。必要を満たすためミクロネシア人の船乗りたちは凧を使って植物繊維の釣り糸を遠くに垂らした。風を制する彼らの知恵は三次元的に、そして空気力学の法則を本能的にかつ実証的に展開したのである。

原注62　正確な言葉で言えば：循環の図式は直近の脈動と統計学的経験主義的模式図と同じものである。

原注63　極地性移動高気圧（ＡＭＰ）の概念は第Ⅰ部第3章、原注15を参照されたい。

原注64　アメリカ学識者評議会『科学者辞典』一九八一年ニューヨーク、チャールズ・スクライブナーズ・サンズ刊。

原注65　子午線循環が極地と回帰線の移動に関わるとき地域循環は並行的運動に引かれる。実際には赤道東ジェット気流の他に厳密な意味での地域循環はない。とりわけ低空層では循環は、ほぼいつも二つの要素からなる。子午線循環と地域循環である。ウォーカー循環は、六〇年代の終わり頃にさらに循環を拡大する傾向から生まれた必要な循環と同様の、風の統計を循環で説明するための熱帯の地域循環である。このような循環の存在は熱帯および赤道東ジェット気流に矛盾するもので、目には見えないある種の緩衝装置によって阻まれるであろう。サハラの粉塵がアメリカに運ばれることがなくなる！　にもかかわらず大多数の気象学者、気候学者がこれを支持するのはやはりエルニーニョ現象の故である。

原注66　火は物質とは異なる構成物質であり、発熱反応の際に把握しがたい概念を示し、思弁的実験科学がラボワ

ジエの実験によって覆される以前までは常識では理解できなかった。

原注67　爆発エンジンの例を挙げて、メカニズムの概観の成り行きを提示する知的能力は感じることができる。いくつかの説明を加えたガスの流れの様々な部分、変化、移動を整理したものを示す半ダースほどの爆発の状況は十分理解できる。確実な解釈の範囲が先行しているので、シミュレーションと数値化への過程は次いで正しく適切な方法で詳細に分け入っていく。

訳注38　**ミストラル**は南仏プロヴァンス地方特有の強風。ジェノワ湾の低気圧による乾燥した激しい寒風。ヴァランス、モンペリエ、フレジュスを結ぶ三角地帯に突風をなして吹く。ローヌ渓谷の真北からプロヴァンスの北西とヴァロワーズ沿岸に向かって吹きつける。晴天の時に起こり空気中の汚れを取り去る。まれに暗雲を伴った「黒いミストラル」も吹く。冬から春にかけて吹き続ける。夏には山火事の原因にもなる。時に数日にわたって吹く。**トラモンタン**はラングドックとルシヨン地方に吹く乾燥した激しい北西の寒風。ピレネー山脈とマッシフ・サントラル（中央地塊）の中間で力を増す。フェーン現象により乾いた晴天の日に発生する。トラモンタンとミストラルは同時期に発生し、原因と結果において非常に近い現象である。トラモンタンはミストラルより数時間前に始まり早めに鎮まることが多い。**レマン湖風**はレマン湖の周辺の激しい起伏によって生じる様々な強さの風。時速一キロの微風から時速一二〇キロの強風が全方向から吹く。南東の風ヴォーデールは夏の短期間にジュラ山脈に発生、しばしば嵐となる。アルプスに衝突し激しさを増して戻ってくる。ヴァン（風の意）は大西洋からの南南西の強風。低気圧の通過に伴って吹く。レマン湖の東に竜巻を発生させることもある。ビーズはレマン湖で最もよく吹く風。ミストラルとよく比較される。晴天で乾燥した日に吹き始まり一週間以上続く。ジョランは嵐や降水の天候の時に吹く。この風が吹くと気温が下がる。ヴァン・ブラン（白い風の意）は夏の晴天の日に吹く。湖西から吹き始め湖北の広い湖面へと広がる。暖かい順風。モラビアは夏の風

で雲を伴わない。悪天候の前兆。木の葉を揺らさず水面すれすれに吹くようなやさしい風。ビーズ・ノワールは秋から冬にかけて北海から吹いてくる風。低く雲が垂れこめ一面を暗くする。セシャールは湖全体にやさしく吹く風。他にボルナン、モラン、ルバなどがある。

訳注39　北アフリカの北東貿易風をギネア湾からケープベルデ諸島を通って遮る東風。健康的な要素を運ぶことから「ドクター」とも呼ばれる。十一月から二月にかけての冬に吹く。砂を巻き上げ視界を四五メートルまで下げる。

訳注40　ウイレム・バレンツ　オランダの航海家。十六世紀の終わり頃アジアへの北東航路を探して三度の航海を行った。三度目の航海で偶然にスピッツベルゲンを発見、ニューゼンブラの北端を回ったが氷に閉じ込められた。ボートで脱出を図る途中死亡した。彼の残した航路図はその後の極地探検にとって最も重要な指針となった。バレンツが収集した気象データはこんにちでも参考にされている。

　キャセイの宝は、伝説の中国の財宝。キャセイとは中国北部地域を指す英語の呼び名でヒッタイトのこと。中世ラテン語ではカタイヤ、ロシア語ではキタイ。十三世紀イタリアの冒険家マルコ・ポーロはキャセイからペルシャに向かう航海の途中、コーチシナで海賊に襲われたが危うく難を逃れた、と旅行記に書かれている。船に残された翡翠の象の折れた尾の中にマルコ・ポーロがキャセイの宝の在り処を記した手紙が隠されていたという。

訳注41　ジョン・ハドレー（一六八二〜一七四四）イギリスの科学者、天文学者。王立協会員。ハドレーにはジョン・ハドレーとジョージ・ハドレーの二人の人物が存在する。この二人は兄弟で、兄のジョンが弟ジョージの協力を得て最初のニュートン式反射望遠鏡を作った（一七二〇年）。一七二六年に、より正確で解析度の高いグレゴリオ式反射望遠鏡を開発した。当時イギリスはすでに世界に冠たる海運国であったが、難破する船が絶えず、科学界は海上の距離と方向を正確に知る方法の発見が急務であった。それに応えるようにジョン・ハドレ

ーは一七三〇年、太陽と星の高度を測る八分儀を発明した。弟のジョージ・ハドレー（一六八五～一七六八）は、当時北米大陸に航海する者にとって重要であった貿易風による大気のメカニズムを説いた。地球の自転が移動する気団に大きな影響を及ぼしていることを発見した点に功績がある。

訳注42　ハドレー循環　低緯度帯にあり、赤道付近で上昇し南北三〇度あたりで下降する循環のことをハドレー循環と呼ぶ。このように鉛直面内の循環を直接循環と呼ぶ。対極にあるのがフェレル循環で、高温地域で下降し、低温地域で上昇する循環を間接循環と呼ぶ。

訳注43　ウイリアム・フェレル（一八一七～一八九一）中緯度帯での大気循環を詳細に説明する理論を確立したアメリカの気象学者。フェレルは、上昇する暖かい気流がコリオリ力の効果により、南の暖かい地域からの空気を引き寄せ極地に運ぶ傾向があることを示した。この還流が北極の冷たい空気と大陸の熱帯空気を分ける前線の複雑なひずみを作り出している。

訳注44　二十世紀初頭に、ノルウェーの気候学者が温暖地帯の大気循環についての新しい見地を提起した。この観点は極地前線という概念に立つもので、極の空気と熱帯の空気を分かつ界面をいう。発想した学者たちによれば、この界面は以前から存在し地球の周りを回っている。安定はせず波状で低気圧が次々に発生し発達する。いくつかの嵐の後静寂が続くが、再び同じ現象が繰り返される。

第9章　AMP（極地移動性高気圧）モデル

それでも地球は回っている……

ガリレオ・ガリレイ

《要　約》

極地移動性高気圧（AMP）は衛星観測で発見された。極地に支配的な状態の産物で、広範な密度の高い、冷たいレンズ状の気団で、毎日毎日休みなく大気循環の中に次々に飛び込んでくる。その出発点は低緯度地域から高空への気流の回帰にある。AMPはその移動中に出会う暖かくて湿った空気を上昇させ、それが結果的に低気圧を生む。回帰線の直近を通過し、温められ勢力を弱めた貿易風の循環に力を注ぎ込む。AMPモデルは、気候と時間と空間のすべての局面における天候の変化、特に低気圧の発生について説明してくれる。このモデルは予測のための説明的文脈を与えてくれる。

極地移動性高気圧に強いられたフォーメーション

極地地方は大気の熱力学メカニズムにおける寒さの源で、重要なエネルギーの欠損の場所である。大気はその放射効果に比してきわめて少ない、わずかなエネルギーしか受け取らない。大気は冷え、収縮する。この冷たい空気の生産は永続的で、平均一日一回、このレンズ状の冷たい気団が両半球の総体的大気循環の中に放り込まれている。空気団が出て行った後に、低緯度の高空層から空気が流入し補充が行なわれる。このレンズ状空気団は厚さ一五〇〇メートル、その高空部分において寒気と補塡暖気の間に温度の転換がある。直径一〇〇〇から三〇〇〇キロメートル、地表の気圧は平均一〇三〇ヘクトパスカルに及ぶが、冬季には一〇五〇ヘクトパスカルに達する。より強力な冷却作用によって、極地の夜間に発生したAMPはより勢力があり一般的に大きい。

静止衛星の画像ではAMPの発生は直接見られない。というのは極地地方にある一部は見えないところにあり、一部は（大部分だが）地面すれすれにあるからである。AMPが写真に現われる場合、雲冠に取り囲まれ動いている。それでもAMPの発達は極地衛星で観測できる。発達過程は次のようだ。極地地方は温度的には同質ではなく、特に雲の下では寒気は弱い。沈降も同じではない。極点の周囲に冷たい空気が永久に蓄積している。緊密な寒気は地表に達すると広がろうとし、拡散していく。コリオリ力は最大なので、すべての運動は強い高気圧回転の構造を持つ。理解してもしなくても、モデリングできてもできなくても、ここではあまり問題ではない。これはある場合における一つの事実なのである。これは総体の不安定性への答えとして、最大気圧をもったある部分の周囲にきわめて急激に構成される動きである。すべては母の胎内から出た胎児のように急激に発達しながら、冷たく緊密な空気の強い流れが巨大な独楽を現出し、ＡＭＰ誕生への執念と予見を印象づける。このメカニズムには明瞭な二つの要因がある。新しい空気の沈降が休まず続くので、そのための空間が必要になる。ＡＭＰは極点を中軸にする必要が全くなく、地球の自転による遠心力はＡＭＰの懐胎した場所に対応する方向に向かい、赤道へと滑りこんで行こうとする。

熱連結と地球の重力と回転力は極地地方でポンプの働きをし、低空層で押し戻し、高空層で吸引する。フェレルのモデルがその三つ目の極地循環に関して正しければ、ＡＭＰは緯度六〇度上の、古典気象学が「極地前線」と名づけたところに閉じ込められるであろう。しかし衛星画像が明らかにするように、またかなり以前に強烈な寒波が北米からヴァージン諸島やフロリダまで襲来したわけで、ＡＭＰはとんでもないピエロか小悪党である。ＡＭＰは人間の考え出した法則など無視して、自分のルートをシステマティックにたどり両回帰線に向かう。科学者が提起した法則など無視されるが、大自然の法則は守られる。密で冷たい空気は流路を延ばし、時には起伏により妨げられる。

文献的観点からすると、図10に転写した画像だけでも以前からの数千点の画像と同様に、フェレルの三循環による気候モデルを無効せしめるに十分である。そしてこのテーマの結論として、このようなモデル作りを頑固に続ける科学者の伝統への忠誠心ではなく、入手できる最良の観測データを駆使してモデルを構築すべし、という高名な先達の教えに従わないことを責めた方が適切である。データ収集のとてつもない進歩によってもたらされた素材の恩恵を受けながら、閉ざされた三循環モデルの平均値を算出し、仮説を構築しようとする者がまだいるなどとは、当のフェレルさえ夢にも思わなかったのではないか？

ＡＭＰが貿易風を育て　低気圧を発生させる

進路上に位置する地域に引き起こす冷却作用以外に、ＡＭＰは大きな二つの気候的、気象的プロセスを維持している。それは熱帯性高気圧の大きな塊から出発する、ハドレーの貿易風循環への供給と、乱気流と暴風雨が連結した低気圧の発生である。図10と図12を参照されたい。図10は南極から北緯四〇度まで、南米大陸の東、西アフリカの半分あまりと地中海の南の大西洋回廊の全体を示している。図11はＡＭＰモデルによる模式図である。五月十九日という日付が重要で、南極の月間冬至の日に当たる。南極に起源するＡＭＰの気候上の影響は、したがって北極のＡＭＰにまで至る。気象学赤道(原注68)は北上し特にサヘルへと進む。貿易風の中の脈動前線の力学的特性を視覚化するのを助けるべく、図12は五月十八日から二十日までの期間の南太平洋上空の力学的関係を構成する三つのＡＭＰの移動進行状況を示している。各々の脈動前線は先行するＡＭＰの進行を具現する。ＡＭＰ1に進入するＡＭＰ3の超急速な発達は顕著なもので、ＡＭＰ1の発達は回帰線に接近するとともに鈍化する。アフリカ南部の起伏の存在は、明らかに南極ＡＭＰの西アフリカ進路とも呼べるものの起源である。このような起伏が不在であったなら、ＡＭＰ1とＡＭＰ3は東に進路をとるであろう。ＡＭＰ2はおそらく、ＡＭＰ１の一日か二日前にアンデス山脈の南で分岐し東に進路を見つけ、ＡＭＰ１と３および先行するすべてのＡＭＰが構成する高気圧膠着（ＡＡ）に阻まれる。ＡＭＰ２のようなＡＭＰは時に、ブラジルのコーヒー収穫の一部またはすべてを壊滅させる冷害を引き起こす結氷現象の原因となる。統計気象学は、西アフリカＡＭＰの熱帯堆積をセントヘレナ高気圧と呼んだ。同じように北大西洋にある有名なアゾレス高気圧は、西グリーンランド進路を通ってきたＡＭＰのＡＡに統計学的につけられたニックネームである。ＡＭＰ２はその東側ではより冷たく、したがってより活動的で、コリオリ力で垂直に形成されて地表に対しているので、三つのＡＭＰの間に入り込んだ低気圧回廊の中にあって南極に引き付けられている熱帯性の暖かくて湿った空気の強い上昇を誘発し、回廊には脈動前線に沿って発生したさらに緊密な余波がＡＭＰの西側に合流する。写真の下には明らかに、ＡＭＰ２の移動に刺激され、低気圧回廊からの空気で勢いをつけた低気圧が識別できる。五月二十日の写真は低気圧回廊を横断するＡＭＰ３を示している。帯状の雲が層になった雲に場所を譲り、新しいＡＭＰの上に上げられた戻ってきた空気の上昇を示している。まるで亡霊のようであるが、ＡＭＰ３の依然として完璧な環状形が層雲の下に線条細工のように浮かび上がっているのが分かる。ＡＭＰ２は自身が生み出した低気圧から切り離され、分かたれた二つの進路から離れる。

同じ要因と同じ結果で、北大西洋にも高層気象学的状態が認められ、明白な類似性を見せる。

それでは、熱帯地域を検証しよう。セントヘレナＡＡは地理学的赤道を通過しアフリカモンスーンへ達する南極貿易風を育てる。モンスーンには垂直気象学赤道のやや北に脈動前線が認められ、これは平均より勢力の強いＡＭＰが変形したものである。帆船航行をする人々はこれを経験的に知っている。貿易風とモンスーンの勢力は安定しておらず（ＡＭＰモデルはきわめて自然にＡＡにおけるＡＭＰの到来が誘発する脈動の継続の変化に関係する）、大陸の暖かく乾燥した北貿易風はＥＭＩ（傾斜気象学赤道＝雲を形成しないので衛星写真では見えない）の上を通る。そして、より強力な大陸貿易風の脈動（より低温）がＥＭＩを突破する。それから暖かく乾いたモンスーンの流れの中を進み、そこから上昇と凝縮を始める。このような現象はサヘルにおいては歓迎され、スコール前線と呼ばれる。図10には三カ所見られ、図11にも認められる。

気候が大きく異なっていた時期

図10、11、14、15を見れば、直感的に冬と夏のアフリカモンスーンの拡大がＡＭＰの平均的勢力とその相対的影響に直接的に依存することが感じとれる。第Ｉ部第6章で、インドランドシスに堆積した氷の量が十二万年前の大氷河期を通じて相当な割合で変化していたことを見た。この堆積量が最大の時、極点と赤道の間の熱対比もまた最大となる。氷結した極地地方と準極地地方はそこで最大勢力のＡＭＰを発生し、それが地理的赤道に進みＥＭＩ（原注69）の地表を辿る。モンスーンの降雨の恵みを受ける大陸地表は狭隘化する。例えば最後の最大氷河期（一万八千年前）の際、赤道アフリカの大森林はコンゴ川の中流付近まで後退した。氷河期後にもう一つの状況が起

図10：一九九五年五月十九日十二時メテオサット衛星画像（ダカール UTIS、CRODTORST OM）

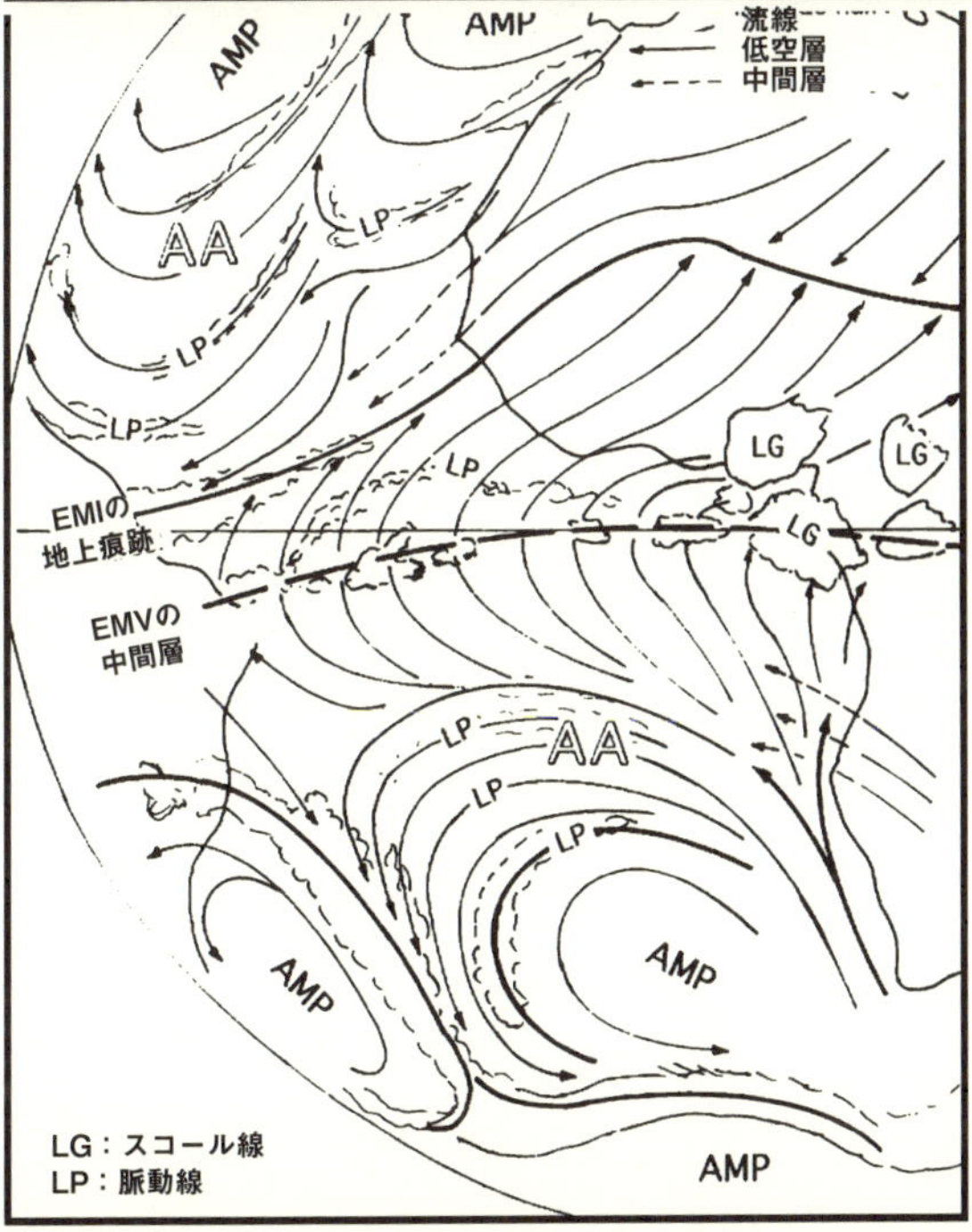

図11：図10の模式図

origine : Leroux (1996)

き、現在より二℃高い地球平均温度を示した完新世最適気候時代（紀元前九千年から六千年）に、地球軌道の輪郭が北半球の季節コントラストを起こした。これゆえに南極ＡＭＰが北極の夏季に、遠く気象赤道北部にまで進行した。ニコル・プチ・メール(原注70)により組織された研究は大量の詳細をもって、アフリカの植生の気候的文脈によるめざましい結果を示している。湿った熱帯樹林は南北緯度一五度の間の地帯にまで及ぶ地表を覆っている。現在より四〜五倍の広さである。現在のナミビアと、二つのサハラ小砂漠沿いの細いベルト地帯に隣接した砂漠はほとんど消滅し、残るサハラは大なり小なり湖沼と水場が豊富にあり、木々が生えたステップ地帯とサバンナ地帯に分離し、アラビア半島とイラン・イラク地方は非常に類似した環境に恵まれていた（聖書のエデンの園はイラクにある）。こんにち荒涼としたティベスティ(訳注45)の地塊から発見された岩面彫刻は、当時の住民が豊富な獲物を食する生活を営んでいたことを証明している。

低気圧と暴風雨

ＡＭＰ1と2によって発生した雲のシステムに戻ろう。これは、低気圧回廊の中の循環の速度を表わすもので、突然本物の暴風雨に拡大する。コリオリ力とカルノー効果(訳注46)が拍車をかけ、高緯度に向かう四〇度でひゅうひゅうと吹きすさび、五〇度で轟々と唸り、六〇度で猛り狂う。ＡＭＰの発達がぶつかる元来熱帯性の空気（図16、17参照）の中身である潜在エネルギーを解き放つ。

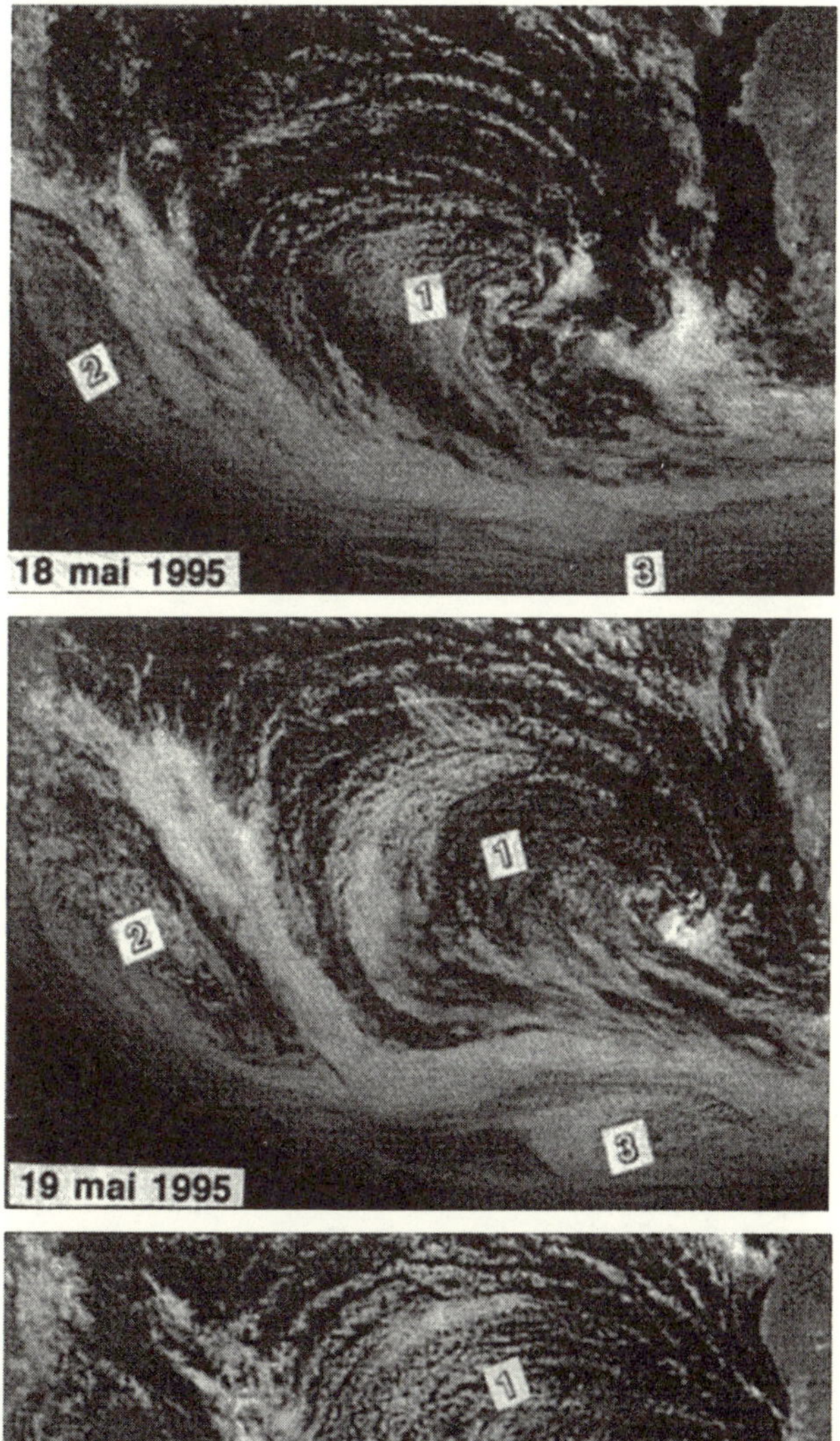

図12：一九九五年五月十八日から二十日までの十二時間の衛星画像メテオサット衛星画像（ダカール UTIS、CRODTORSTOM）

origine : Leroux (1996)

ＡＭＰの発達は、

- より暖かく湿った気団の上昇を誘発する
- 空気は上昇しながら冷え、含まれた水蒸気の密度が増す
- 高度が上がるとともに凝集と膨張によって解放されたエネルギーは、上昇の機能と初動効果を拡大する
- ＡＭＰの存在が気流の流れを、低気圧回廊の中でコリオリ力が引き離すまで迂回させる
- この流れがＡＭＰの緯度を越えると、低気圧はその大きな竜巻運動を拡大する

各ＡＭＰに低気圧がある。一つのＡＭＰは毎日一つの低気圧を育てる。ＡＭＰの運動は、出会う空気中にある潜熱の形の内包エネルギーを解放するのに十分である。実際に、ＡＭＰの初期段階で冷たく緊密な空気団は「メカニックな」上昇を始める。空気は上昇しながら冷え、水蒸気は密度を増す。解放された潜熱エネルギーはこのようにして、上昇して湿った空気と同じように大きくなる。コリオリ力に助けられＡＭＰの機能的エネルギーは、このプロセスを開始した時のＡＭＰより高まる。ＡＭＰはここで電気整流器の歯止めのような役割を果たす。空気の熱力学的潜在力（湿気を帯びた潜熱）は、温暖な高緯度においては低空層の空気は急激に上昇する理由がほとんど無いので、ただ存在するに留まる。ＡＭＰがやってきて必要な一押しを加える。

ＡＭＰが起伏のせいでかなり限定された進路を進む中で分岐することはすでに見た。かくしてヨーロッパの気候が依存している北大西洋の高層気象空間にとって、ＡＭＰはアメリカ、西グリーンラン

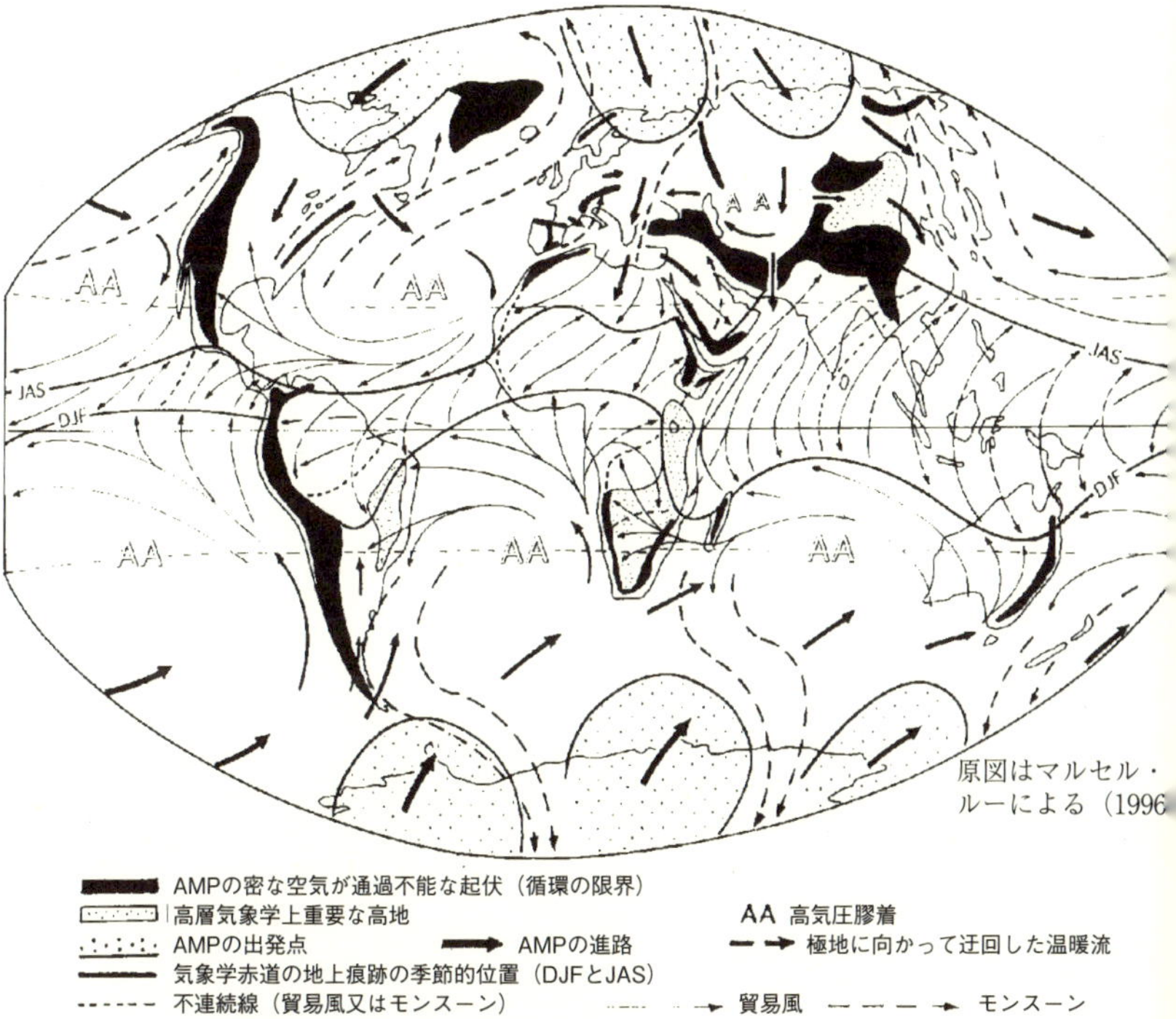

図14：低空層の循環空間（模式図）

ド、グリーンランド東のスカンジナビア、ロシアの四進路を持ちうる。平均的に、アメリカ進路とグリーンランド進路（1／2、3・j）はスカンジナビア進路より頻度は二倍である（だがこの割合は毎年微妙に変化する[原注71]）。

各進路は一部はＡＡ（高気圧膠着）と、もう一方は低気圧が通過した高層気象地域と連関している。かくして、西グリーンランド進路のＡＡ終結点である「アゾレス高気圧」の側面が有名な「アイスランド低気圧」で、統計気象学ではヨーロッパの悪天候の要因とされている。しかもこれは気圧の谷で、さらに酷い天候である。アメリカ進路のＡＭＰはロッキー山脈とアパラチア山脈の間を抜け、北米上空とメキシコ湾にわたって大気圧を上げる。

具体例として、一九九九年十二月二十六日と二十八日の破壊的低気圧の発生を挙げる。一九九九年十二月二十二日から二十九日まで六つのＡＭＰ（ほとんど毎日一つ）が、そのうち四つは非常に強い勢力のもので、海洋まで大きくはみ出した一〇四〇ヘクトパスカル（ｈＰａ）級の巨大なＡＡを形成しつつ、メキシコ湾にまで及ぶ全北米大陸上空を襲った。このアメリカＡＡとアゾレスＡＡとの間には狭い通り道しか残されておらず、そこに数珠繋ぎ状態により発生した熱帯性の大量の湿った空気がどっと流れ込んだ。このうち四つが低気圧のレベルに達した、四つのうち二つ目と三つ目がフランスを襲った(原注72)。二つ目は二十四日に北緯四〇度近辺の東大西洋で、わずか二日でアメリカ本土に上陸した高気圧の前面上空で発生し、三つ目は翌日同じ場所で次のＡＭＰの前面上空で形成された。ＡＭＰを対象に含む分析方法ならばフランス気象庁とその同類が二十二日か二十三日に警戒警報を、二十四日に確認警戒警報を発令させたであろう……。次章の終わりに再びこの話に戻る。なぜならば、この低気圧をハリケーンに変貌せしめた高層気象学の脈絡を明確化する必要があるからである。

ＡＭＰと偏西風（ジェット気流）

早々と認めてしまうが、このＡＭＰモデルの姿を描き上げるのは、まさに「空の上高く」の高レベルの話ではある。偶然の法則というのは結局、高空における循環でのＡＭＰの通過のインパクトを検証することを求めるものである。この通過は二つの領域に乱れを起こす大気圧と風である（図18参照）。

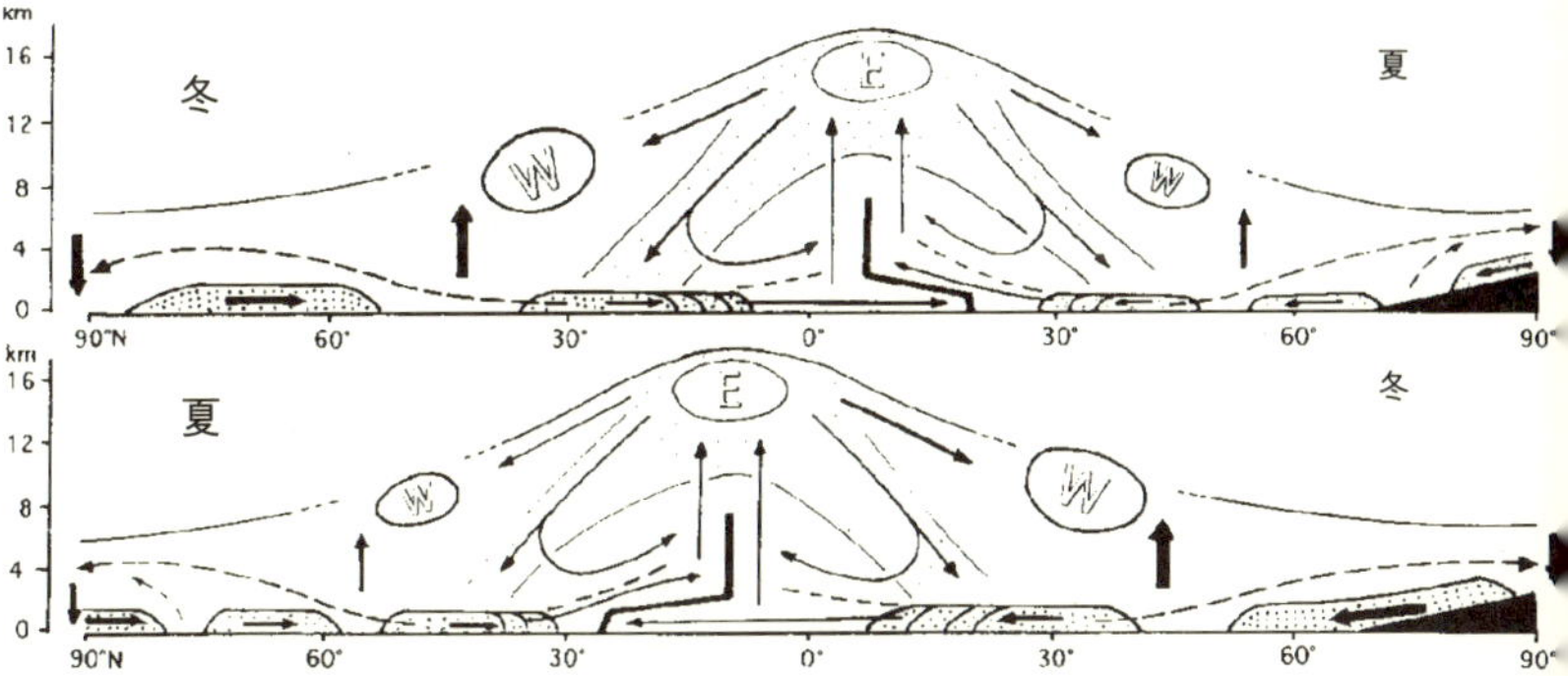

出典：マルセル・ルルー（1996

凡例は18、19に共通
AMP　AA　極地に回帰する迂回気流（暖気）
気象学赤道　：EM と BPIT　FMV 垂直気象学赤道　EMI 傾斜気象学赤道
貿易風又はモンスーン（低高層）　貿易風の逆転
W 西ジェット気流　E 東熱帯ジェット気流（JET）　高空熱帯性高気圧（HPT）

図 15：対流圏の季節別全体循環（断面図）

寒気の存在は大気層を収縮させる。これが気象学者が呼ぶところの高層タルヴェグ（talweg はドイツ語で谷の道の意）で、アイソハイプ（気圧等高度線）の変形としてＡＭＰの出現に次いで起きる。変形は高度とともに昂じる。しかしＡＭＰの通過は、ＡＭＰが強力で敏速なことが明らかならそれだけ高層気流の水平構成に障害を誘引する。

ＡＭＰの前面につくられた低気圧は高空で大きな乱気流活動を始める。五〇〇〇メートル以上の対流圏上部層は、ハドレー循環から分かれた気流が常時注ぎ込む偏西循環の発生する所にある（前章参照）。回帰線と極点の温度差、及びＡＭＰによって実現する極点から赤道への子午線移動の必要な補填がエンジンの働きを担う。

この循環全体の中枢部における偏西風の存在は一九三〇年代に発見された。このジェット気流は数千キロメートルを走破し、消えてゆく。この名称は時速三五〇キロメートルを超える高い速度によるものだ。その進路は帯状で、つねに緯度に沿っている。スウェーデンの気象学者ロスビーは、一九三九年に乱気流が偏西風を形成することを明らかにした。ＡＭＰモデルの枠内におけるプロセスを再検討してみよう。ＡＭＰによって生まれた低気圧は、前面に形成された低気圧回廊の中に充満した暖かく湿った空気によって力をつける。上昇気流内の水蒸気の凝集は潜熱（その必然的帰結＝降雨）の凝縮した放射を伴う。かくして、低空層の空気が大量に高空に押し上げられ、（北半球では）北東に向かう全体運動における上昇の過程で、乾燥し再度温められる。量的増加は最大になり速度も最大になる。拡大の程度に応じて、コリオリ力が気流の向きを東に変える。気流は実際、帯状となる。ジェット気流の出発点の位置はしたがって、ＡＭＰの前面に生まれた低気圧の位置によって決定する。北大西洋上空の偏西風はヴァージン諸島南とニューファウンドランドの間の北米大陸沿岸付近で発生する。偏西風はＡＭＰの勢力が増し、生まれた低気圧が希薄になる冬季に速度を増す。例えば、一九九九年十二月二十六日の暴風雨に関与したジェット気流の速度は時速三六〇キロに達した。

こうした高い速度の結果、ジェット気流はつねに自らが作った低気圧に先行する。気象学者は「ジェット気流」が低気圧の前に必ずやってくることに気づいていた。ＡＭＰを生む役割のことはわからなかったが、標定に格別の重要性を置いた。そういう訳で、航空会社のパイロットは飛行時に乗るジェット気流の位置とその速度を報告する義務を負っているのである。このデータは、気象観測活動の適宜な手段で得られるデータをさらに豊富にし、予測力を向上させるのに貢献している。

origine : Leroux (1996)

図16:1995年10月4日13時30分気象衛星ノアの衛星画像(ダンディー大学提供)

子午線進路のＡＭＰが途中グリーンランドから南下したエネルギーの補充を受けながら西グリーンランド（アイスランド進路）を行く。その前面で大西洋の気団の西フランスに向かう強い上昇を誘発する。イベリア半島の起伏による西の移動気流の分断はまだ起きていない。

出典：マルセル・ルルー(1996)

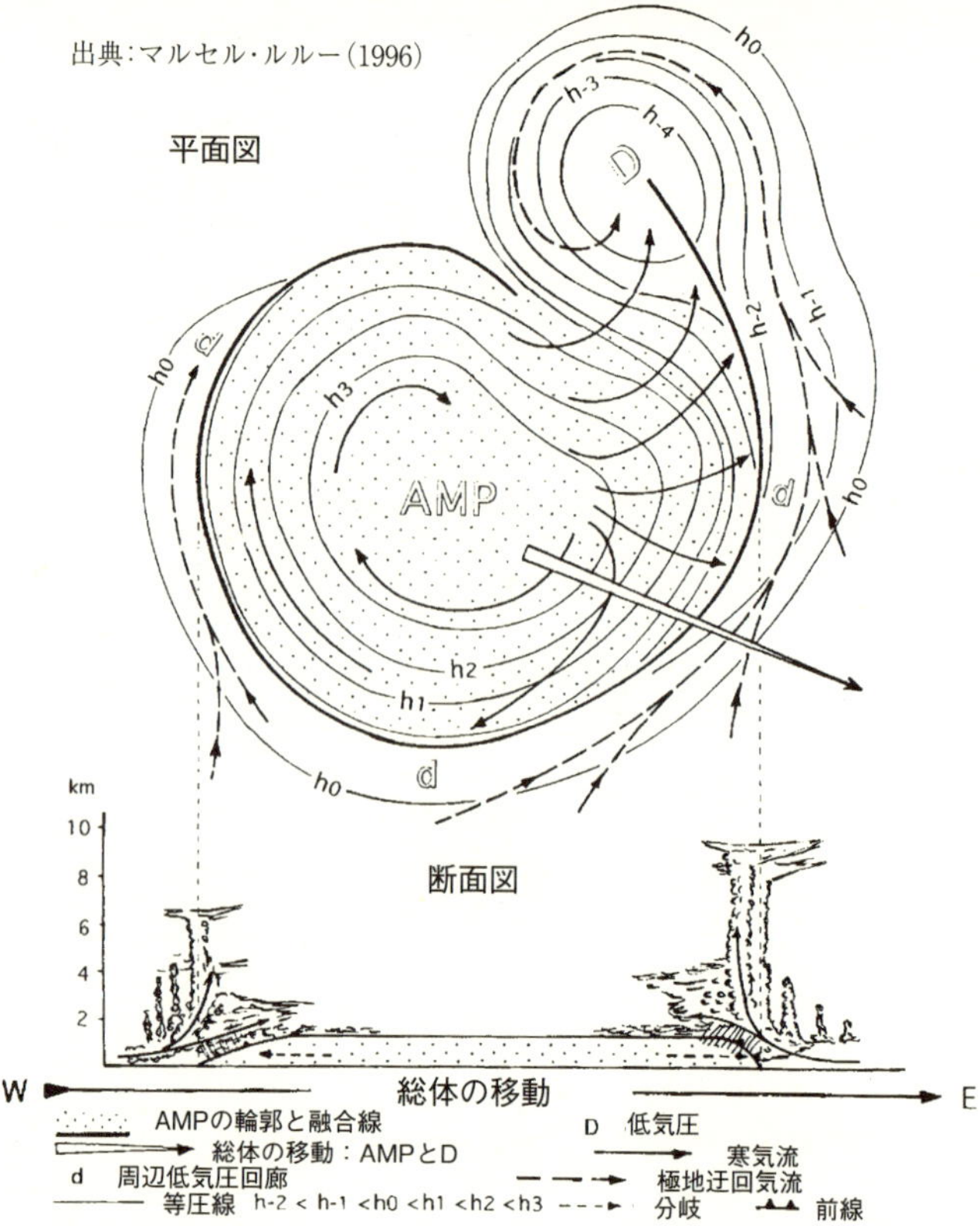

図17：極地移動性高気圧の平面図と断面図

AMPの強い求心力

完全には明らかになっていない二つの事柄に関する解説が残されている。一つ目は、これまでの事象へと続く進路の最初の方向性に関することである。コリオリ力はどちらかといえば西に引っ張るはずなのに、最初の方向は東であるということ。二つ目は、最終的にはAAに溶け込んでしまうまで維持しうる強烈な求心力である。AMPとその低気圧は串刺し状態で縦に強く結束している。AMPは化学反応の触媒のように低気圧を生む。少しの機構的エネルギーで、その最も冷たい東向きの前面への空気移動を加速する原因である

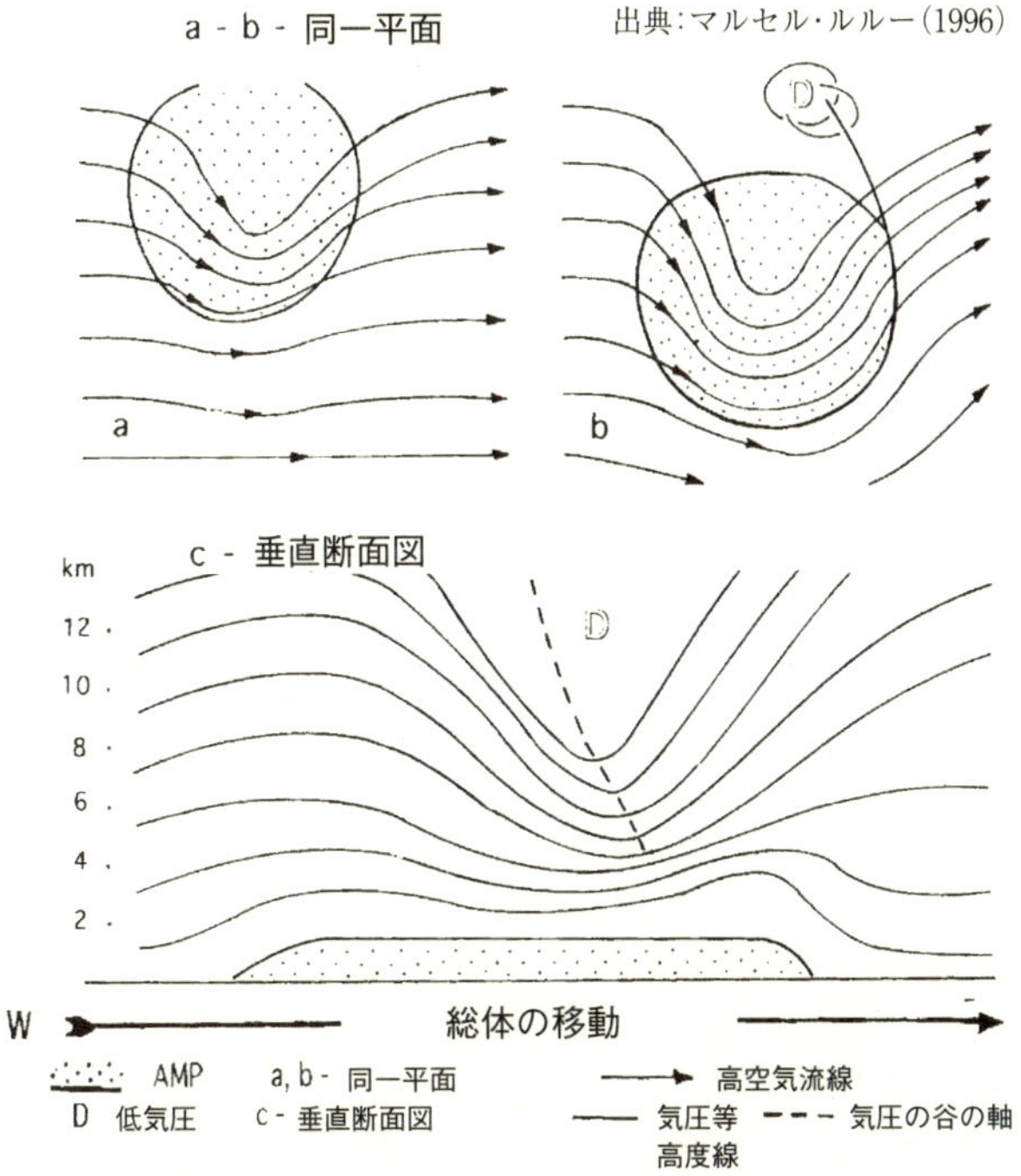

図18：ＡＭＰの上部の風と気圧の領域（模式図）

出典：マルセル・ルルー（1996）

熱力学的低気圧の上昇と拡大を起こす。この気流はコリオリ力によって屈折し、ＡＭＰから離れ極点の東に向かいながら回転する。大規模な観点からすれば、この低気圧活動は、ＡＭＰが東に引っ張られながらコリオリ力に抗し赤道に降りて行く速度を緩めるのに貢献している。遠隔距離が大きすぎると、それに次第に邪魔されてＡＭＰの勢力は弱まって熱帯性に変わり、進路は赤道へと曲がり、次に西赤道へと向かう。ＡＭＰとその低気圧の関係も五月二十日の写真（図12）が示すように、おそらく低気圧回廊とＡＭＰによって中断される。

　類似するプロセスがＡＭＰの西側前面で展開するが、その影響は弱く、このＡＭＰ面が暖かく密度が低いので（コリオリ力が上昇構造を付加する）構成力が小さい。

　ＡＭＰの求心力は、その拡大が高気圧回転に頼っている以上、明らかにコリオリ力に負っている。ＡＭＰが熱帯地方で止まる時、貿易風循環の中で空洞になる。しかも最低運動の原理でシャボン玉形状が生まれ、ほとんど環状形状のものを明確な不連続性なしに作らせ、外部力による拡散運動を最小限に抑える。自然はうまくできていると言うべきか、ＡＭＰが最も密で充満していて、コリオリ力に強化された東側前面という場所がこの活動の最も激しいところである。

廃れた理論の優れた予測

ＡＭＰを乱気流と暴風雨の一番の原因に指名するＡＭＰモデルと、その原因は「空の上の高い所」での循環の波にある、と証明したと主張する古い理論とでは、どちらが事実をより良くわからせてくれるか？(原注73) これは聾唖者が法廷で証言するようなもので議論にならない。気象衛星画像の経験主義的要覧分析と流体力学の「ほぼ定理」との対決にも共通の言語が無さすぎる。他方、実際の大気環境におけるＡＭＰモデルの方程式化がこんにち受けている侮蔑が大きければ、明日にはそれだけ小さくなり、物理数学に大きな金をかける必要が出てくることは疑うべくもない。この分野での進歩を期待しつつ、二つの方向に向かって仕事をしていくことができるであろう。

一つは、数値モデルの方向である。アラン・ジョリー(原注74)の論文の言葉を借りれば、学術的気象学は「極地前線」（二十五年間私たちの緯度における天候の説明システムの中心概念であった）の不在を決定していた。数値アプローチは「概念は全く無し」で「高気圧も低気圧も前線も何もかも全く提示することがない」。それから彼は、シミュレーションが示しているものを説明するために極地前線の概念が証明したことが適用されなかったことを詳しく述べている。しかし、モデリングの成果を言葉と模式図に置き換える解説的モデルの不在により、気象学は古典的説明形式を守っていた。「この新しい数値予測は粗方程式上成立したもので、予測した気圧と風と温度に数値を直接代入し、手元の気圧の一時的挿入法を無用化する……しかし、極地前線は『分析と解釈に不可欠』（傍線筆者）であり、これは持ちこたえた」。かくしてコンピューターのアウトプットを説明するために、虚偽に支えられた廃れた理論が一肌脱いでいるのだ。むしろなぜ、ＡＭＰの移動とＡＭＰ前面の低気圧の発生を特徴づけることができる予測シミュレーションによる数値表を求めないのか？

二つ目は、もし「ほぼ定理」が実証されて成立したとして、必要な実験手段をもって確かめに行くことである。これはなにしろ「気象学が一九三七年に出会い、一九四七年にその答の相当部分を引き出し、一九七〇年にすべてを明らかにした[原注75]」疑問を規則とみなすことができることを具体的に確認する素晴らしい時代になるだろう。これから書くのは一九九七年の初めに行なわれたこの試みの物語である。

原注68　気象学赤道とは両半球に発生する風が収斂する面のことをいう。この面の高層部は垂直で地理学上の赤道に対して垂直な部分を垂直気象学赤道（ＥＭＶ）と呼ぶ。これは下部の風と同じ動きをとらない。下部は緯度上の移動が海洋性か大陸性かの面の性質にしたがって、大陸性であれば障害物（山脈）がＡＭＰの進路を阻む。かくして北パミール、ヒマラヤの斜面の麓でのＡＭＰの影響を阻み、気象学的赤道の地表での進路を南斜面の麓から北緯三五度以上まで到達させる（図14参照）。気象学的赤道はこのように連続面として存在し、その一部はかすかに傾斜し低空層に位置する。これを傾斜気象学赤道と呼び（ＥＭＩ）これはＥＭＶ（図14、15参照）

の地表進路に関係する。

原注69　古典理論によれば、モンスーンは熱性の低気圧から生まれ、夏季には大陸地表上空に昇るモンスーン上昇に関与するが、モンスーン地帯の拡大を実現するＥＭＩ（図14参照）の地上痕跡の転変をすべて説明するものではない。ＡＭＰの活動はサハラモンスーン上に存在し、インド亜大陸上に不在なことからわかる。

原注70　エクサンプロヴァンスＣＮＲＳ先史時代経済社会環境研究所。ニコル・プチ・メールはフランスの地学者。ＣＮＲＳ名誉研究員でフランス地質学会員。

原注71　アメリカおよびグリーンランドＡＭＰ以外無かった二〇〇〇年～二〇〇一年の秋冬は例外。

原注72　マルセル・ルルー「最近の極端な現象は感知できる天候変化と言えるか？」（『ジェオカルフール』第七五号、二〇〇〇年三月。フランス気象庁インターネットサイトの内容の再録が二〇〇〇年十一月『科学と未来』に掲載されている）。

原注73　数値化と形式化が無条件であることを良しとしているのとは逆に、アプリオリに科学的欠陥を包含している用語ではある……大発見は全て事実の経験的概念化から出発している。

原注74　極地前線：行く手険しい……乗り越えられた概念、『ラ・ルシェルシュ』第二七三号、一九九五年、二六巻。

原注75　アラン・ジョリー「マルセル・ルルーとギ・ダディへの返答」ラ・ルシェルシュ第二七三号、一九九五年、二六巻四八〇頁。

訳注45　アフリカのチャド湖とジドラ湾の間の、リビア南部とチャド北部にまたがる火山地帯。全長六六〇キロに及び、中央サハラ台地に囲まれている砂岩平野。数千年来、風による侵食が続いている。

訳注46　サディ・ニコラ・レオナール・カルノー（一七九六～一八三二）フランスの工学技師。閉鎖空間内で高温の圧縮と膨張を繰り返しピストン運動を起こす仮想の蒸気エンジン、カルノーエンジンの理論を考えた。

第10章　嵐は天から降ってはこない（原注76）

科学はまだ完全に正しいとはいえない

ポール・ロンバール師
（二〇〇一年四月十一日）

《要　約》

おそらく読者は気候に関する書物の中に、気象について一章が割かれることに驚かれるであろう。極端ではないかと。このやり方を選んだのには三つの理由がある。研究の先端の例と、気象学が対流圏における全体循環のモデルから設定されていない理論的考察によって物事を立証すること、この分野において優先的に受容されている理論の弱点を示すこと、そして結果として、温室効果の進行と低気圧の再発との相関関係にあると主張されている科学的根拠に疑問を持つことである。ところが低気圧の前兆は高空のジェット気流の中に竜巻の形で存在する、という理論の検証を目的とした盛んな観測活動によって、実際には、この役目を果たしているのが低空層の竜巻であることを証明するデータが採取された。この結果はＡＭＰモデルの存在を暗に強化するものだ。歴史的重要性を持つこの問題提起は、読者が事の推移を見るのに最良の場を与えるであろう。

物理数学は不可視に視点を向ける

低気圧の源、「高空の竜巻」は検証が容易ではなく、そのため一理論に留まっていた。実際に空には何ら痕跡がなく、つまりは「前兆はこの領域（風と温度）の異常性としてあり、雲によるというしるしも強いてはない（古典的な衛星画像もあまり参考にならない）（→原注74）」ということである。前兆という言葉も趣味がよろしくない。何が起こっているのかよくわかりませんよ、とでも言いたげな漠然とした概念である。

正確には竜巻の前兆を実際に見た人はいない。だが絶対多数があると言い、数学的証明がそれを後押しした。そうなると後は実際に見つけに行くしかない。たとえば毎年冬になると嵐がやってくる大西洋のどこかに先回りして。このような観測活動の経費を正当化する必要から、全ては理論構築に向けられた。乱気流に関する古典理論は、極地前線とその背面の寒冷前線と温暖前線とともに、彼らだけに通用する確信力しかない怒濤のような言語的、解説的、説明的確実性の奔流の中に飲まれていった。世界気象機関（WMO）の規格によって規則化し、一九二〇年代に受容され「ベルゲングループ（原注77）」のメンバーによる委員会（主要には一八七八年創立のOMM）の模範的核作り」戦略のために国際的レベルで適用された慣例は、こんにちになっても竜巻の図式を恒常的に再現するような天気図一枚さえ描けない。(原注78)昔、これは概念の革命であったことを知っておかねばならない。それは予測が大きく向上したことよりも印象的なことであった。ということはつまり、本題に戻る、ということである。竜巻の前兆の確実性とはどのように登場したのか？

　ジェット気流の発見がノルウェー人学者の理論の再検討を促した。この発見と極地前線の不在が、低気圧と暴風雨の形成をよりよく示す（予測するより説明する目的で）物理数学的理論の発展をきわめて論理的に推し進めた。説明を見つけたという確実性は、始動現象の位置づけについての仮説とその活動形態が数学的に立証された時点から既定の事実になった。力学的気象学の権威たちがこの成功に貢献した。ビェルクネス（息子）、アメリカ人学者J・チャーネイ、イギリス人学者のE・イーディー、B・ホスキンス……この考察の歴史と結果の要約の労はアラン・ジョリーにとってもらおう。(↓原注74)

「現行の理論も――ここで言う理論という言葉は数学的証明という重みを持つ――いくつかの有為転変を経てきた。その緩慢な進歩は部分的にはそれで説明される。その歴史は一九四五年ごろに始まり、例えば一九二〇年にノルウェー人をして着想を得さしめたいくつかの実例を説明しようとする試みとともに、引き継がれた。しかしながら、最後の決定的段階はすでに一九七〇年に始まっていた。これ以前には、低気圧の始まりしかわかっておらず、前線の起源はミステリアスなままであった。イギリス人学者ブライアン・ホスキンスのお蔭で（中略）ついに温暖前線と寒冷前線の大気圧の内部構造がわかった」

「最終的に低気圧の起源について何がわかっているのか？（中略）西からの低気圧に関しては、高空のジェット気流がその存在に不可欠な環境を準備する。(中略)最初のアプローチとして、ジェット気流を不規則な小石と岩の河床、つまり地表の起伏であるが、を流れる奔流にたとえることができ、それを運ぶ竜巻は高空にある低気圧の一部とする」

「(中略)最も大きい低気圧はこの種の竜巻同士の遭遇と結合の結果である」

「遭遇の前に竜巻について二言三言。その起源は二つある。一つは奔流のなかの小さな渦の発生に酷似している。地表の起伏とその他の異常な凹凸の結果である。渦は地表近くに集中し、分離されると、海洋上以外では即座に崩壊する(北大西洋分流か?)。他方、地上数キロメートル上空にある大気の粘性は小さく、遠隔上空から到達した低気圧は運び手のジェット気流内にある上の部分を消滅させる。これが二番目の強い竜巻の種を与え、これは高空で発生する。そして長い時間持続する」

「したがって低気圧を引き起こしやすい三つの原因とは:地表近くの弱い竜巻、ジェット気流自体により高空に運ばれた勢力の弱まった竜巻、何にでも転化しうる地球の自転による熱エネルギーの蓄積、である」

さらに彼は、低気圧の発生の説明の後に、時空間にわたる、不安定な、しかし基本的な条件を提示する。

「ジェット気流の中にある高空の竜巻の下方に位置する地表の竜巻は、熱エネルギーを運動に転化させる。発生したばかりの二つの竜巻が一緒になると、そこで低気圧になる(獲得したエネルギーは何よりもまず竜巻運動を拡大するのに使われる)」

一大経験の発表と概念的革命の約束

若干のコメントを述べよう。一九九五年に遡る。この年で、ＡＭＰモデルがデビューしてから十年経過していた。だが、低空層竜巻の発生源であるこの空気の塊については何ら語られることがなかった。竜巻の原因は、地上で発生し海に運ばれた何かでなければならなかった。だが、低気圧はどのようにして起伏のある地上から遠く離れた南太平洋やインド洋で発生することができるのか？　この疑問は歯牙にもかけられなかった。

この理論を発表した後、提唱者は準備中の一大検証実験の理由について述べている。

「現代的アプローチは、低気圧とジェット気流内の二つの竜巻間の相互作用とを関連づけるものだ。よって、地表から一〇キロ離れたところにある竜巻を低気圧と関連づけられるはずである。一般的に、この場合の竜巻は初めから、低気圧のかなり前から存在している。特に高空におけるこの前兆的要素をもつ存在は、本理論の強力な根拠を支えるものである。（後略）」

「実験作業（Ａ・ジョリーがＮＤＡのプロジェクトリーダー）は、フランス気象庁とＣＮＲＳの地球環境研究センターのイニシアチブによって準備される。ＦＡＳＴＥＸ（前線及び大西洋低気圧追跡実験）と命名され、一九九七年初頭に予定されたように、当初の目標の中にはっきりと大西洋近辺の上空の前兆現象の観測を計画している。この考えは、二十年来手付かずであった課題から出てきたものだ」

実験によって理論が確認されるものとの確信から、結論として、「これらの概念に光を当て、数値予測を有効利用する目的での天候変化のグラフ分析を再検討する。究極的に、ノルウェー学説の概要を整理し、新たなページをめくり、素晴らしき歴史の一ページに正しく位置づける時なのである。」

さて、これから見ていくように、高空に前兆は無い。嵐を呼ぶのは、AMPの前面に形づくられる低空層の竜巻である。計算の難しさをよく知るには、必要なまわり道や一定の概算を経なければならなかった、ということを読者にわかってもらえればありがたい。分析にAMPを含むことを拒絶すれば、低空層の竜巻の起源や低気圧の起源としての強力なジェット気流について考えが及ばなくなる、という点に留意するのも教訓的だ。嵐はデータを無視して現われる。なぜなら、理論気象学は対流圏における全体循環の力学モデルに立脚していないからである。

実験は成功　理論は疑問

FASTEX（一九九一年開始プロジェクト）の実験はフランス気象庁官報『気象学』一九九六年十二月号に発表された。これは国際的大プロジェクトで、準備期間も長く、イギリス、アメリカ、ウクライナ、アイスランド、カナダなど海外から多数の学術機関が参加し、海洋、航空、地上においてかなりの観測機器を動員し、総合作戦を実施した。船舶四隻、飛行機三機、最新レーダー、大規模通信システム（人工衛星）がデータ通信に使われ、多額の予算がつぎ込まれた。
観測活動は一九九七年の二月十七日から二十日まで実施された。大量のデータが収集され、数年にわたって科学的利用に供されるものであった。すでに書いたように、当時、筆者がフランスで知己を得ていた唯一の科学出版は科学アカデミーの報告集である。この報告が扱うのは特に、暴風雨のいくつかの「前兆」らしきものが演じる役割を定義するために使う方法の紹介である。

この報告の要約解説が思いがけない発見の驚きを如実に示している。

「低気圧の形成の研究はこの十年で大きく復活した。一九九七年初頭に組織されたFASTEXの活動は、概念的革命が求める新しい観測を招来させた。この通信手段は力学の最新の数値を提供する。FASTEXのPOI（原注79）に適用された新しい実地観測的アプローチが純理論に替わって直接証明を導入せしめ、高空の乱気流によるより古典的な誘導がアプリオリに明らかな場合での低空層に潜む前兆の意外な役割を明らかにする。（傍線筆者）」

肝心な話の続きは気象学に関わる。使われている道具は、現在のヨーロッパでは最高のもので、日常的に気象予報に利用されているフランス気象庁の進化シミュレーションモデルである。三つのシミュレーションが実現している。三つとも五大湖地方からイギリスまでの、一九九七年二月十六日から十九日までの同じ期間の北大西洋の高層気象空間に関するものである。五大湖の風が吹く地域の大気状態の初期の条件だけが相異する。

一番目のシミュレーションは、観測活動中に計測された条件を採用し、その正確な役割を調査中の二つの「前兆」らしいものを特徴づけるのに使われる。理論はこれに、求められればサイズを基準にすぐにその特徴が算出できる「潜在的竜巻」という異常な呼び名を付けた（ここに観測活動の幅の広さがある）。このシミュレーションが三日間の参考予測を出す。

二番目のシミュレーションは二つの前兆の内一つを除外して開始され、三番目はもう一つを除外して始まる。これら二つと一番目のシミュレーションの比較に報告書の執筆者連は混乱し、以下のような結論で説明をつけている。

「この特殊なケースを調べると、低気圧の発生はジェット気流が融合するゾーンの近くで起きる。最初の重大な異常発生はこの融合を促進する高度で循環する。しかしながらこの異常発生は（太字と下線で強調する）直接には新しい低気圧を作らないと**考えることができるだろう**。これは古い低気圧システムを生き長らえさせる。これは、この**低空層**システムから離れた活動であり、融合ゾーンの基盤を変える**真のスイッチ**なのである」

変化した文脈というシミュレーションを開始するために使われる数学的手法の適切性の条件が厳密には満たされていない事実は問題である。筆者は胸襟を開いて執筆者に質したが、得られた答は、実際それは問題であって、解決を目指して目下理論的に検討中である、とのことであった。だからといってこれが、執筆者によれば大筋では正しいその結果の見栄えを悪くするものとは思えない。それを受け入れながら、FASTEX観測活動と収集されたデータを活用することは科学的一大事である。

少なくとも検証を経た状況の中で、事の起こりは低空層においてであり、ＡＭＰを指すものはそれが「合法的存在」ではないのでそうとは呼ばれない、という証拠を出したのである。

つまり「考えることができるだろう」に要注意なのだ。ここには韜晦がある。もし測量処理による結果を一〇〇パーセント受け入れられたのであれば、執筆者は「考えることができた」と書いたはずである。高空層での竜巻の前兆理論の信仰には抵抗があると見える。

しかしＡＭＰは一向に現われない。理論の中にＡＭＰの入る場所は無い。**初期低気圧と拡大ジェット気流はリスト外のデータ**である。読者はフランス気象庁のネットサイト（www.meteo-france.com）を開いてその目で確かめることができるし、一九九九年十二月の、記憶に残る二つの暴風雨に関する解説を読むこともできる。解説は高気圧もＡＭＰについても一切触れていない。

最後になったが大切なこと。より細かくて詳細な天気図を使って仕事をしている気象学者が、問題になっている現象の総体をとらえた理論をまだ提起するに至っていないというのに、気候学者は温室効果が高じると暴風雨が誘発されるなどといかにして予測できるのか！

ＡＭＰモデルが予報に果たす役割

想像にまかせてみよう。「気象学」によってＡＭＰモデルを内実化せしめるものは何か？　これはそんなに大仰なものなのだろうか？

まず第一に、極端な現象（旱魃、洪水、暴風雨、寒波など……）や回帰現象（エルニーニョ、NAO[訳注47]）や、現実のそして「予告された」気候変化について最早好き勝手なことは言えないのであり、総体的な力学と結びつけた形で全体の中に位置づけねばならないのである。

二番目には、理想的な予測とは一定の限界を保ちつつ別の観点から提起されるべきものである。AMPと低気圧の因果関係は、予測の領域において一番最初におとしめられている。この領域はしかも高層気象学的空間と四季の状態に依存している。例えばアメリカの冬では、強力なAMPがフロリダに上陸するのを大体二日前には予報できる。ヨーロッパでも同様に、強力なスカンジナビア進路のAMPがアルプス山脈とピレネー山脈の障壁まで寒波を呼び寄せるのを、二日前には予報できる。最も被害の大きい現象はこの時に起こる（家畜の凍死、農作物や樹木の霜害、通信網や送電の被害）。二日あれば一週間続く西からの低気圧を予測できるのだ。それを、例えば水晶球や茶柱占いに頼るというのか！

二週間が限界であるという考え方にさしたる根拠はない。しかし、この考え方はギガフロップスやテラフロップス[訳注48]的要求を正当化するのに寄与できる。ここに第I部第1章のような気象学の進歩の積み重ねの自然な理由が発見できる。AMPと低気圧のカップルの命は一週間ともたない。逆に予測の真の入り口は次のAMPが「選ぶ」スタート時の進路にある。なぜ二〇〇〇年から二〇〇一年の秋、AMPはスカンジナビア進路をあれほどにも外れたのか？ それを理解し予見すること、これによって洪水の危険を予知させ、被害を予防できたはずだ。また同様に、アメリカ進路のAMPが、カリブ地帯の湿気の北東への移動を増長させ、気象赤道の地表経路に関与する気候地帯の南に押しやるように働く、という事実と直接に関係する、グアダループで猛威をふるった旱魃を予測できたろう。

このような一連の「符合」の原因が短期的な偶然のなせるわざではないことがここでよく理解できるのだ！

次にやってくるＡＭＰの勢力と進路の条件を規定するなら、ＡＭＰモデルは偶然性の連鎖の中に高く位置づけられたモデルに吸収され、時代の主役となるであろう。

原注76　Ｐ・アルボガスト、Ａ・ジョリー『サイクロジェネシス（低気圧発生）の前兆の特定』パリ科学アカデミー刊『地球科学』一九九八年三二六号二二七〜二三〇頁。

原注77　ノルウェー気象学院（またはベルゲングループ）は世界的に有名で影響力のある気象学者のビェルクネス親子とＨ・ソルベルグによって設立された。

原注78　予測は理解の同義語ではない：Ｒ・トムを引用してＡ・ジョリーは書いている。「予言は説明ではない」（原注75参照）。他方、推論構築のために使う象徴的事柄は、思惟の過程と推論展開それ自体と最終的にその結論に影響を与えずにはおかない。数学の発展は理論の構築と開花における「象徴的道具箱」の中心的役割の幾多の例を示す。疑問の余地のある構文的構造の中で不十分に標準化された概念の使用は、理論的気象学とその結果としての気候学の進歩のためにならないと推測できる。

原注79　Période d’obsevation Intensive.

訳注47　北大西洋振動のこと。北米中央からヨーロッパとアジアに向かう北大西洋地域の冬の気候変化に支配的な様態。亜熱帯の高温の気団と極地の低温の気団との間の大規模なシーソー運動。

訳注48　フロップス（FLOPS）とは秒単位における浮動点作用（floating point operations per second）のこと。コンピューターのパフォーマンスを表わす尺度。メガフロップスは10の6乗、ギガフロップスは10の9乗、テラフロップスは10の12乗、ペタフロップスは10の15乗。

第11章　宇宙的要因　銀河系磁場と放射線

果実に手が届かなかった猿は、どうせ腐った実さ、と言う。

セネガルの諺より

《要　約》

火山活動は別にして、気候変化に関与できる生物圏外の唯一の要因が地表から発生した摂動（三〇五頁の訳注2参照）である。地球軌道の歪みと地球の自転軸の方向の変化が両半球、特に高緯度地域の日照量を規定する。これらの要素が、カナダとユーラシアの大インランドシスの干満の条件となる。地球は現在、次の氷河期に入るのに適した状態にある。

別の考え方においては、何世紀も昔から太陽の活動の変化が世紀の気候変化の起源ではないかと思われてきた。「不変なる太陽」の光という仮説が遠ざけられて以来、きわめて最近まで太陽の活動様態は未知のままであった。五年前にデンマーク人物理学者によって有望な道が開かれた。太陽の磁場の変化が大気に入射する宇宙線の流れを変え、大気は雲の冷却作用という特性に重要な働きをする。「温室効果モデル」の再検討は根本的なことである。それゆえ、全面的に革新的なこの仕事の例外的進歩を是非紹介したいと考える。

時計の調整は良く分かっていない。しかし氷河期は近づいている

気候変化に干渉する主要因を最も目立たないものから検討してみよう。それは、私たちの宇宙船地球号の軌道パラメーターの緩慢な変化と、その大気を通過する宇宙線と、私たちが呼吸する空気の放射能汚染である。

古典気候学が大氷河期サイクルの展開と、地球軌道を乱す三つの振動の組み合わせの間の並行論を身近なものにした。

- 軌道の離心振動は約十万年単位で起きる
- 黄道面（軌道面）への垂線に対する地球自転軸の傾斜振動は四万一千年単位で平均二三度三〇分プラスマイナス一度三〇分
- 昼夜平分時での地球の軌道上位置の緩慢な歳差は一万九千年間と一万三千年間の二つの期間の組み合わせで起きる

細かく調べてみると、この振動は幅と位相において多くの不規則性を示している。さらに、その期間の組み合わせには、長さに関係なく反復的モチーフの発生はない。このような精緻にして不規則なメカニズムを組み立てた時間の主(訳注49)は明らかに古典気候学あるいは長期の神託の仕事を易しいものにはしてくれなかった。結果として、過去の氷河期の過程にはそれぞれに区別された宇宙的歴史があり、その展開の大筋に関する一般的教訓以外には多くの事柄を引き出すことはできない（時代を遠く遡るほどに困難なデータ化の問題を抽象化しつつ）。最も明らかに思われることのその先に踏み込むのはやめにしておこう。

赤道で見れば、この三つの振動に結果する日照量の変化は最小限で、平均して〇・五％以下である。逆に、高緯度で見ると同じにはならない。これら高緯度地域の大陸の大きな地表の存在が、氷化（南極点を中心にした氷冠は確固たる永続性を享受している）を拡大する嫌な役割をどれほど北半球に与えたかはすでに強調したことである。死を招くこの恐ろしいプロセスの始まる気候地域、北極カナダのインランドシス形成の条件は、常に極度に厳しい冬季の気象条件にはあまり影響されず、寒い夏と少ない日照量の影響を受ける。(原注80)次に、私たちはヨーロッパとシベリア北部への凍土の拡大が、ポジティブな遡及効果の集合によってうまく説明されることを見た。実際、北緯六五度（おおよそバフィン島(訳注50)中央部南の緯度）での七月の日照量の格差は平均値のプラスマイナス一〇％を分岐点に上下する。南極やグリーンランドの氷冠で行なわれた測定は、十万年にわたる長い氷河形成期間と氷量の増加過程への突入が、この日照量の格差が縮まり、常にマイナス、時にはさらに少ない場合に現象したことを示している。ところで、宇宙的起源を持つこの兆候は一万年にわずか満たない以前から減少しており、今ではわずかにマイナスなのだ……。しかもその上、三大海洋の海底温度は十二万年前の最後の氷河期の再開時と同じである。(原注81) 結果は避けがたい。北半球に氷河期の拡大が再び近づいているのだ。人類がこれに対する適切な対策を立てねばならなくなる時までそれほどの余裕はない。対策とはすなわち、耕作面積のドラスティックな減少に備えた菜食および食虫生活様式のための栽培・飼育の放棄、北緯五〇度線上の北米中部から東部の居住者と北緯五五度線上のヨーロッパ(モスクワ、ハンブルグ、グラスゴーの緯度)居住者の漸次的集団移動の計画、海面高低下に対応する港湾地帯の継続的整備と移転の計画、砂漠化が予測される広大な地域からの避難、そしてインランドシスの下に眠る鉱物資源へのアクセスを確保するための巨大工事などである(開発に携わる人々の宿泊設備についても考慮する人的体制も考えねばならない)。最終的バイオトープ(訳注51)に順応するための野性動物相を持続させているもの全てを死滅させる恐れが大いにある。おそらく、限定された生存空間を守る者と奪う者との間の恐ろしい争いを激化させつつ、寒さと渇きの黙示録が徐々に地球上に広がっていくであろう。人類はその数と消費の無制限な増加への誘惑に屈したことに苦渋の悔恨を味わうであろう。温暖化と寒冷化の間には、競馬のように「写真判定」に委ねることなどない、明らかな開きがある。

昔から知られていて最近まで説明がつかなかった相関関係

太陽の活動が気候に与える影響の研究は五年余り前に新局面に入った。それは因果関係の連鎖の特定化である。研究はデンマークの物理学者グループによって始められた。この研究の素晴らしさと精密さ、またその最初の成果が見せた見事な力量は、ＩＰＣＣ陣営の気候学会からある種の敵意を持たれた。一九九九年、グループの中でも最も注目されていた二名の学者、ヘンリク・スヴェンスマルクとアイギル・フリース・クリステンセンは、コペンハーゲン大学地球物理学部の協力でデンマーク宇宙研究所のために執筆した参考文献の処女出版をデンマーク気象協会から拒否され(原注82)、会を脱退した。

太陽が気候に影響するという考え方は新しいものではない。実際のところ、すでに四世紀前から天文学者は太陽の活動を監視していたし、太陽表面の黒点の数と様々な気候現象との間の関係を確認していた。例えば十六世紀から十九世紀の数百年の間に、太陽の黒点の平均数が減少し、太陽王の治世下ではその数はゼロにまでなった。この時期は、解説でも述べたように、深刻な気候の寒冷化があったとして特筆されている。ロンドンでは凍結したテームズ河の上で市が開かれ、パリでは地下蔵のワインが凍るほど厳しい冬が続いた。夏は寒くて雨にみまわれ、特に十七世紀の終わりから十八世紀の初めにかけては収穫の無い年が多く、食料品の値上がりや貧困地域の発生、さらに深刻な飢饉を引き起こした。この時期、フランスの農民は畜生にも劣るほど悲惨な状態であったと叙述したモラリスト評論家ジャン・ドゥ・ラ・ブリュイエールの言葉が想起される。同じ考え方から、イギリスの天文学者ウイリアム・ハーシェルは、一八〇一年に小麦の値段と太陽の黒点の数とのかくも穏やかでない相関関係を明らかにし、前者が後者によって支配されると論じた(訳注52)（シティ・オブ・ロンドンの相場師が穀物市場での売り買いの前に春先の日照を詮索していたという歴史的記述はないが……）。

壮観　太陽活動周期の温度と長さの間

数十年来の研究は、当初は黒点の周期で特定された太陽活動の「十一年」[訳注53]周期と平均温度と海面高の増減、また北極オーロラの頻度との間に相関する関係があることを示している。[原注83]

しかし、太陽活動による気候の変調の幅に関する誤解から約五・六年が無駄に費やされた。より正確には、まさに八〇年代の終わりに、ＣＥＡの研究グループ[原注84]が宇宙線の放射によって大気中に形成され急速に氷と土砂に取り込まれた放射能同位元素ベリリウム10を測定する精密な方法に焦点を当てた。スイスのグループがこの方法を利用して、太陽活動の「十一年周期」と極地の氷の含有ベリリューム10との一定の相関関係を証明しようとした。しかし最後の氷河期（八万年から一万五千年前）の沈殿物はベリリウムの指標とは相関関係になく、スイスとフランスの研究陣は太陽活動と気候とのつながりという仮説を離れた。ここに誤解がある。太陽活動の変化が気候に測定可能なインパクトを持たないがゆえに氷河期の大周期と関わりがない、ということではないのだ。

九〇年代の初め、デンマークの物理学者フリース・クリステンセンとラッセンは、特に北半球の陸地の土壌の平均温度が一八六〇年以来「十一年周期」の期間の変化（七年と十七年）[原注85]に密接に関係していることを発見した。しかしながら相関関係を示したところで証明したことにはならない。そのメカニズムを見出す必要がある。この場合、逆の作用の可能性が無いことは明らかである。太陽活動は地

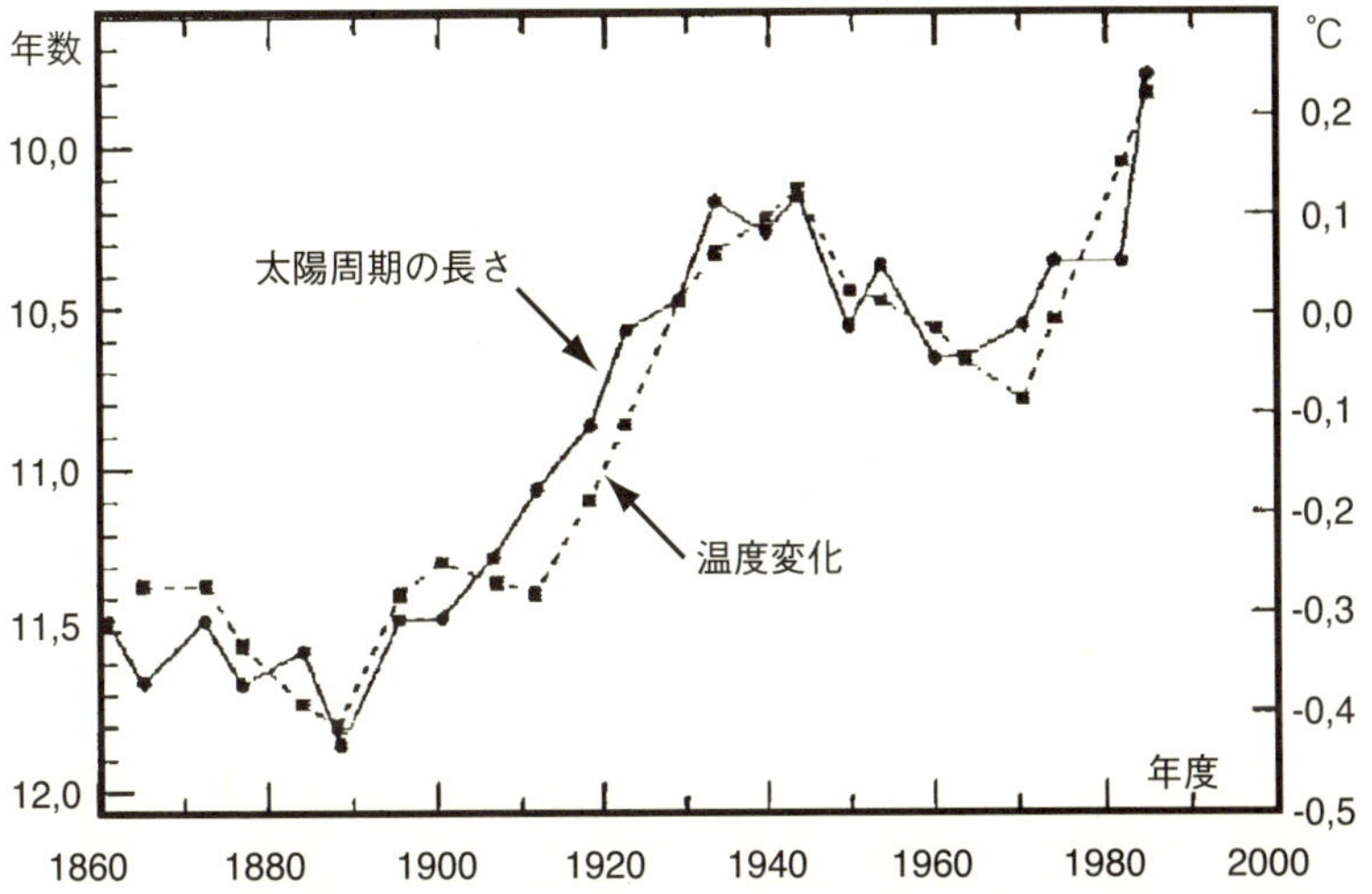

フリース・クリステンセンとラッセンによる(1991)

図19：太陽黒点の周期の長さと北半球の平均温度の変化

球上で起きていることから完全に無関係である(その正反対を説くのが太陽信仰で、神の恩寵を仰ぐために生贄を捧げるのもある)。もし相関関係が長期にわたって動かないものであれば、これは俎上に載せることができ、証明に値するが、何も説明はできない。

まずは、太陽エネルギーの変化に因るとする最もそれらしい仮説も少しの説明しか加えられず、太陽周期の完全な二回分に当たる二十五年以来蓄積されている気象衛星のデータにより無効にされてしまった。

最近の周期では太陽の不変性は〇・一%つまり大気圏の頂点で平均〇・三ワット／平方メートル以上変化していない。過去にはきっと重大な変化があったには違いないが、それは果てしなく可能性が低い。太陽が放射したパワーの大きな変化は太陽の中心の核融合反応密度を微妙に変化させると考えられる。そうだとすれば、一分子の平均的運動距離は一〇センチメートル位であり、このセントラルヒーティングの規模の増減は表面化するまでに何百万年もかかることになる。放射線の変化はだから、進展的で恒久的なものである。これら全てから、平方ワットで測定される「太陽の不変性」は平均的で安定した値の周辺でわずかしか変化しないと考えるべきなのである。

逆に太陽光線のスペクトル分析によって、紫外線領域の放射が周期中に一〇%までの強い割合で変化していることが明らかになった。確かにパワーの関わりは弱い（図2の下左を参照）が、成層圏オゾンの生成への効果は無視できない。問題のこの側面は八〇年代の初めに評価され、一九九五年以降再び取り上げられたが、どちらも同じ結論に至り、成層圏の温暖化が地表にまで及び、オゾンの増加生成を引き起こす、という説は間違いで、地表の平均温度の変化を説明するには全く不十分であるとされた。

先行きが見えなくなり、袋小路に入り込んだようであった。数値気候学者は、来る日も来る日も人的要因による温室効果で全て説明できると語気を強めて言い張り、問題はまた一層袋小路に追い込まれていった。

彼らは温暖化傾向が太陽周期と組み合わさって変動に関与している、と純粋にエネルギー的な分析だけを楯に主張できたのであった。欄外にほどこす細かな修正を除いて、太陽活動は疑問の埒外に置かれ、シミュレーションと現実の間の不一致を軽減することが研究の主眼となり、エアロゾルの活動のパラメーター解析へと移っていった（第I部第5章参照）。

太陽の磁場が宇宙線を変化させ宇宙線が雲を操作する

気候モデリング産業がこの「政治志向だが正しい」仕事に没頭していた間、デンマーク人物理学者たちは頑固に、知られざるいかなるメカニズムが「十一年周期」の期間と地球の気候とを結びつけることができるのか？　という因果関係の調査を続けていた。彼らの著作とその拠って立つ仕事の内容は正統的科学者の姿勢の模範になるものだ。使用できる観測データを可能な限り徹底的に集める。とっておくべきものを厳密に選択する。再度入手できるもの、確実なものは省く。偶然的相関関係の証明作業と知覚現象の数値化。可能なメカニズムの仮説、定量的観測、仮説の確認のために必要な作業。再び同じことが繰り返され、新しい仮説が出され新たな研究が求められる……以下は著作に報告されている彼らの調査のステップ、科学の歩みである。

- 第一段階[原注86]：研究は、地表で測定した宇宙線の変化の観測地点の有効化と、これらの変化の数字と、一つは一九八三年から一九九一年の間に静止衛星が測定した雲による地球被覆変化の平均、そしてもう一つは一九八〇年と一九九六年の衛星データの両者の総合との関係について進められた。結果は図20に集約されている。次に、雲による地球被覆の過剰放射能分岐点の純粋平均を基礎に、著者たちは推定される宇宙線の影響に対応する過剰量の変化の数字に注目する。彼らはそれを〇・八から一・七ワット／平方メートルに設定し、一七五〇年以来CO_2の増加に因るものとされている一・五ワット／平方メートルの過剰エネルギーと比較する。フリース・クリステンセンとラッセンの発見の下にあるメカニズム（図19）がおそらく太陽風[訳注55]による宇宙線の変調の長期における変化と関係していると結論づける。太陽風に関係している磁場は宇宙空間遠く冥王星の軌道の外にまで広がり、銀河系及び超銀河系の起源を持つ非常にエネルギーの高い分子で構成された宇宙線の波長を歪める。

この段階では太陽活動の周期における気候への効果の規模のみが数値化される。長期にわたる変化という仮説はまだ研究されねばならない。

● 第二段階[原注87]：著作の冒頭に問題の新しい中心点が述べてある。すなわち宇宙線の流れの変化と、波長一〇・七センチメートルの太陽の電磁波の密度（赤外線からソフトX線まである太陽光線はこの放射線のように変化し、測定がより容易であることが確かめられている）との間のある種の相関関係である。宇宙線の足跡は一九三七年（宇宙線のシステマティックな測定が最初に行なわれた年）と一九九五年の間の期間の北半球の温度曲線の比較と「競い合う」四つの太陽の変数値、すなわち、周期の長さ、黒点の数、発光、宇宙線（図21参照）で裏付けられている。著者はさらに駒を進め、こう書くことを躊躇しない。「雲の過剰放射は（中略）したがって研究対象期間中の温度変化のほとんど全体を説明できるほど強力なものだ」。次の段階はこう結論して紹介されている。雲の形成における宇宙線の活動に関しては原子物理学によって間隙を埋める必要がある、と。

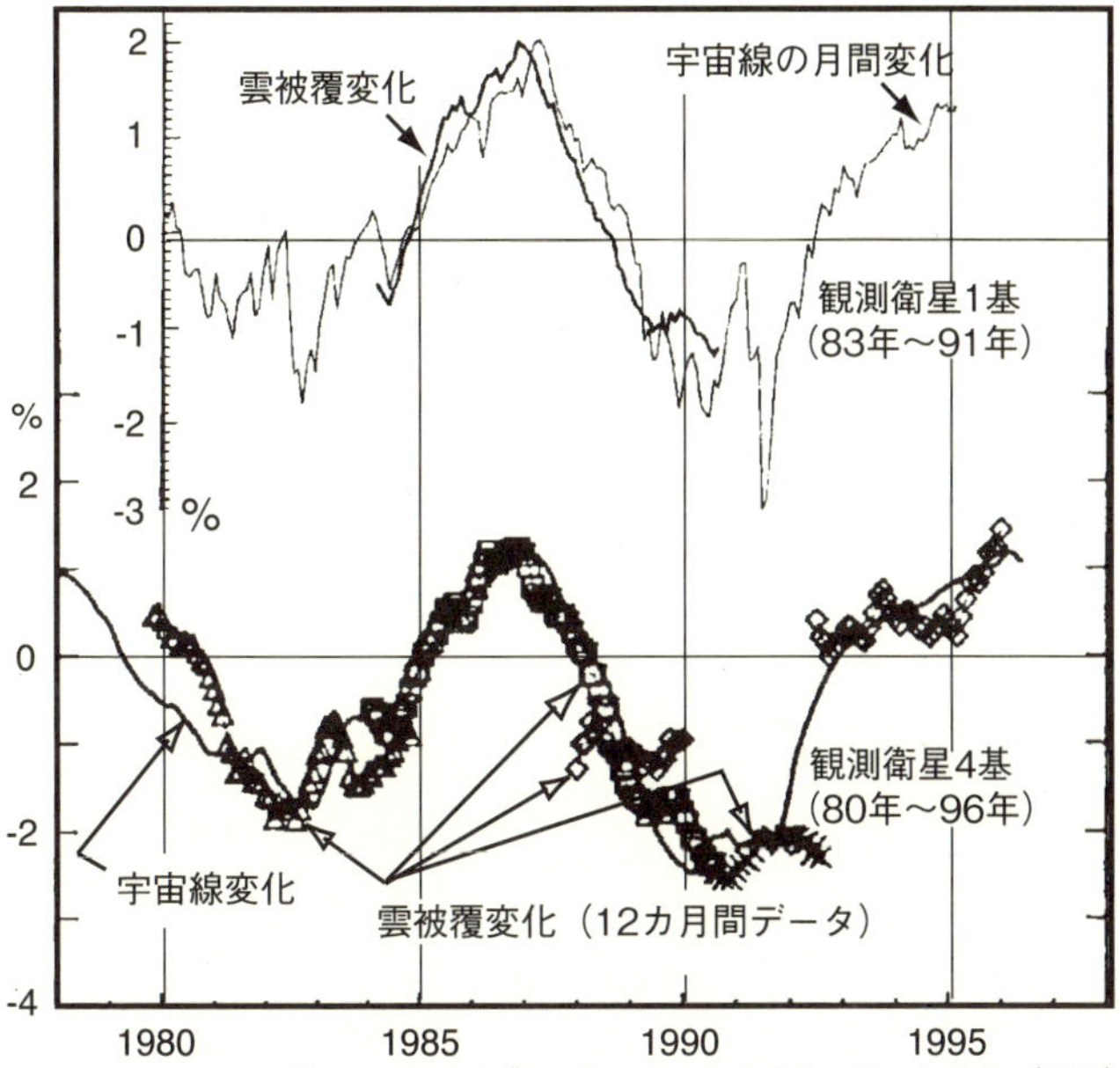

スヴェンスマルクとフリース・クリステンセンによる（1997）

図20：％で示す宇宙線と雲の被覆の変化の相関関係（任意の基準）

CLOUDプロジェクト（www.cern.comでcloudを検索されたい）の準備が進んでいることを暗にほのめかす第二巻では科学的モチベーションを提示している。デンマーク学者グループの成果を採用するのに加えて、過去の検証からの疑問点を展開する。つまり、宇宙線は大気中の窒素と反応して植物に含まれる炭素14と氷河に急速に取り込まれるベリリウム10を作り出す。この方法論の凄さは図22に明らかで、そこには太陽の黒点に呼応するベリリウム10の発生の変化が（特に太陽風と宇宙線の大気中への侵入を防ぐ最後の楯である地球の電離層との相互作用を説明する）地磁気のスケールで表わされている。

・第三段階：一九九九年は多くのことが付け足された年であった。構成の一番目[原注88]は、太陽の磁場に関する長期のデータがある。このために著者は、一九六五年～二〇〇〇年の期間の地磁気指標と太陽の電磁波の測定値との間の見事な相関関係を提示し、一八六〇年～二〇〇〇年の太陽の電磁波の進化の外挿法算出を権威づける結果となった。保管すべき情報は図23に要約されている。まず最初に、太陽の磁場が作用する力が二十世紀の間に二倍以上になったことがわかる[原注89]。そして次に、太陽の黒点の数は、その最多周期が多少なりとも太陽の磁場の密度と相関関係にあるとしても、鍵になる変数ではなく（それが証拠に、最後の最小周期の太陽の磁場の値は二十世紀最初に最多になった時の値よりも大きい！）、つまりグリーンランドの氷の中の炭素14とベリリウム10の濃度の変化が示唆していたように（九〇年代初頭の頃の研究）、一九〇〇年と一九六〇年に突如起きた二つの急激な増加は、太陽の磁場の発生源の状態に何か混沌としたものがあることを示している。

二番目の資料はスヴェンスルマルク[原注90]の署名があるもので、太陽活動により地球にもたらされた磁気防壁である宇宙線束を通して測定した炭素14とベリリウム10（図24）の濃度の変化を活用した、最近一千年間の知見を喚起し分析を広げている。炭素14の曲線は、十四世紀初頭の世界的飢饉の原因となった寒冷化、続く十五世紀の寒冷化、一五三〇年前後に最低温度を標した長期の寒冷化、そしてルイ十四世時代の末期を暗く覆うことになったマウンダー極小期[訳注56]（ＭＭ）を顕著に反映している。ＭＭのカーブはこの時期における太陽の磁場に重大な変化があったことを証明するもので、北半球の平均温度の再構築に密接に関係する。特にまた一七三〇年頃の天文学的

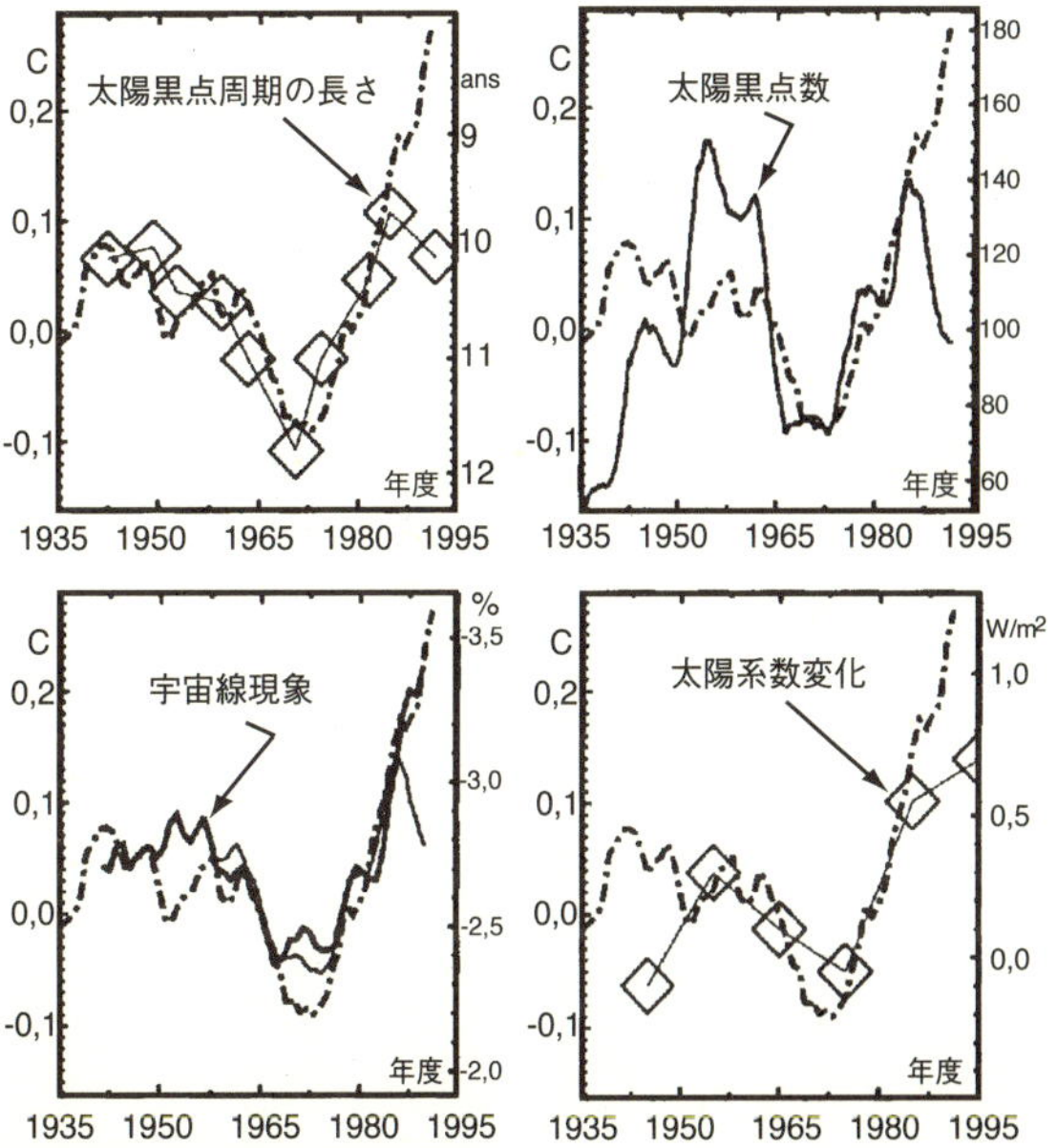

図21：北半球の平均温度の十一年間の変化（破線）と太陽の四要素の変化との関係

スヴェスマルク原典（1997）

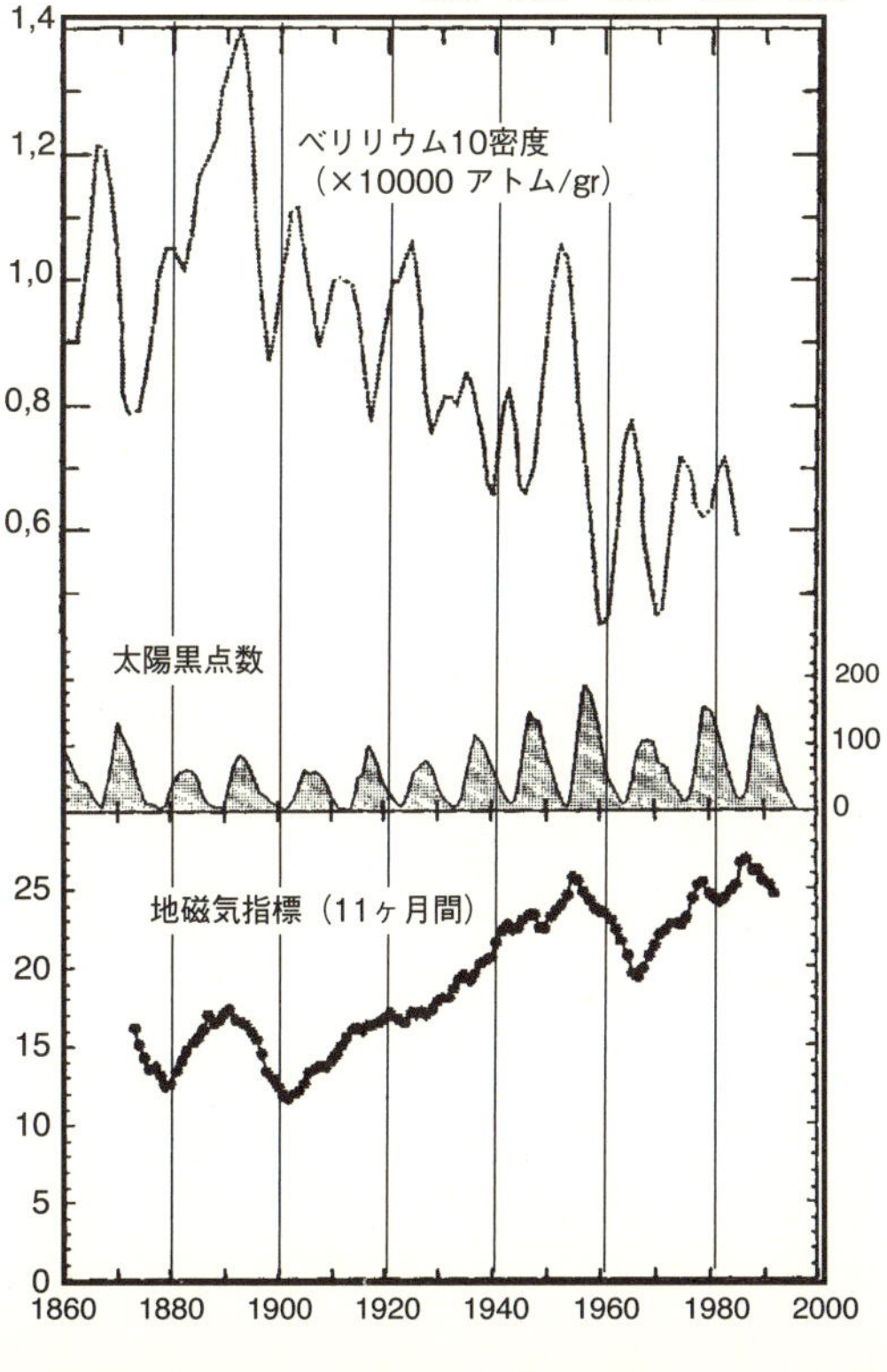

図22：太陽活動の百年変化とグリーンランドの氷に含まれるベリリウム10濃度の変化

スヴェスマルク原典（1997）

兆候[原注91]と見事なまでに関係した強い温暖化も特筆すべきだ。この後に寒冷化が居座ることになる。著者は結論として、気候変化には多数の要因があり、その中でも太陽活動がＭＭの時期に重要な役割を果たしたようであると確認しつつ、自説をやわらげている。

• 第四段階：古代気候学の証拠に補強された仮説には、特にＣＬＯＵＤプロジェクト（二〇〇一年十一月から二〇〇二年三月まで実施、二〇〇二年五月データ収集開始）の将来的成果と比較する最大限の要素を提示する観点から、宇宙線の活動様式を明確にすることが「残されて」いる。雲のカテゴリー分類のために、雲発生の資料の検証を再び行なう。高空の雲はより太陽にさらされている、というア・プリオリな事実関係はどうも観念の産物ではないかという批判的指摘がある。しかるに、高空の雲は冷やすよりも温める。高空の雲の発達を抑えることで、太陽活動は気候を温暖化するよりも寒冷化させることになる。そこで研究は、実際には高度三二〇〇メートル以下の高さにある雲のある密度だけが宇宙的シグナルに反応するということを証明して、こうした批判を論破する。期待していたにもかかわらず驚くべき判決が下される。したがって、大気中の水蒸気の原子物理学的濃度に関する理解を絶対的に深める必要がある。ＣＬＯＵＤプロジェクトはこれまでになく正当化される。一方、同じ著者の二つ目の研究は、水蒸気の凝集の核の存在が同時に低空の雲の厚さとその上層部の温度を増加させ、二つの要因が地表を累積的に冷やす働きがあることを示す。

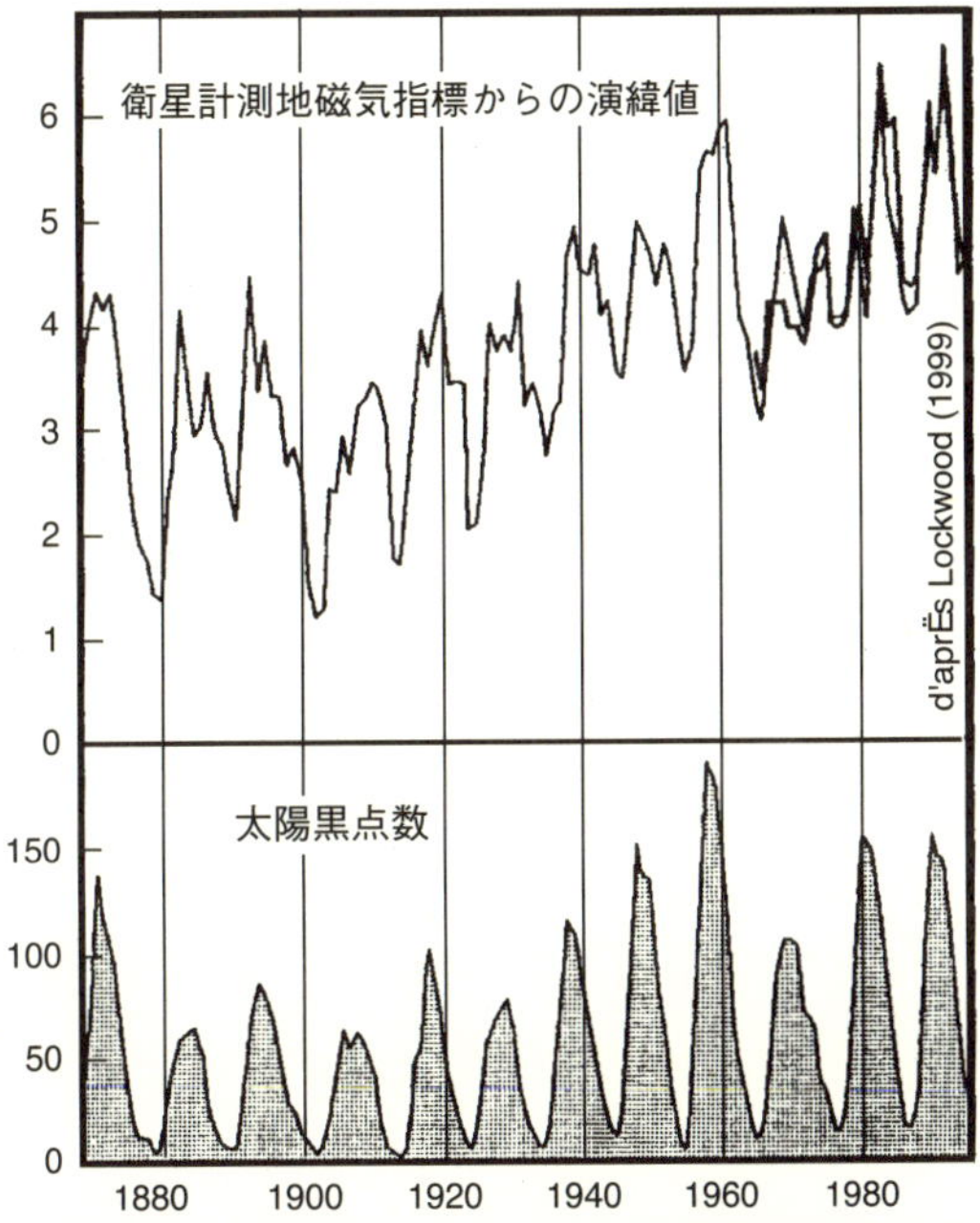

図23：太陽の磁力線束と黒点の数

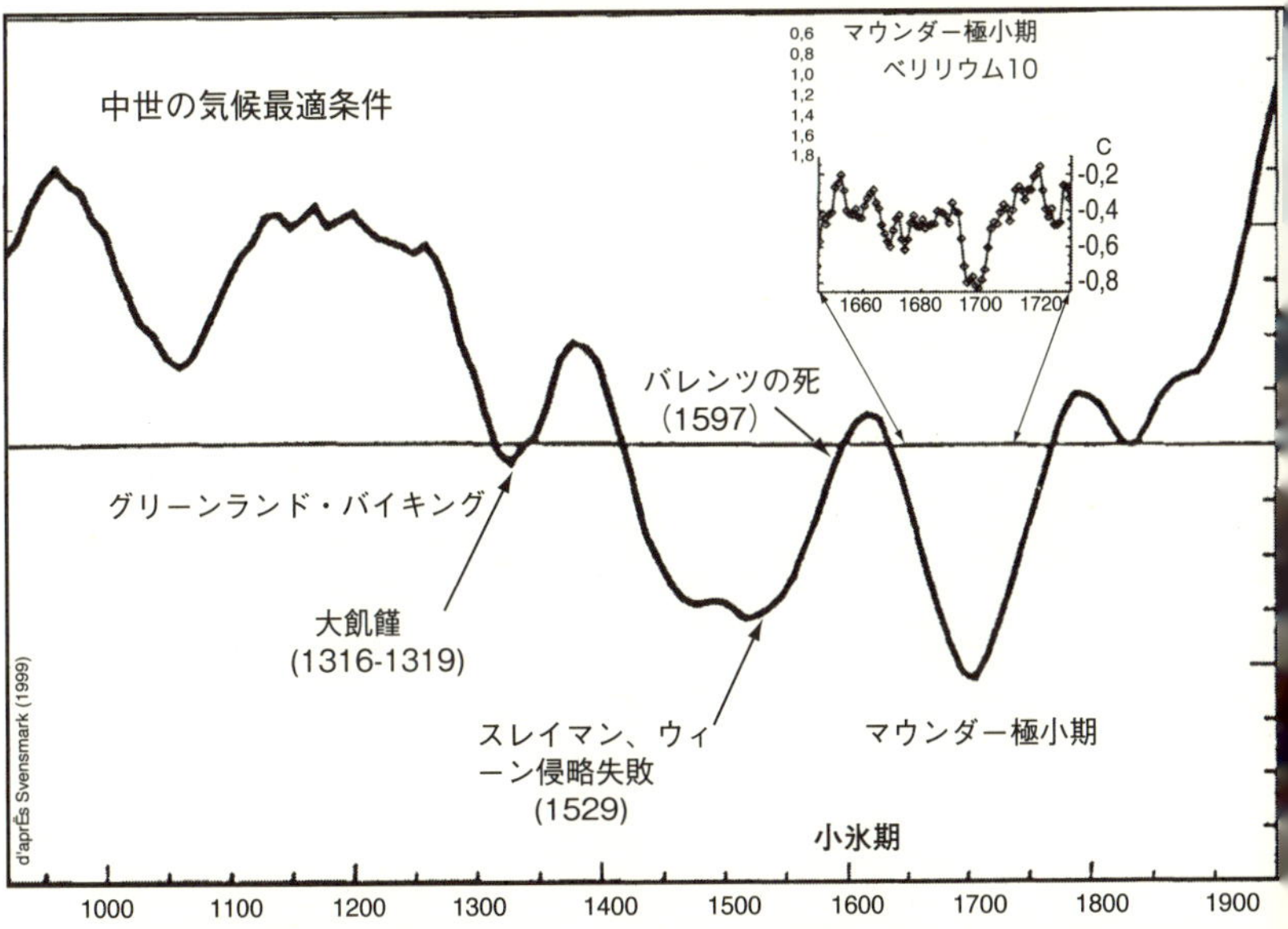

図 24: 炭素 14 濃度の変化；1900 年以降の低下は化石燃料の消費の影響（シュス効果）とマウンダー極小期（ベリリウム 10 の温度と濃度）を含む

デンマーク人学者による内部足跡への関心を矮小化もしくは無視するＩＰＣＣ中央部の人々を除いて、ＣＬＯＵＤプロジェクトは素晴らしく歓迎され、特にＣＥＲＮには関連機関のリストが提出された。デンマーク、ノルウェー、スイス、フィンランド、ロシア、イギリス、アメリカ、ドイツ、オーストリアの九カ国、一七団体である。プロジェクトの予算二五四万スイスフランは参加国が分担する。

気候の疑問を再検討させる発見

すべては気候学にある。新しい知識は、答えが無いままになっていた古い疑問の再検討へと導くものだ。かくして一九九〇年、海洋学者Ｗ・ブレーカーとＧ・デントンが氷河期と間氷期の間の温度差は机上の算出値では説明できないことを認めた（二人は、実在的遡及効果が新しい気候体制を固定化させることができる前に、氷河期突入メカニズムのエネルギー総量をはじき出すのにもてこずった）。最近、海洋循環において発見、解明された二つの様態に影響された考え方から、彼らは、おそらくは全てが漠然としたままの雲の中に説明が隠されているのではないかと想定した。「海洋―大気システムの修正が雲の特性を変えるかもしれず、その特性こそより参考になるものではないか」。太陽磁気の混沌とした性質（地球も同じである）が、ある地球的な変動に対して一般的条件が優位に働くとき、おそらく錠前のメカニズムのようにどちらかの方向で決定的働き(原注94)を見せ、必要な外的説明要因を構成するかもしれない。

問題に決着をつけるべく（まだ始まったばかりなので、あくまで仮に……）この科学の伝説の物語とともに、宇宙の仮説[原注95]に下された主な批判の一つを思い起こしてみよう。

宇宙線束と雲の発生の関係を再び取り上げて、雲の位置を特徴づけながら批判はデンマーク人の出した結果を認めて、南の気候的振動エルニーニョの係数と雲の被覆との間の見事な相関関係を証明した！私の意見では、批判者ファーラーはエルニーニョ現象を気候の発生源とみなすことから来る一般に共通した誤謬に陥っている。エルニーニョは単なる構成要素でしかない。ルルーはAMPモデルがエルニーニョの上潮と引潮（第Ⅱ部第5章参照）に完全に適合することを明らかにしている。南の振動とその幅の変化が地球の気候マシーン（その反対を支えるのは困難である）の全体的機能に含まれるものならば、地域的関わりを通して太陽の磁気活動と相関関係を持つのは全然驚くには当たらない。ファーラーは、結果の一部が原因に取って代わられた結論を引き出すために門戸を開放させられたといえるだろう。

ほとんど研究されていない要素：空気の放射性

個人的感触だが、結論としてスヴェンスマルクと同僚たちは不十分という過ちを犯しており、気候と太陽とは彼らの計算以上に強くつながっている可能性がある。彼らは現代の大気構成の変容を考慮することを忘れたのだ。それは、人類の核活動（使用済み核燃料を廃棄する前に裁断する際に発生するガス）によるクリプトン（85Ｋｒ）[訳注57]の排出を通した放射能の増大である。ある研究[原注96]によれば、放射性クリプトンの崩壊で生じた空気のイオン化は人類活動によって最も変えられた大気のパラメーターで、一九七〇年から一九八五年の間に海洋の上空と極地地方で一％上昇している（この現象は大陸の上空では放射されたラドン、トロン、そしてウラン鉱石とトロン鉱石中に含有されている派生物質に遮蔽されている)。空気のイオン化は、大気の静電気装置の機能と宇宙線の活動に似た形で、雲の形成にも重要な役割を果たしている。低空層での活動に限界がある、重量が重く半減期の短い元素の自然放射とは反対に、放射性クリプトンの半減期は十年でほぼ均等に成層圏まで拡散する。それでもまだ研究は完全ではない。研究は電気的、化学的側面(磁場、暴風雨活動、基の形成)に集中しているが、デンマーク人の研究が示唆しているように、他の何よりも気候学的重要性の高い凝結核の問題には漕ぎ着けてはいない。この研究分野はしたがって、再び活気づかせ、とにかくCLOUDプロジェクトの期間中に試すべき実験条件の多様なコンビネーションの選択肢に加えるに値するであろう。

モデルの新しい挑戦

太陽—気候のつながりの仮説は大いに考証されてはいるが、数値テストの問題を提起せざるを得ない。そこで避けがたい設問に立ち返る。モデルは十分に正しいものなのか? 研究すべき因果関係の連鎖に雲の被覆が替わりに使われる。モデリングの悪夢である(第I部第5章参照)。この領域の成果の分散には早々とやる気をそがれる。宝くじを買うようなものだ。私たちには補足的理由を知る資格がある。それは、何らかの形で科学的な、気候学学界がデンマーク人の仮説に対して抱く敵意だ。知の生産の多規律的過程の中で、モデルが過去を再構築するためにも、未来を予言するためにも使える代物ではないことを白日の下に晒す以外にテストする方法はない。

原注80　カナダ、ケベックの気候学者アンヌ・ドゥ・ヴェルナルは著書「氷河ＳＯＳ？」（『インターフェース』誌一九九三年五―六月号）でカナダ北部では最後の氷河期初期の寒冷化の進行以前に氷の蓄積があったことの文献的証拠を挙げている。重要な条件は、積雪のためには冬季は多湿でなければならない。これは今の場合問題外である（第Ⅱ部第2章参照）。

原注81　Ｌ・Ｄ・レイビリー他著「過去十二万五千年間の海洋深層水の形成と温度の様態変化」（『ネイチャー』三二七号、一九八七年六月十一日号）。

原注82　Ｔ．Ｓ．ヨルゲンセン、Ａ．Ｗ．ハンセン著「ヘンリク・スヴェンスマルク、アイギル・フリース・クリステンセン著「宇宙線流量と地球の雲被覆の変化――太陽と気候の関係の失われたつながり」（『大気及び太陽・地球物理学ジャーナル』五九号、一九九七年一二二五―一二三二、同二〇〇〇年、七三―七七。一九九九年五月二十四日受領、一九九九年八月十六日承認）」の書評。論議の脆弱性よりさらに顕著なことは、スヴェンスマルクとフリース・クリステンセンの以後の多数の出版物の後、特に雲の形成に関する宇宙線の効果の実験的計測を目的とするＣＬＯＵＤの国際的プロジェクトの内容決定後の介入という反応の遅さである。筆者の意見では、ＩＰＣＣの人たちはデンマーク人学者の研究が彼らの（ＩＰＣＣの）大量の反温室効果論文をその「科学的根拠」まで覆し弱体化しうることが完璧にわかっていたからである。『ネイチャー』『サイエンス』『ラ・ルシエルシュ』などそうした調子の科学誌が無かったかは証明できない。この時期（二〇〇〇年五月）どれもこの「失われたつながり」に関しては他のテーマを扱った関係で最低の紙数しか割いておらず、ＩＰＣＣ的傾向は温室効果と気候を扱う者の多数派を占めていた。しかし小グループの確信的研究は過小評価された。ＣＬＯＵＤプロジェクトは方向的には正しいが予算がつかず、反動派はその成立の妨害を図っているやも知れず、またおそらくは結果が無効になるように時間稼ぎをしているか、あるいは少なくともデンマーク人の計算を容認するこ

とはないだろう。

原注83　太陽が十全に活動している時、その直径はわずかに大きくなり、黒点という太陽の表面温度の半分にも達しない「低温」の地域が存在するにもかかわらず、表面の平均温度も上がる。

原注84　『科学のために』誌第一五八号、一九九〇年十二月「太陽と気候」参照。

原注85　ジャスパー・カークビー著「CLOUDのビーム測定」『CERN』一の三、一九九八年二月二十四日。周期が短かければ温度は上がる（一年の短縮に対してプラス三℃）。

原注86　H・スヴェンスマルク、E・フリース・クリステンセン著「宇宙線束と地球の雲被覆の変化―太陽―気候関係の失われたリンク」『大気と太陽・地球物理学ジャーナル』五九巻第一一号、一九九七年。

原注87　二つの論文から考察の進捗が見てとれる。H・スヴェンスマルク著「宇宙線の地球気候に及ぼす影響」『フィジカル・レヴュー・レターズ』一九九八年十月十五日。J・カークビー著「CLOUDのビーム測定（宇宙に残された水滴）」チャンバー一の三、『CERN』、一九九八年二月二十四日。

原注88　M・ロックウッド他「過去百年間の太陽コロナの磁場の倍加」『ネイチャー』、三九九号、一九九九年六月三日。

原注89　太陽活動は無比のレベルに達する。二〇〇一年五月にこれまでにない大きな爆発が起きた。近い将来のうちに太陽活動が気候に及ぼす影響が減少するとは考えにくい。

原注90　「宇宙線と地球気候」『スペースサイエンスレヴュー』九三号、二〇〇〇年増刊号、一九九三年八月十三日。

原注91　イギリスでの観測によると一七二九年～一七三八年の十年間の平均温度は一六九〇年～一七〇〇年の十年間より一・七九℃高い。スウェーデンとオランダでも同じ変化が観測されている（前世紀より〇・六℃高い）。この文句のつけようも驚くこともないめざましい出来事が太陽活動の混沌とした性格を現わしている。A・モベール、G・デマレ著「温度計から何を学ぶか」『ラ・ルシェルシュ』三二一号、一九九九年六月。

原注92　N・D・マーシュ、H・スヴェンスマルク「宇宙線が低空層雲の特性に与える影響」www.dsri.dlk デンマーク宇宙研究協会のサイト）二〇〇〇年五月二十六日。

原注93　物理学者ジャスパー・カークビーは「雲の箱」と彼が呼ぶところのCERNのCLOUDプロジェクトの疲れを知らぬ働き頭である。

原注94　二年以上継続することのない火山爆発の影響（寒冷効果に限られる）より決定的。

原注95　P・D・ファーラー著「宇宙線は海洋の雲被覆に影響するか　あるいはエルニーニョだけか？」『気候変動』四七、二〇〇〇年。

原注96　R・コラート、M・ブッツィン著「放射性痕跡ガスの気候的様態、特にクリプトン85について」コラート&ドンダラー、『ブレーメン』、一九八九年十月。

訳注49　原文ではGrand Horloger ＝偉大な時計屋、つまり時間を司る者であり、フランス語では神を表わす表現である。

訳注50　グリーンランドとハドソン湾との間にある島。十七世紀に北米大陸北極圏を探検したイギリスの航海者ウイリアム・バフィンに因む。

訳注51　小生活圏。特定の生物群集が生存できる均一な環境を備えた区域。

訳注52　ロンドンのテームズ河北岸の金融・商業の中心地。

訳注53　太陽の磁場は約十一年周期で南北が逆向きになる。NがSに変わりSがNになる現象で、元に戻るのに二十二年かかる。このプロセスはまだよくわかっていない。

訳注54　大気中の酸素と窒素の破砕（高エネルギー粒子の衝突で原子核が数個の破片に分離する核反応）が形成する放射性核種（半減期百五十万年）。粘土質の土壌に急速に凝集する。

訳注55　太陽の黒点は十一年周期で多くなったり少なくなったりする（黒点周期）。黒点は中心核の回転（太陽も自転している）によって生じた磁力線が表面に突き出る時にできる。太陽のまわりを取り巻くコロナはこの磁力線が表面にアーチ状に浮き上がってできるもので、コロナから宇宙空間に吹き出ているプラズマ（プラスの原子核とマイナスの電子に分かれたガス）の流れを「太陽風」と呼んでいる。太陽風とはすなわち磁力線束のことで、太陽の自転の影響で方向が変わり、風が地球に向かった場合に、オーロラが多発したり、無線が乱れたり、地上で停電が起きたりする。

訳注56　マウンダー極小期（Maunder Minimum）：一六四五年〜一七一五年に観測された太陽の黒点の突然の消滅。これ以前にもシュペーラー（一四二〇〜一五三〇）、ウルフ（一二八〇〜一三四〇）、オールト（一〇〇〇〜一〇五〇）といったそれぞれの時代の科学者がこの現象を観測している。それぞれの間には約九十年のインターバルがあったが、一八〇〇年代には黒点は消滅したわけではなく、きわめて不規則な現象として様々に原因が探られているが決め手になるものはまだない。いずれにせよ、太陽中心核に発生する磁力線が表面に突き出て黒点を作る以上、磁力線の問題に違いはなさそうである。黒点が少なくなると太陽のエネルギーは落ちる。

訳注57　クリプトン85は三六番元素で半減期一〇・七二年。自然界に存在し大気中の濃度は一・四ｐｐｍ。使用済み核燃料中に存在し、まず前処理工程でせん断機で細断されるが、その時他の希ガスや揮発性物質とともに放出される。次の、硝酸を使う溶解工程で発生したクリプトン85は再処理工場の排気とともに大気中に排出される。クリプトン85を含む排気中の放射性物質による最大被ばく地点の住民の年間実効線量は〇・〇一四ミリシーベルトで自然放射線の被ばく線量二・四ミリシーベルトの百七十分の一程度と評価され、人体への影響は心配ないとされている。

第Ⅱ部　密接な関係にあるが把握しがたい諸変化

Patie Ⅱ
Des changements
cohérents mais insaisissables

第1章　そぐわないモデル

不変の物は存在せず、変わるのみである。

ムニ・シッダルタ・ゴータマ（釈迦）[訳注1]

《要　約》
ここでは気候予測の主要な弱点とその議論の論理的な不可能性を説く。最近の気候変化の評価の問題に着手する。大気循環のある力学的モデルの欠陥から、大多数の気候学者が統計の寄せ集めをベースにして分析を行っている。統計的方法はまた、エルニーニョのようなある種の派手な一定程度周期的な現象に関係したものの規模や、遠隔地での別の気候変化への影響――遠隔地連結――を見定めようとするのにも使われる。そこから得られた成果のほどを問う。

気候モデルとは、ある時間と空間の中に当てはめて、比較するに十分な材料が揃った、近い過去の限られた期間の気候変化を再現しようとするものなのか？　人間活動のために考えられる様々な筋書きに応じた進化に供する予報を充足させ、最低でも気候解説のためのご立派なやり方を正当化する、あるいは固定化するのに、気候モデルは十分な代物であるのか？　この二つの問いに対する学術機関の答えは次第に肯定的なものになっている（読者諸氏におかれてはサイト、www.ipcc.ch の正式見解をご覧いただきたい）。

この文脈で科学の議論を望む気持ちにはどうしてもなれない。なぜなら、会員を選定し正式な気候の科学を形成するこの学術機関ＩＰＣＣがまた、将来的諸インパクトの評価（仮説から次第に離れ、ますます予言的になっている）の重大なプロセスを組織し支配し、またその批准と実施によって十五年以上前から取り組まれてきた影響力戦略の成功を、歴史上初めて確認しようとする世界気候会議（一九九二年、リオデジャネイロ）と京都議定書（一九九七年）という国際協定の内容を規定するのに大きく貢献した機関でもあるからだ。このような企てが信頼性を得るには、明らかに正式に錆びつくことのない科学的コンセンサスを必要とするものである。コンセンサスという考え方は、八〇年代の半ばに始まり、以来ベルリン、ジュネーブ、ブエノスアイレス、ボン、京都、ハーグ、マラケッシュと会議に会議を重ねて続けられた社会的、経済的、政治的建造物の礎をなすものだ……。

コンセンサス……科学にはこの言葉の余地はない。科学とは、方法論的疑問と論理的弱点の探求へのたゆまぬ実践を強いる行為である。

本書の第I部の明白な帰結とは、気候シーンの主要な二つの規範、海洋学と気候学に海洋循環と大気循環のモデルの実現と連結が帰するのであり、どちらもシミュレーションのためのシステムとして経験的参考モデルを用いない。確かに、大気については(第I部第8章、第9章参照)AMPモデル(極地移動性高気圧)が対流圏の循環の観測を説明してくれるが、物理学者も数値学者もこれは使わない。説得材料として出される数字や図版や映像の有効性を判定するのは難しい。しかしながら我々は、数値モデルの弱点、最近の気候変化を表現する困難性、彼らが書いた筋書き——「温室効果」ガスの排出のような——通りの答と矛盾する予報に評価を下した。

ここでは予報は一切行なわない。予報的気候学は、経済学や政治学または社会学にも増して「ソフト・サイエンス」である。それはヴァーチャルな対象の論議であり、実際に起きる天気以外に有効性に耐え得る決定的な経験はない。この点における我々の立場は、頑固な論理的命題で表現できる。数値モデルが過去と現在の気候の変化を正しく表わしていない限り、それを使って予報するのは科学ではなく、占いでしかない。よって、予報は本質的かつ論理的に「議論にならない」のである。

それとは正反対に、我々は現実的変化を説明し、様々に可能な要因を考慮に入れようとする。

平均気候という疑わしき概念

まずは、気候学で用いられている数値モデルの限界の要点を挙げてみよう。

一番目は、今いちど強調しておくべきことであるが、数値モデルには計算は存在するが、説明は無い。参考になる解説なしのモデルは、その内部的な動きの適合性を把握することがほとんど不可能である。ヴァーチャルな力学を現実の力学と有効に比較するための一連の数値実験から生まれた、何千何万のデータの中から何を探し出すべきかを、どのように決めるのか？

二番目は格子の解除に関わることである。気象学で用いている格子は、予測を成立させるための妥当な確率を証明するにほぼ十分といえる。だがそれは、第I部でじっくりと確認したように、気候学においては違う。三〇〇キロメートル四方のサイズで、水平一二区画の標準の格子から、全部または一部が洩れてしまった大気諸現象を列挙しただけでもかなり落胆させられる。(原注1)

- 極地移動性高気圧（ＡＭＰ）の前面の低気圧回廊と付帯低気圧とのつながり。
- 低空層（起伏との相互作用が活躍するところ）での大気活動の詳細と、したがってＡＭＰの進路、乱気流、雨の発生に関するすべて。
- 傾斜気象学赤道（ＥＭＩ）下にある現象。大陸上空への子午線の拡張は数千キロメートルに及ぶことを明記する必要がある。

・エネルギー量が重要なポイントになる極端な局地的現象（嵐、台風……）。
・積雪の変化。
・地表と大気間における熱エネルギーの流れと物質の変化。

シミュレーションの見返りはパラメーター化された関係の形で役に立つ。例えば、数多くの要因と状況が介入する複雑な雨の発生プロセスは、一般的に地域的な脈絡を斟酌するための「手作り」で調整した関係性からの降雨の可能性としての大気要因に依存する経験主義的数式化で表わされている。第Ⅰ部第7章で最近の進展の概要を見た海洋循環モデルは、直面する技術的課題と「実地」観測で毎年毎年驚くような事実が出てくるので、依然として基礎研究の段階である。

三番目は、大いに一番目と二番目の両方の限界から生じているものである。「使える」結果は平均値で、対応する現実をもって平均値同士の比較が可能な場合もある。かくして、三十年間という因習的単位と海洋の平均的状態、そして低温層と植生の発達と結びつけて算出された大気の平均的状態としての気候の定義で成り立ってきたここ百年の行為にたどりつくのである。この安定した平均的気候、という考えは一種の抽象的産物なのだが、なかなか根深いもので、気候変動をこの平均的気候と異なるイメージ、いわゆる異常気象として理解する方向へと導いている。つまり、気候は三十年で変わるのだ！　ここは暑くなった、あそこは寒くなった、雨も雪も前とは違う、あの地域は砂漠化が進んだ、この地域は雨期が変わった、などなど。これら三十年間の平均値の変化は何を表わし、現実にどのような力学が働いているのか？　かくなる人工的代物でもって、いかにして大自然の中に変動の原因を見定めようというのか？　異常という観念は正確には何を指しているのか？　こうした問いに対しては、平均的気候という概念の原点には確実性はない、という答えしかない。

思わぬ障害　極地気候

意味が無いからといって人を黙らせることができるものか？　数値気候モデルの力量と弱点について何も言うことは無いのか？　勿論、無い。まず、大気循環の大筋とその季節的変化はもうわかっているからだ。そして、いくつかの厄介な不十分性の特徴はよくわかっており、それは予報の信頼性を損なうものでもある。雲の役割にふれる不十分性はすでに取り上げた（第I部第4章参照）。モデル間の差異が何か混沌としており、完全に冒険主義的であることを付け加える以外、この話に戻ることはないであろう。

他の微妙なセクターとしては、全てのモデルは極地気候の変わりやすさをなかなか「見つける」ことができず、それゆえにみんな同じ間違いをおかしていることである。（原注2）ところで、過去の大きな気候変化に関する知識が、北半球の気候から始まり、北方を支配する気候条件が地球上の全ての気候を決める影響力について明らかにしてくれる。AMPモデルは、まさにこれらと同じ条件に依存しているる極地移動性高気圧の勢力と結びつけて、子午線交換とモンスーン地帯の拡大の強さの下に存在するメカニズムに光をあてる。注釈2でフィリップ・ガションは極地気候の間違った解釈が全てのモデルにとって重大なハンディキャップをもたらしていることを力説している。関連地域は、あらゆるモデルによると、北半球の気候での重大な結果とあいまって、温室効果による温度上昇の証左としての平均温度の上昇が最も強い地域である。しかしながらこれも、雨量と温度の変化の可能性の点では同じモデル同士が最も相違するところだ（第Ⅰ部第4章、図5参照）。

フィリップ・ガションは、平均値の慎重な検討がいかにモデルの有効性を強化するのに役立つかを示している。このようにして、二十世紀に観測された北氷洋の氷量の低下をいくつかのモデルは十分に正しくシミュレートしている。年間平均という形ではあるが……。だがもっと近寄って見ると、モデルでは夏より冬に大きな低下を示しているのだが、その反対の自然現象が起きている。これらの変化に関連する地域も、これまた自然現象とモデルとでは異なる。このような結果を出すモデルをどう考えればよいのだろうか？　ガションの答えはこうである。「モデルは北氷洋の氷量の年間変化をほぼ正しくシミュレートしているが、必ずしも正しい根拠からではない」。この文章はいま少しの展開に値する。非社交辞令的表現で言えば「正しい根拠からではない」とは「誤った根拠から」と翻訳できる。しかし、極地気候は大気の全体的循環の影響下にあり、それ自体もそこに関与し、また海洋循環にも影響され、それにも微妙に変化を及ぼしうるものである。極地気候の間違ったシミュレーションはしたがって、否応なしに全体循環全ての間違ったシミュレーションを引き出し、大気循環と海洋循環の間違った組み合わせをも示唆するものである（氷山の交換も含む）。さすれば、この地域における強い温暖化の予測に対してどのような信頼性を認めよというのか？

であるからこそ、複雑な現象のより進んだ理解を目的とした一大科学プロジェクトが二〇〇〇年に開始されたわけである。客観的に言って凄まじい性格のいくつかの予測（プラス一八℃、あるいはさらにプラス二二℃）が二度と出されないことを期待しつつ。まずそんなことはないが。

統計と「気候指標」

気候指標の証明は気象学的統計の力学的要素を抽出するための歴史的試みの基礎である。一九二〇年代、風の発生は気圧の差によるとされ、モンスーンに関する予測の進歩のために気象学者のギルバート・ウォーカー卿は、インド洋と太平洋中央部熱帯地方の気圧差異の鋸状の変化が長期での平均値に比べて特徴的である大気循環の振動現象に着目し、南振動と命名した。それから約四十年後、ノルウェー気象学院（第Ｉ部第10章参照）院長の息子ヤコブ・ビェルクネスが、ペルー沖北部の東太平洋で三年から七年の不規則な間隔で発生するミステリアスな海面の温度上昇エルニーニョと、ウォーカー卿の発見した振動現象とのつながりを解明した。振動の第二局面、打って変わってペルー沖が冷たくなるラニーニャ現象は、鋸の歯の反対の山と相関関係にある。ＥＮＳＯ指標（エルニーニョと南振動）は気圧の差異を表わすものである。

同じ時期に、ウォーカー卿とオーストリアの気象学者フリードリッヒ・エクスナーはある気圧に関連づけることができるもう一つの気候振動、北大西洋振動（ＮＡＯ）を検証した。この場合、気圧の差はアゾレスとアイスランドの大気圧の値にある。読者は、西グリーンランド進路のＡＭＰとその関連低気圧（第Ｉ部第９章参照）に結びついた二つの統計的事実の存在に気づかれるであろう。ＮＡＯ指標がプラスの時、つまりＡＭＰが多数あり勢力が強い時、従来的な言い方だと「アゾレス高気圧」がより強力で「アイスランド低気圧」がより空疎な時、ヨーロッパの冬は暖かく、嵐が多く、多湿である。NAO指標がマイナスの時、つまりスカンジナビア進路とロシア進路のAMPが頻発する時、従来的な言い方だと「アゾレス高気圧」が弱く「アイスランド低気圧」があまり姿を見せない時、ヨーロッパの冬はどちらかといえば寒く、乾燥している。

この二つの指標の成功についてはひとこと注釈したい。気象学と気候学への統計主義の浸透が見て取れるのだ。出発点では、多様な現象と大きな広がりの要因を定める観測手法にすぎなかったのにである。気候学と気象学は、この指標を変動メカニズムの中心に据えている。システム派はさらに突き進み、振動を起源とする外的要因と内的プロセスを引き出そうとするであろう。彼らは何も自発的たるべき理由などなく、指標は一つの尺度でしかない。大気循環と海洋循環と氷山との相互作用の理解に、これら振動の存在が呈する疑問への解答を求めるのである。

低空層の力学に関して出された概念は、これらの指標と結びつけた「説明可能な力」によって成立しているようだ。例：NAOの紹介のために書かれたスイス人気候学者ハインツ・ヴァンネル(原注3)の署名入りの最近の記事。著者は対象の発見とその特徴の紹介から書き出す。そして彼も、冬の西ヨーロッパにしばしば吹きすさぶ冷たい風はシベリアからのもので、つまりウラル山脈の障壁(原注4)を越えてやってくるという、気象衛星が登場する前でも支持できる視点を共有していることが分かる！　ヴァンネル教授は記事の後半三分の一をNAOの存在に対して向けられた質問に費やしている。彼の意見の表明の仕方は暴露的である。

「いかにして、そしてなぜNAOはやり方を色々と変えるのか？（中略）疑問は投げかけられたままであるし、バタバタしたメカニズムはとてもミステリアスだ。こんにち、数多くのグループが、大気が唯一どの時点でこの現象に関与しており、どのような規模で大気と海洋と氷の間で相互作用が介入できるのかを知るための研究を行っている」

NAOは「あちこち行ったり来たりしていた」高層気象学の対象になり、単なる記述的統計の規模でしかなくなっている。また、振動の時期は十年単位であることから、純粋に大気を原因とした問題以外にありえない。大気の貯蔵庫はかくなるバランスを保つための必要な熱量を、季節のサイクルを越えてまでストックできない。海洋と氷の相互作用の仮説がより幅広い展望を開いてくれるだろう。

だが彼は続けて言う。「過剰な気候の様々な要因に存在する関係性を研究する方がより確実だと思われる。言い換えるなら一般的傾向を混乱させ得る現象と、二つのNAOモデルである。主要には三つの要因がある」。

そして、小氷期（第I部第11章参照）にヨーロッパで顕著だった寒冷化と大きな火山爆発による気候の擾乱、そして将来的なものとしての温室効果の増大に関わる太陽活動の強さ、を挙げている。

一番目の要因の太陽活動であるが、これは議論の結果、除外されたかもしれない。ある意味で、北アメリカの初期の入植者たちは最初に体験した厳しい冬、インディアンの助けがなければ餓死、凍死する危険があったわけで、このことはヨーロッパの寒冷化は数十年に及ぶ説明不可能な弱いNAO（厳しさの少ない北アメリカの冬に相当する状況）の継続にではなく、一般的な気候の寒冷化に対応していることを示している。一方ではヨーロッパの冬はしばしば寒く多湿であった、つまり雪が多かったという証言が残されているように、スカンジナビアとロシア進路の高気圧が支配的だったという話とは両立しない。

二番目の要素は突如かけ離れたものではない。火山噴火によって高層大気に昇った噴煙や酸性エアロゾルを調べてみると、北方のどの地域が最も影響を蒙ったかを追求でき、AMPの配分が起こし得る結果を演繹できる。その次に、摂動がどの程度続くか、すなわち氷山と海洋の力学がどのような効果を続けるかを見積もるのである。しかしながら、一八一五年四月に赤道にきわめて近いタンボラ(原注5)の歴史上最大の噴火が誘発した気候の寒冷化はたっぷり三年続き、一八一六年と一八一七年の二年間は夏はやってこなかった。この気候の大異変はある種の方法で火山爆発の衝撃の強さと時間に制限を与える。衝撃は強い。しかし、NAOの周期性の長さに比べれば短時間しか続かない。

日々の心配に問題を譲るべきか？　三番目の要因はさほど説得力があるようには見えない。十九世紀の終わり、当時の大気は産業革命前のものとほとんど変わらなかったにもかかわらず、北アメリカに記録的な冬が訪れた。もし温室効果が本当にNAOに影響するのであれば、この記録は二十世紀の終わりに破られていたのではないだろうか？

ENSO指標は、これまで統計的気象学のスター的存在となってきた。この後、第II部第5章で、特にエルニーニョ現象に結びついた地球上のあらゆる場所における、できるだけ数多くの気候の多様性を考慮しながら、詳細に扱う。ただ最近、ENSO指標をあたかも気候の金科玉条のように考える傾向があることを知っておきたい。一九八七年にENSO提唱者(原注6)が、降雨データの調和的分析を基礎にしてENSO指標のバリエーションと、地表全体への降雨量（規模と時期による計測）の異常との関係を調べる研究について書いた記事がある。現実の力学に関する考察は全く行なわれていない。純粋に統計的作業である。これが以後のあらゆる出版物に対して権威的な存在となっている。

統計と「遠隔地連結」

統計的気候学はかくして、一般的相関関係の発展段階を飛び越えてしまった。数十年来、「遠隔地連結」の研究に多くが費やされるようになった。この研究活動は総体的循環の経験的、現実的モデルの文脈の間げきの中に認められる。方法論は明快である。例えば、サハラ地帯の乾燥の進行のような気候の地域的変化とほぼ同じ様相の現象が他の場所で起きたとして、互いに結びつけることがはたしてできるのか？　熱帯大西洋の海面温度の変化が八〇年代に関心を集めたが、雨の発生についての優れた理論と往々にして矛盾する考え方であった。

さらに卑近な例を挙げれば、殊に海洋間の二つの遠隔地連結がある。どちらもエルニーニョの影響と推定されている。一つ目は、（原注7）ENSOのバリエーションに呼応した、統計的に意味のある二年から四年周期の間隔で成立している氷山の拡大である。二つ目は、（原注8）メキシコ湾流をアメリカ大陸から遠ざける緯度のズレは、一部はNAO指標と相関関係にあり、――自発的なものと思われる――もう一部は二年遅れのENSO指標と関係がある、つまり記憶効果による部分的遠隔地連結というわけである。

この遠隔地連結はシステマティックな意味では何も説明してくれない。しかしながら、暗に一つの因果関係を意味している――遠隔地連結はそのように働くものである――が、一般的に証明はされていない。諸現象が直接的な遠隔地連結にないが、高度な水準のメカニズムにしたがって支配されている、という仮説はまず数式化できない。ＡＭＰモデルは、この遠隔地連結をテストするための格好の道具として登場するのである。

原注1　気象学は予報を目的とし、気候学は予測を目的とする。少なくともその違いが両者の研究成果の中身を区別する。

原注2　Ｐ・ガション「気候モデリング――我々はどこから来たか？」環境科学雑誌『ヴェルティゴ』第一巻第二号二〇〇〇年九月（www.unites.uqam.ca/vertigo）

原注3　ハインツ・ヴァンネル「北大西洋の天秤」『ルシェルシュ』第三二一号、一九九九年六月

原注4　アルプス山脈の北ピエモンテにさまたげられたスカンジナビア進路ＡＭＰはその回転運動を維持して、西ヨーロッパに東から西に向かう極地またはグリーンランドを起源とする寒冷な空気の循環を取り込む。

原注5　Ｋ・Ｒ・ブリッファ他「六〇〇年以上前の北半球の夏の温度に対する火山噴火の影響」（『ネイチャー』三九三号、一九九八年六月四日）

原注6　Ｃ・Ｆ・ロペレウスキー、Ｍ・Ｓ・ハルパート「エルニーニョと南方振動と関連した地球的、地域的規模の降水パターン」（『月刊天気レビュー』一一五号、一九八七年八月）

原注7　パー・グルーセン「ＥＮＳＯ現象による両半球の海氷変調」（『ネイチャー』三七三号、一九九五年二月九日）

原注8　Ａ・テイラー他「ＥＮＳＯ現象によるメキシコ湾流の転換」（『ネイチャー』三九三号、一九九八年六月

十八日）

訳注1　著者の引用文献は不明だが、出典はおそらく釈迦がブッダガヤで涅槃に入る前に弟子たちに語ったとされる四諦十二縁起の一節「汝らまさに知るべし　一切の諸行は皆悉く無常なり」（法顕の漢訳）で、「この世は移り変わり、変化するもので常ではない」の仏訳だと思われる。

第２章　なんとなんと、北極が冷えている！

学ぶ者は信ぜよ。知る者は確かめよ。

ロジャー・ベーコン

《要　約》

過去五十年間の気候変化を平均値の曲線に要約することはできない。出発点に忠実に、大気循環と海洋循環の構造の中でそれを把握し、説明する。顕著な地域的変化の多様性の背後に非常に深い因果関係にあるシステムが認められる。しかし、東西冷戦が終焉するまで宇宙への扉は閉ざされていた。あるのは九〇年代初頭に分類された北極海の気候変化に関わる情報だけである。そこから、全てのモデルの予測に反して、北極が微妙に寒冷化していたことがわかった。そこで全ては明らかとなり、少しずつパズルが解け、該当期間に突発的に起きた摂動現象のインパクトを考慮に入れなければ何もつかめないことがわかった。

もし冷戦が続いていたら……

最近の北半球の気候変化の分析に絞ろう。規模とリズムにおいて（北半球が）気候の最も多様なところである。また、その変化が最も興味深い。

九〇年代初頭の気候資料には、全くもって唖然とさせられるような多くの要素がある。非常に一般的に、地表の平均的温暖化は、モデルが予言しているように、それに対応する対流圏の温暖化を伴わない。平均温度の変化曲線は傾斜しているし（都市の発展、植生の変化等による）、原因がまだわからない強い反対要因のメカニズムも存在する。(原注9)

五〇年代から八〇年代にかけての地域的平均温度の変化は、大西洋、日本とカナダ間の太平洋、地中海、ヒマラヤの北斜面からパミール地方、華北、北米大陸のロッキー山脈の東といった広大な地域の寒冷化を示している。米西海岸、(原注10)大西洋東部、アラスカ、インド洋、アフリカの亜サハラ地域、中央シベリアの温暖化を表わす数字とは対極にある。冷戦が始まって以来、民間の科学活動が禁じられていた北極地方は、地球観測年（一九五七）が推進した幾多の計画にもわずかしか寄与できなかった気候地域で、北極に関する数字は何一つない。これと同じ時期に、アフリカの亜サハラ地域には回復不能な形で徐々に砂漠化が進行し、北米にはさらに強烈な寒波が再びやってきた（一九一八年から一九五九年までの四十年間は小康状態。一九三四年から一九四二年の間には一〇回近くに及ぶ異変があった）。

寒冷化が発生する一般的なシナリオには七〇年代の終わりに未来学者たちが真剣に取り組んだ（一九七九年、ジミー・カーター大統領のグローバル二〇〇〇報告参照）。

さらに奇妙なことに、大西洋の北回帰線（北緯二四度）上の垂直部分の温度経過が、〇・二℃から〇・三℃の海面温度の寒冷化を伴っていたのに対して、中間水準（深度五〇〇から二〇〇〇メートル）では〇・一℃前後の三十年続く上昇を示していた。この観測結果は、温室効果の上昇による海面の温暖化を「当然のように」予測していた数値シミュレーション[原注11]に反駁するものであった（つねにそうであるが）。南西太平洋では逆に、一九六七年～一九九〇年の傾向は〇・〇三℃前後の控えめな温暖化を示しているのに対し、カリフォルニア沖の北太平洋の海面温度の測定では、この四十年間に水深一〇〇メートルのところで最高〇・八℃までの明らかな温暖化を示している。

こうした熱データの他に、北半球の大気循環の総体の変化を示唆するデータがある。その一つが、北緯六五度線上で観測された台風と高気圧の系統の数が、冬の高気圧を別にして（単体の勢力は逆に強まる）、一年を通じて二〇％も増加していたという新しい発見[原注12]である。夏の大気圧は冬より一般的に五から一〇ミリバール低い。さらに主要な情報として、高気圧の数は台風の数に対応するだけでなく、その位置は特に冬にははっきりと識別できる。高気圧はバフィン島の西、グリーンランドの東、ニューゼンブラの東にあり、台風はグリーンランドの南からスピッツベルゲンを通過してニューゼンブラへと分かれて行く（図25のa参照）。夏季の状況にあまり特徴がないが類似した構造を守っている（図25のb参照）。氷山の融解温度が参考になるように、気圧と温度との隔たりは冬ほど顕著ではない。

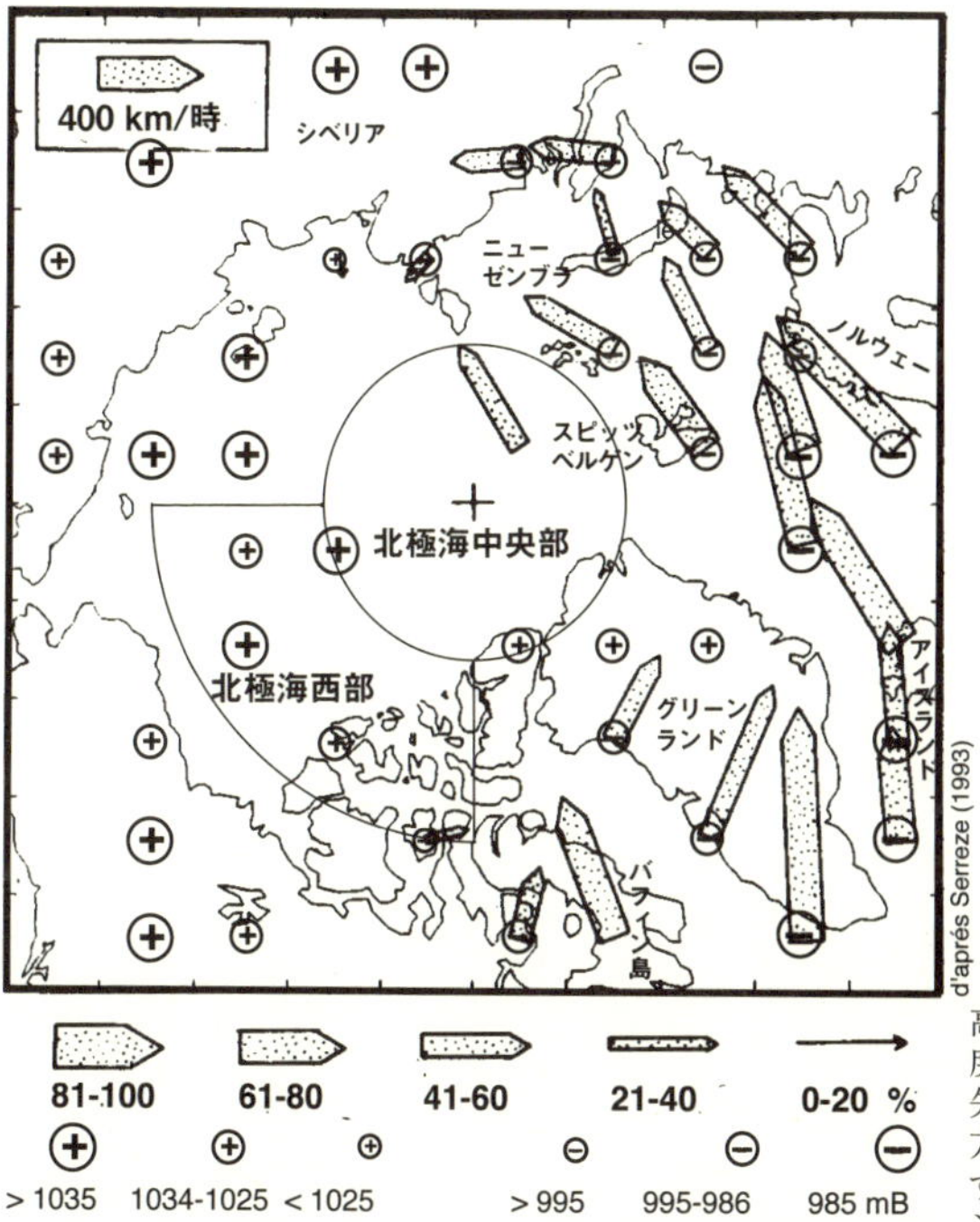

図25a：冬季の状況

高気圧と低気圧の頻度は冬季3％以下
矢印の幅は対応する方向によって移動する低気圧のパーセンテージを示す

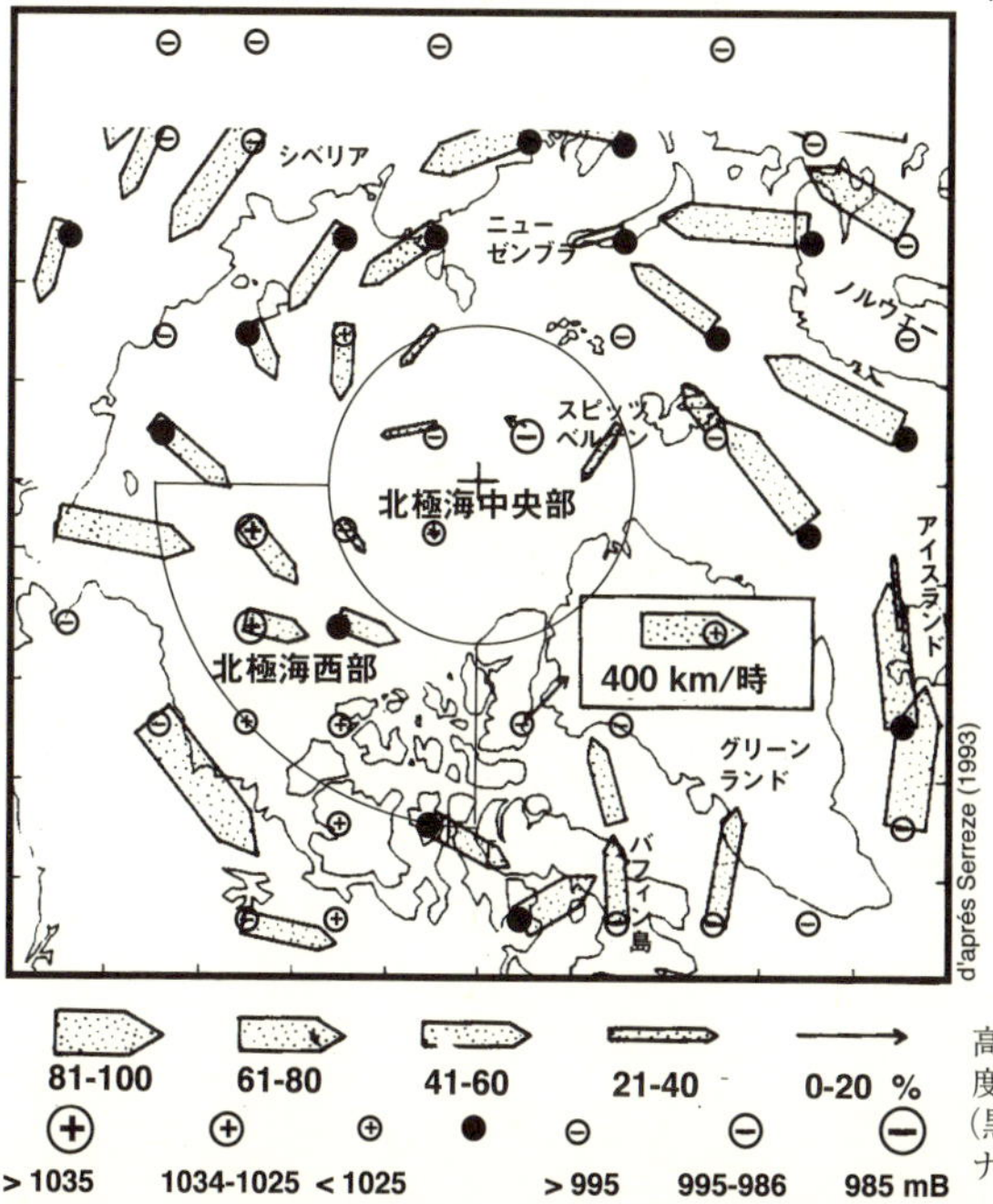

図25b：夏季の状況

高気圧と低気圧の頻度は夏季3％以上
（黒丸印はプラスマイナスの並列に対応）

最後に総合的に抑えておきたいポイントは、マルセル・ルルーと彼のグループの進めてきた研究が、ＡＭＰ進路と気圧上昇の傾向にある高気圧凝集地帯との一六九〇年〜一九九二年の期間の大気圧の対照的な変化を明瞭に説明したということである。低気圧が通過した地域では大気圧は下がる傾向にある。その違いは、アルプスの麓のベルンではプラス六ミリバール、ノルウェー北岸のトロムズーでマイナス三ミリバール、この平均九ミリバールの差は、北大西洋の高層気象学空間に属する二つの地域の海抜の差、九センチに対応している（！）。この変化はアフリカの赤道地帯にまで至り、モリタニア、マリ、スーダン、エチオピアの諸国で平均上昇二ミリバールを示している。

この情報はすべて完全にＡＭＰモデルが取り込んでおり、発案者はこのことを繰り返し主張しているのだが……反響はあまり無い。懐疑論が優勢と言えるだろう。間違った現実的観測の観点から、後に触れることになる北大西洋の深度に関するものを除いた上述の全ての要素は、互いにＡＭＰモデルの枠組みの中に論理的に結びついている。気候変化の緊密な関係はだから、その第一原因が隠されていても明らかになる。だとすれば、なぜかくも否定的な扱いをするのであろうか？

それは単に、すべてのモデルが、温室効果に誘発された温暖化は、高緯度地域において冬により顕著になる、という真のライトモチーフを宣言し続けているからである。

温室効果という考え方が定着したのは歴史的には十九世紀の前半、（原注13）一八二四年にフランス人物理学者ジョゼフ・フーリエが、その三十年前にジュネーブの学者オラス・ベネディクト・ドゥ・ソシュールが発見した厳密な意味の温室効果を大気にまで広げた時から始まった。一九〇三年にノーベル賞を受賞した、むしろ化学研究の分野で著名であったスウェーデン人物理学者のスヴァンテ・アウグスト・アルヘニウスが、一八九六年から一九〇七年の間、空気の成分を数値化する方法でこの問題の研究を深めた。彼は、炭酸ガスの密度の変化が水蒸気におよぼす働きに最初に気づいたのであった。その分析から彼は以下のように書いている。

「影響は夏より冬に……海洋より大陸で……大きい。（中略）雲量の増加は北半球より南半球の方が少ない。（中略）炭酸ガスの密度の増加は確かに昼と夜の熱対比の減少を誘発する」。そしてより一般的には「こうした変化の効果は極地近辺で最大となる」。

CO_2の含有が倍加するごとにプラス四℃――彼が出した値は、大気現象の複雑性を無視し、問題を平均値（この時代の計算機器は他の可能性を持たなかった）で扱い、おそらくはフェレルの三つのセルのモデルから論じたのであろう。

ＡＭＰモデルにより解釈されるような気候の変化と、温暖化途中にある極地気候という考えは両立しない。北極が温められ「ねばならない」ならＡＭＰモデルに道はない。これが一九九二年六月のリオ会議での本質的な議論の在り処と行き詰まりである。

ほとんど公開で行なわれたこの会議で、有名なイギリスの科学雑誌『ネイチャー』は、北極地方における温度の実際の変化に関する革新的で斬新な原稿を受け取った。(原注14) 気候変化の因果関係の鎖に欠けている環である。

東西冷戦の四十年間にソ連軍とアメリカ軍が収集し、ベルリンの壁の崩壊後その戦略的価値が消滅していたデータは整理分類されたばかりであった。誘導ミサイルを積んだ潜水艦が往来し、核装備の爆撃機が哨戒飛行するこの地帯の気象観測は、日々緊張の連続であった。一万六八五〇個の気球ラジオゾンデがソ連軍基地から放たれ浮氷群の上に漂い、一万三二六個のラジオゾンデが米軍の飛行機から投下された。

寒くなる北極の気候　変化による説明

温度変化の配分は注意深く、図25の気圧配置とからめて調査されねばならない。冬の極地移動性高気圧は、温度が最も低下するところで誕生する。大気循環の構造化を起源とした現象は、したがって不安定なものではない。

表2は、北氷洋の全体と中央と東部の傾向（単位は摂氏と四十年）を表記している。中央と東部の位置は図25に正確に示してある。データは海面温度と気圧が八五〇ヘクトパスカルから七〇〇ヘクトパスカル（または高度一四〇〇から二八〇〇メートル）の間にある大気層の測定値に関するものである。さらに、各々の要素の統計的有効性の確認が重要であることから、記録した年度と各数値の信頼度が付け加えてある。関心のある読者なら、参考文献の中に容易に発見できる公開文書を詳細に見るまでもなく、アメリカとソ連のボーリング協定書が同一ではないとわかる。さらに、高層気象の状態は夜間の極地では非常に安定しており、得られた結果はつねに非常に意味がある。どの海面温度の上昇も逆に統計的には意味がない。

季節と地域	地表			大気層		
	傾向　℃	N	nc	傾向　℃	N	nc
全海洋						
冬	**-2,44**	38	0,95	**2,77**	38	0,99
春	0,70	36	0,19	2,66	36	0,90
夏	0,00	38	0,01	0,64	38	0,59
秋	**-4,14**	37	0,99	-0,62	37	0,52
北極海西部						
冬	**-4,40**	20	0,97	**3,74**	20	0,99
春	1,56	20	0,27	2,45	20	0,59
夏	-0,23	23	0,19	0,18	22	0,14
秋	**-4,99**	21	0,96	-1,06	21	0,51
北極海中央部						
冬	**0,81**	30	0,95	**3,30**	30	0,99
春	0,02	26	0,19	3,26	26	0,91
夏	0,41	26	0,01	1,31	26	0,80
秋	**-2,50**	29	0,99	0,71	29	0,42

表２　北氷洋上の温度変化の 40 年間（1950 年から 1990 年の期間）の傾向（N：年度　ｎｃ：統計の信頼度、太字はｎｃが 0.95 より大）

表２のデータと図25の高層気象情報の並列は、ＡＭＰモデルの適合性を「証明」している。ここで温度の逆転を強める高気圧の大部分が形づくられる。海洋東側の上空で、冬には八℃以上、夏にはほぼ四℃を示す傾向は印象的である。海面の寒冷化は、低空層の寒冷化の促進を誘発し表わすものだ。ＡＭＰの大部分はこの地域で発生し、次第に勢力を強める。高層の空気の回帰が激しくなり、この空気は低緯度地域からやって来るものなので、温度は上昇の傾向を見せる。逆に、高緯度地域に向かう進路上で低気圧を生む低気圧の海上地域の温度逆転は少ない。この地域は曇天が多く、夏季には氷山が痩せ細る現象が起きる。この地域の気候構造の構成要素は変わらず、さらなる変化はない。この分析段階で、当時

の知識にはなかったことが一つある。極地での夜間の地表の寒冷化の原因である。夜間、太陽光線は不在であり、その逆にしか働かない産業廃棄物のエアロゾルは省くことができる。また、氷山群の下の海水温度の変化も当然除外できる。よって、寒冷化の原因は低空層と海面に凝縮された放射熱である。高温で高空に昇りＡＭＰの形で回帰する空気がより多く循環する限り、結果はマイナスになるばかりである。

筆者の意見では、どちらも単独では成立しない二つの仮説しか残されていない。雲の遮蔽効果の減少と「温室効果」と呼ばれるガス成分の増加による空気の放射力の増大である。モデルはこの寒冷化の再現に失敗した。それはおそらく、雲と水蒸気の相乗作用のために採用した図式が夜間の極地気候の文脈に適合しないからである。

この新説は漫画的に歓迎された。主要には、モデルによる予測を再び問題にしていない、しかもデータは北極で行なわれたいくつかの観測結果と相反している、というものである。実際には、この雑誌（気候の警鐘に一役買ったのを隠していない）は、同じ号に権威筋が批評を掲載して雑誌を防衛する(原注15)という策を準備するため、発行を遅らせて時間稼ぎを行ったのである。

測定期間が二十年にすぎない、と海洋の東側部分に関する数値の有効性を批判した後、決定的なものとして考慮してもらいたいと、この擁護者は二種類の議論を展開している。

一番目に、北氷洋とその周辺で行なわれた測定は、測定されたこの地帯の南部とアメリカの北東部に温暖化の傾向があることを示している。

次に、彼は二つのシミュレーションの結果を出す。一つ目。CO_2の若干の増加（三三〇～三四二ppmv、一九七三年から一九八三年に得られた数字）は北極の状況に重大な変化を及ぼさないであろう（しかし寒くはなっている……）。二つ目。三三〇から四五〇ppmvへの増加（二〇四八年に予想されている密度）は明らかな温暖化であると予言できる。

一つ目の議論は統計学者なら納得するだろうが、大気力学にうるさい気候学者は納得しない。事実、ここで言う温暖化地帯は低気圧が優先的に循環しているところである。すでに見たように、この期間に循環活動は活発化しており、そこから戻ってくる温暖で湿った気流が増大する。これらの情報はまず第一に、海洋の中央部と東側の地域の寒冷化の範囲を縮めるどころか、AMPモデルが極地の気候変化にぴったり符合していることを補強し肯定するものである。

二番目の議論はあまり深いものとはいえない。最初のシミュレーションは、放射熱の過剰の増加平均を〇・二四ワット／平方メートルとし、取るに足らないとした。ウォルシュが敢えてはっきりさせなかったこの「ディテール」のことを知りつつも、一つのシミュレーションが「北極の、しかも冬の、重大な温暖化を示していない」ことに誰も驚かないのである。

反対に、二度目のシミュレーションが検証した一・九八ワット／平方メートルという過剰放射に、一九五〇年と一九〇〇年の間に突発的に起きた一・四ワット／平方メートルという数値を比較すると、雑誌社の見解とは反対の結論を出さざるを得ない。大気の過剰放射熱の平均が一・四ワット／平方メートルまで上昇していた間に、北極に明らかな寒冷化があると煽っていた雑誌『ネイチャー』、そして四〇％弱高い過剰放射熱による強い温暖化を予測したモデル。何がそうさせるのか、原因はわ

かっている。モデルが間違っているのだ。(原注16)

ウォルシュが、温度の強い逆転がシミュレーションの結果に相反することについては、その範囲を分析することもなく、認めようとしないのを知っていただきたい。一方、J・T・アンドリューが自分の雑誌で使ったのと同じ引き伸ばし作戦(第I部第6章、南極の晴天の項参照)で、ウォルシュは、アメリカとソ連によるボーリング調査の戦略が、一九五〇年から一九九〇年の間の大気の変化を再現するシミュレーションに適用されることを願う、とする彼の言葉で結んでいる。その後、この願いは叶えられなかったし、そうした結果も話題にはならなかった。

地球の平均温度という観念の実践的無用性を再度明らかにすることで、このテーマに区切りをつけよう。北極の冬季の明らかな寒冷化を原因とする重大な気候変化は、今説明したばかりである。年平均で、この地域の温度は一・五℃低下した。そこで問題である。どうしてこれが地球の平均温度と解釈されるのか? 計算はそれほど難しくはない(比例配分の法則)。〇・〇一一℃の低下である! また、一九五〇年から一九九〇年の間の地球の平均温度の上昇は約〇・二℃である。北極で測定された統計的数字はこれより大幅に低く、かくしてこの数字も不確実性を帯びる。もしこの北極の寒冷化現象が安定した地球の平均温度で起きたなら、地表のエネルギー総量もまたかすかに上昇するはずだ。お気に入りの数字が出て来ないのならエネルギーの交換などありえない(第I部第2章、間違いその一:平均的原因の結果が平均的結果とはならない)のである!

パズル的要素の肝心なポイントが今ここに見えてくる。一九五〇年以来続いてきた気候変化の緊密な結びつきを把握するのにはこれで十分である。歴史の皮肉とでもいおうか、このプロセスの最初の原因が最後になって明らかにされた。しかも、冷戦があのまま続いていたとすれば、温暖化を信じて疑わない気候シミュレーションの保証するまま、北極の寒冷化と調和する変化の論理に異議を唱えることはとてもできなかったであろう。

読者諸兄ならば、私たちが時間経過と考え方の寿命など、時代とともに生まれてきた問題のデータを提示してきたことに気づかれるであろう。ここで、現代の気候変化の因果関係の図式に分け入って要点をまとめてみよう。

源は北極の西に存在する。確かに極地の夜間、海面温度は明らかに全海域にわたって低下したが、この温度低下が最も均等で激しかったのは東側である。

極地移動性高気圧（ＡＭＰ）の発生はとりわけ北極東部で増加した。西グリーンランド、アメリカ、そして中央及びシベリア東部の進路を頻繁に通過する冬季ＡＭＰの勢力は増大した。夏季、ＡＭＰの頻度は増すが、海面温度は継続的な氷山の融解温度によって熱状況を均等化し、台風と高気圧の配分も均等化する（図25と図26の比較）。

これらの進路の下にある地域に即座に現われる結果は、より寒い冬の連続とブリザードと乾期の頻発である。レナ、イェニセイ、オビのシベリアの三大河川流域の雨量も一九五〇年以来一〇%から一五%減少傾向にある。この地域の冬季の寒さの歴史的記録はすべて一九〇〇年以後にマークされたものである。例えば、広く伝えられた一九九三年三月十二日に北米を襲った「世紀のブリザード」の記録も、続く一九九四年一月十七日と一九九六年一月七日の猛吹雪に破られてしまった！　あまり報道されなかったが、モンゴル、アフガニスタン、東シベリア、北朝鮮の国民を困窮させた深刻な農作物の不作は、おそらくはこれらの変化の総体が人類に与えた大きなインパクトの一部である。そして、一九一五年～一九三五年に観測された非常に強い温暖化を覆すような、北大西洋から北回帰線に至る海面温度の低下も忘れてはならない（第I部第6章、図7参照）[原注17]。

春の終わりと秋の初めに襲来する寒波は、大自然による最も激しく最も目を見張るような「大気現象」である竜巻炸裂装置のための必要条件である。世界で竜巻に最も都合の良い地域はアメリカの大プレーンである。この大草原には極地からの気団の南下を遮り、メキシコ湾からの湿った熱帯気団の北上を阻止できるような大きな起伏は全く無い。アメリカ合衆国で観測された竜巻の数は一九五三年～一九六三年の十年間に六〇〇〇回で、一九八五年～一九九五年の十年間にはその一・四七倍の八八〇〇回であった。

変化の測定値統計は、一九五〇年末以来のＮＡＯ指標の傾向的増加を見せている。この指標がアゾレスとアイスランドの平均気圧の差を表わしていることに注目したい。

ＡＭＰモデルの範囲内では、ＮＡＯ指標の増加は北大西洋の高層気象空間での大気循環の増大としか解釈されない。アメリカと西グリーンランド進路に入り込んだAMPによって生まれた低気圧システムはより多数、かつより空洞的で、北大西洋東部、グリーンランド南部と東部、ノルウェー海、西ヨーロッパ、スカンジナビア、北極海の南などの通過地帯で大気圧平均を低下させる。

一九九九年十二月の終わりにフランスで猛威をふるった未曾有の二つの嵐は、人々の記憶に残っている（第I部第9章「AMPの進路と低気圧の誕生」に当時の高層気象状況を記述）。いくつかの意見はあったが、この現象は偶然の産物ではない。長期にわたる変化のなかに位置づけられているものである。一九八七年と一九九六年にフランスで数度にわたり警告が出されたことがあった。また、あまり記憶に残っていないのは襲われたのがスコットランド西部であったためだが、一九九三年一月十日に北大西洋では記録されたことのない強烈な嵐があった。この時、大気圧は現在までどのような熱帯ハリケーンの眼にも観測されたことのない九一五ヘクトパスカルまで下がった。もっと一般的には九五〇ヘクトパスカル以下の最低気圧と結びついた低気圧の数は、一九五六年〜一九六六年の十年間に五〇以上、一九八六年〜一九九六年の十年間には一・六六倍の一三三に増えた。

かくして北大西洋の羅針盤図は、より頻繁で強い南西要因によって変更を加えられた。特に北極への流路が北大西洋分流（DNA、第I部第7章「メキシコ湾流がヨーロッパの暖房装置になるところ」参照）となるメキシコ湾流は、ノルウェー海とスピッツベルゲン方向に向かって深く北極海に侵入していく。そこから、この海域における冬季の深層水の発生傾向が増大する結果を生む。すなわち、雲の多い低気圧システムの維持と二〇〇〇年〜二〇〇一年の冬にかけて確認できたように、極度の遡及効果を証明するところの極地空気の偶発的な降下で温暖化する傾向である（以下を参照）。北極のこの部分の氷山の後退は、夏季にこのプロセスに伝統的に起きる。

必然的帰結として、乱気流が通過したこの同じ地域の雨量は上がる。二〇〇〇年～二〇〇一年、フランスのみならず西ヨーロッパの全てに、雨の多い暖冬と寒くて雨がちの初春の後、ほとんど継続して寒くて雨の多い秋が訪れた。それと並行して、アメリカも厳寒の季節となり、シベリア、モンゴル、北朝鮮は前年に続いて例外的というよりもむしろ記録的な秋冬に直面した。AMPモデルは、この連結現象が因果関係的には完全に「正常」であることを理解させてくれる。つまり、実際にはどんな高気圧もこの時期にスカンジナビア進路を「選択」していない。逆に、西グリーンランドそしてとりわけアメリカ進路のAMPと結びついた低気圧は、中断することなくヨーロッパに至ったのである。長期的に見ると、冬に氷河が発達するスカンジナビアやグリーンランドでの降水の増加は特に顕著である。ところで、氷河の塊は雪の形としての分量と、進行しながら落下する分量との差の総量に依存する。例えば、一九八〇年～一九九五年にかけて起きた乾燥期（これほど教訓的なものはそれまでに無かった）ではアルプス氷河に欠損が見られ、一部からはいわゆる温室効果と温暖化の上昇による明白なインパクトが認められると言われた。以後、これらの氷河は部分的に昔の量を回復したが、よく知られている一連の写真資料「氷の海」が証明するように、氷河の後退はすでに十九世紀半ばに大きく始まっていたことを彼らの「口」は飲み込んでしまう。

アメリカ西海岸も変化は類似している。AMP進路下にある北大西洋も寒冷化し、それと引き換えにアメリカの東部面に沿って上昇する暖気がその効果を発揮する。それは、太平洋の海面とアラスカの平均温度のかすかな上昇である。それがロッキー山脈とアラスカの氷河を補強する。

さらに南では、アゾレスと北アフリカの高気圧膠着（AA）中の気圧の上昇と同じ活動が傾斜気候学赤道（EMI）の地表跡を後退に導く。雨が測定できる地域はサハラ砂漠に沿って二〇〇から三〇〇キロメートル南まで下がる（総体的メカニズムの概要は第Ⅰ部第9章参照）。例えば、現代気候安定期（一九三〇～一九六〇）に集約農業が盛んであったナイジェリアやセネガルの盆地の乾燥が次第に進み、地域人口の大部分に集団移動を強いることとなった。

南半球に目を移すと、極度の熱帯的現象はあまり頻度は高くない。ハリケーンの数も少なく、昔ほど破壊的ではないが、上陸しない場合でも以前よりメディアで伝えられることが多く、警戒警報が出される。しかし、通過地帯に住居等の建築物や公私のインフラ設備の資産的価値が増加発展し、ハリケーンによる被害は増えている。第Ⅱ部第4章では、つねに杜撰な淡水源の管理が多くの地域の沿岸部を弱体化させ、低気圧やハリケーンによる破壊を招来していることを見ていく。そこでは「温室効果」はあまり関係がない。

南半球についてひと言

南半球の最近の気候変化について地域的平均温度の変動を、一部はAMPモデルそしてもう一つは、今そのインパクトをざっと見たばかりの北半球の「極地圧力」をもって解釈すると、あることが見えてくる。

三十年分の統計の内容と、その検討に際して必要な注意事項に対する私たちの判断を偽ることもなく、ジョゼフ・リチンスキーが一九九九年のダカールにおける国際気候学協会討論会で提起した研究(原注18)は興味深い情報を携えている。変化は一九三一年〜一九六〇年と一九六一年〜一九九〇年に両期間の三十年間の平均値の形で表わされている。最初の期間はどちらかといえば暖かい時期、いわゆる現代気候安定期に相当し、二番目は特に北半球で起きた対照的な変化であった一九一五年〜一九三五年に起きた温暖化と同等の温暖化に続く明らかな寒冷化を見た期間であることをよく頭に入れておく必要がある。しかし、南半球における変化はより単調な図式で起こる。地球の平均温度は一九〇〇年以来、ゆっくりと絶え間なく上昇する傾向にある。地域的三十年平均温度の活用はよって危険が少ない(読者は、私たちが入手できる北半球の数値を出すことも使うこともしなかったことにお気づきであろう)。

話を北半球から始めたように、寒さの源、南極から出発しよう。この大陸に関しては資料が僅かしか無い。手元にある一連の資料は、それでも南極西半島でのかすかな温暖化(オークニ諸島観測所で〇・七℃)から平凡な平均的傾向があることを示唆する。大陸中央部は、これはまた小数点以下の程度で寒冷化しているようである。

南極AMP発生の増加はあったのか? 高気圧膠着の中心であるオーストラリア南部アデレード地域の気候の寒冷化と、低気圧が行列をなす南極半島の温暖化は、答えはノーとはいえないが、より詳細なデータが不足しており、これ以上はわからない。

同様に、アフリカ南部とオーストラリア東部の熱帯地域の砂漠化の進行は、熱帯気候地域の一般的縮小と矛盾するものではない。砂漠化は南半球で継続し、サハラ南部で大きく進行中である。両回帰線は一九三〇年代の現代の気候安定期と比較して、全地球的に降雨の長期的不足を蒙っている。

高地の氷河は稀にしか見られず、脆弱で滑落も早く後退するしかない。往々にして唯一の自然の「給水塔」でもあるこれらの氷河が永続することが周辺地域の住民の水供給の必要不可欠な条件になっている。氷河後退が続けば早晩この地域住民たちを襲うであろう生命の危機、これが「南北問題」活動家をして「北半球」の炭酸ガス排出を非難せしめた……。しかし、北極の寒冷化と結びついた気候変化の総体の原因が「温室効果」であることが証明できない限り、氷河の後退が人間活動の産物であるという仮説を支持することはできない。これに関する政治的アジテーションは科学以外の論理によるものである。

原注9　シミュレーションでは空気柱の温度変化をほとんど再現できない。「地表も高層も、全大気の温暖化はシミュレーション可能である（中略）異なる大気層それぞれの温暖化を区別できる必要があるだろう。この方法はまだわからない」（エルベ・ル・トルー、『ル・モンド』一九九八年十一月六日第二面）

原注10　この温暖化の一部は古代の発掘物から割り出したものであることを強調すべきである。都市近郊に設置した気象台は人工密集地域の拡大、植生被覆の減少、居住及び交通形態のエネルギー消費の増加等の熱効果も観測できる立場にある。カリフォルニア州の人口一〇〇万人以上の町に属する二九カ所の気象台は一九〇九年から一九九四年の間に、二℃の温度上昇を記録し、人口一〇万人以上の町に属する気象台では一・四℃、人口

一〇万人以下では一℃の上昇を記録している。（ルルー）

原注11　地球気候システムレヴューの気候システムモニタリング（一九九一年一月～一九九三年十一月、WMO、UNEP。一九九五年。）

原注12　M・C・セリーズ他「一九五二年～一九八九年の北極地域の一連の活動の特徴」（『気象と大気物理学』五一号、一九九三年。この研究は著者たちが一九八八年に扱ったテーマを再び取り上げ、展開している）。

原注13　ジャック・グリヌヴァルド『温室効果と科学の歴史』（一九九〇年ジュネーブ大学発行）参照。

原注14　J・D・カール他「過去四十年間における北極海の温室効果の証拠の不在」『ネイチャー』三六一号、一九九三年一月二十八日。原稿受領一九九二年七月二十三日、承認十二月二十一日。

原注15　J・ウォルシュ「避けられる北極温暖化」『ネイチャー』三六一号、一九九三年一月二十八日。イリノイ大学のウォルシュ教授はIPCC（第一作業部会）の科学報告に興味を引かれた論評者の一人で、「気候モデルの有効化」という表題をつけた人である。

原注16　当時、この点について言及したメモを著者は雑誌に送ったが、受け取りを拒否された。

原注17　シベリアの住民が耐えねばならなかった二〇〇〇年～二〇〇一年の厳冬は大きく報道され、同様の気候条件は一九三〇年代にまで遡らねば見られないと報告した。北大西洋の高層気象空間の冬季の温順化を表わす第I部第6章、図7で補足されるこの情報は、今回の時期にAMPの発生が東経一八〇度周辺、つまり実際の配分より西に約九〇度ずれていることを示唆している。

原注18　J・リチンスキー「一九三一年～一九九〇年に期間での地表の温度変化」（『コロックAIC』、一九九九年ダカール）。

第3章　役に立つ摂動（訳注2）

倦怠はある日、画一主義から生まれた

アントワーヌ・ウダール・ドゥ・ラ・モット（訳注3）

《要　約》

気候システムと同様に複雑なシステムでの諸現象の絡み合いは、ある要因の小さな一変化から生じる複数の効果との関係づけを難しくする。また、通常の機能の領域内のシステムを引き出すために、十分に強力な摂動が提供してくれる機会を活用せねばならない。そこで、最近起きた三つの摂動を取り上げる。一九九一年のピナツボ噴火。一九六五年から一九八一年の塩分濃度の大異常。空気中のCO_2濃度の歴史的な増加。これらの現象は気候モデルと異常気候に警告を発する問題提起における該当現象の採用の仕方に、一定の批判すべき重大な不十分さがあることを浮き彫りにしている。

摂動の利用価値

気候のモデリングはまだ明らかに多くの弱点を抱えている。しかし、モデルの確立を課せられた科学者の鋭敏さとノウハウに耐え続けている自然または人工の、システムのシステムである気候のシステムよりはるかに複雑さの少ないシステムはまだ数多くある。そうだとすれば、これから数十年のうちに、研究者たちが気候という仕組みのからくりを解明するのには、余程の奇跡が起きるしかないのか？　科学者たちの責務は、彼らが課題をマスターするずっと以前から自らに課していた人間活動の副産物である、放出ガスの排出と気候の変化との関係を解明するという任務に劣らず困難なものである。専門家はこの仕事の〝危うさ〟と難しさを説明するために、見栄えのよい絵柄に訴える。彼らにとっては、温室効果が「指紋」を残しているであろう諸変化の中から、何かを見分けることが仕事なのである。

問題の摂動は極度に穏やかなものである。水蒸気以外の過剰放射熱の上昇分は一世紀で〇・七％である。したがって、そのインパクトは気候の「霧の彼方に」沈んでしまっている。何かに助けを求めるのは簡単ではなく、とくに水蒸気と雲の連結（第I部第4章参照）といったシステム自体の遡及効果のような多くの内部メカニズムについては、よくわかっていないだけにさらに難しい。同様に、宇宙線（第I部第11章参照）が雲の被覆の光学特性に無視できない影響を与えているらしい、という九〇年代の新発見も事をさらに難しくしている。

きわめて多くの摂動の下にあり、多数の内部的な相互作用に溢れた複雑なシステムが、正真正銘の異変にどのように反応するのかを観察しながら、その力学について学ぶことができる。例えば、横からの強い突風を受けた乗り物の行動を記録し、そのモデルの正確であるべきパラメーターを調整することもできる。このモデルがシミュレーションで現実に起こったことを最高の形で再現する。特定化によって乗り物の方程式に表わされる係数がわかる。

特にシステム認識のモデルを規定しない場合、多くは望めない。これはデータが出入りする「ブラックボックス」のごとく認識されるものだ。方法はつねに、摂動を代入し、出た答えを測定し、標準の数学的関係から観測された移動を現実の物理的な意味を抜きにして特徴づけることで成り立っている。

また二つの方法を駆使して結果を比較することもできる。

気候の仕事では好機が訪れる機会は多くない。なぜなら満たすべき条件が厳しいものだからである。摂動は、質の高い科学的研究対象たりえるためにも最近起きたものでなければならず、その効果が小さな雑音までくっきりときこえてくるだけの、幅のある現象でなければならない。そういうものとして四項目挙げる。大気中の炭酸ガス濃度の上昇（一世紀半で二五％）、年間二五〇〇立方キロメートルの人間活動による水蒸気循環の増大（主要には灌漑による）、一九九一年六月十五日のフィリピン・ピナツボ火山の爆発（二十世紀では一九一二年のアラスカ・ノーヴァリュプタ火山以来のマグニチュード6

の噴火）と、一九六五年から一九八一年にかけて北大西洋の深層水の塩分濃度を下げた塩分濃度大異常現象である。

始めの三つは明らかに気候システムの外的要因による摂動である。四番目は起因が内部的なものであり、このカテゴリーには入らない。それは北極浮氷群の部分的崩壊である。次章で言及する水循環の摂動を除き、ここでは最近起きた最短の現象から検証を始めよう。

ピナツボ火山は海洋の慣性を征服した

一九九一年六月十五日、フィリピン・ピナツボ火山[原注19]（北緯一五度、東経一二一度）が激しい爆発を起こした。およそ三〇〇〇万トンの大量のエアロゾルが高度三〇キロメートル上空まで舞い上がった。その三分の二は硫黄ガスで、数週間のうちに酸化し、水化し、硫酸エアロゾルとなった。この混合ガスは二十二日後に地表に舞い戻り、かなりの速さで南緯二〇度から北緯三〇度の地域に拡散した。多くの専門家を驚かせたのは、ガスが赤道を越えて、それほどの広がりを見せなかったことである。[原注20]

この結果、対流圏に三・五℃の温度上昇があり、それが回帰線上の上昇を強めた。そこで一九九一年十月を通して、混合ガスの一部は高度三五〇〇メートル上空まで運ばれた。成層圏は一九九二年の間に次第に通常の状態に戻っていった。しかしながら、噴火から二年半を経過しても成層圏には五〇〇万トン、実に平均値の五倍の量のエアロゾルが残留していた。

ところで、硫酸エアロゾルは太陽光に対しては吸収性よりも反射性を有している。成層圏にあって、地球のアルベドを高めているのだ。一九九一年の夏、衛星観測によって地球の反射率が六％増大していることが明らかになった。これはかなり高い数字である。そこで、一九九一年後半から一九九二年の間に気候システムに入射した太陽光線は三ワット／平方メートル強ほど減少したと考えられる。この減少は人間活動による温室効果の歴史的増加（二・五ワット／平方メートル）を超えている。成層圏のオゾン層に影響を与える出来事、つまりピナツボ噴火に誘発された寒冷化は一年半も続かなかったことを明記する必要がある。地球の平均温度は約〇・五℃下がった。しかし北半球の寒冷化はそれ以上と発表された（〇・七℃）。

相当数の気候学者にとって、中でも著名なＮＡＳＡゴダード宇宙研究所所長のＪ・ハンセンにとって、ピナツボ噴火によって火蓋が切られた気候のエピソードは、気候予測に供されていた大気の全体循環モデルを有効と認めさせるものとなった。噴火後間もなく、成層圏のエアロゾルによって反射された太陽光の比率が特定されると、彼は地球の平均温度は一九九一年～一九九二年に約〇・五℃降下するだろうと発表した。この予測が的中し、自身のモデルの正しさに確信を抱きつつ、ハンセンはそれまでの予測を繰り返した。気候の温暖化は再び激しくなるだろう、と。

実際のところ、予言された寒冷化に関与する物理的現象は、大気の放射力つまり「温室効果」とは何ら関係がない。それは、気候システム内の熱エネルギーの変換と配分の変化というよりも、太陽光反射の一時的な増加によるもので、システムに向けられるエネルギーの単なる減少なのである。現象をどう受け取るかの感じ方は大いに異なるし、その数値化処理の難しさもまた然りである。なぜなら、多様な「温室効果」に依存する複数の相互作用を、モデルがしっかりと、かつまた信頼性をもって表現していないことが経験的に示されておらず、単純な計算だけで短期間に誘発された平均温度の低下を大雑把な規定を容易せしめているかぎり、地球日照量の不足はどこでもほぼ同じ三ワット／平方メートル当たり〇・五五℃となるからである。

これを考慮に入れると、この摂動から引き出せる情報は、J・ハンセンの折り紙付きの確実性から類推されることと大いに矛盾するように見える。ハンセンは、彼自身と他の専門家たちが、現象を覆い隠しうる自然な気候の可変性および、現象を緩慢化する海洋の熱緩衝の役割から算出されたものに匹敵するほどの強い温暖化はない、と説いて止まなかったのを忘れてしまったのだろうか？ ピナツボの経験は二つの意地悪な議論を投げかける。

なぜ気候は半世紀以上もの間、大気の地表に対する過剰放射熱の二・五ワット／平方メートルの上昇という予測の結果から私たちの目をそらし続け、またその上大気に浸透する太陽光と同じ形態の減少効果を随時問題なく表現することを奇蹟的にも忘れさせるほどに気まぐれなのか？ 暑さは「上がり」寒さは「下がる」。これは誰でもわかる自然の道理である。この上げ下げを司るのは何かといえば、温室効果で吸収された熱を下げることに何十年もの間成功してきた海洋であり、これが一時的に温暖化しなかった分の埋め合わせに若干の部分を温めても良いではないか。熱交換が、地球の表面の七割以上にわたって自然の道理に反する原理で進行すると考えるのはやはり危険なことだ！

つまるところピナツボは、モデルが見落としている気候システムの内部的遡及効果が、温室効果の原因である人間活動の過剰放射熱のインパクトを制限することを立証しているのである。

塩分濃度の大異常

北極の浮氷群は固まったままではない。すでに述べたように、高気圧の通常の運動によって動いている。一方で、北極の気候が均質でないこともわかった（原注17参照）。北半球が全体的に温暖であった一九三〇〜一九四〇年、シベリアは厳しい冬に襲われた。一八一二年冬のロシア、ナポレオンの軍隊がモスクワを攻めた時、そしてフォン・パウルス指揮のドイツ軍装甲車戦隊がスターリングラードを攻めた時、強力な軍事的侵略撃退の戦略的役割を「冬将軍」が担ったのであった（一九四二年〜一九四三年の冬はロシアで二十世紀最大の寒さであった）。ＡＭＰはより頻繁に、結果的に最も寒冷な場所となる東経一八〇度周辺の北極地域にあるロシア・シベリア進路をとっていた。この地域の浮氷群の蓄積は冬季には最も多く、夏季の融解は最も少なかった。

五〇年代から六〇年代の初頭にかけてこのプロセスが歪みを見せた。北極の極寒点が、浮氷群の回転方向に対して西にずれたのである。今度は西ヨーロッパが厳しい冬に見舞われる番となり、特に一九五六年にはサンマロー沖のイギリス海峡が凍結し、南仏のオリーブ畑や栗林が冷害で壊滅し、一九六三年の二月は前代未聞の寒い冬となった。

極地浮氷群は拡大し南に向かって厚みを増した。その結果バランスが崩れ、一九六〇年の中ごろに大量の氷が分離し、東グリーンランド海流に乗ってアイスランド方面に流されていった。この現象は、八〇年代の中ごろまで続いた厳冬の要因となったもので、地球気候の寒冷化の指標とみなすことはできない。

逆に、小氷期というのが地球気候の寒冷化と期を一にしていたのであったが、これが「塩分濃度の大異常」(原注21)によって引き起こされ、維持されたと考えるべきではない。もしそうであったとすれば、十六世紀末にウイレム・バレンツと部下たち(原注22)の船が三度目の北極探検航海で体験した気候条件は違ったものになっていたであろう。この方向において海洋が結氷していなかったら、彼らは北に進路をとり、夏の初めにはスピッツベルゲン諸島（北緯八〇度以南）に達していたであろう。これは北大西洋分流が活動中で深層水の形成が関係海域（第Ⅰ部第7章参照）に影響を与えていたことの証左となるものだ。氷によって早めに進路を阻まれ、バレンツは南東に帆足を向けた。

それでも、当時の気候がこんにちよりも寒かった(原注23)ということは以後の探検の物語から確認できる。一五九六年、オランダ人たちはニューゼンブラの東端の海域の結氷に進路を阻まれ、驚いた挙句、氷から脱出するのに三週間にわたって格闘しなければならなかった。だが、バレンツと部下たちは人智の限りを尽くして打開策をはかった。まず氷の上に小屋を建てそこで暮らしながら九カ月間毎日、寒さと雪嵐と暗黒と空腹とホッキョクグマの恐怖と明日への不安などと闘った……。食べるものは狐と熊と木の皮だけであった。冬の終わり、ようやく美しい季節がやってきたがその足取りは遅く、氷に閉じ込められた船はぴくりともしなかった。六月十四日、二艘の短艇に引っ張られ、ついに彼らはアムステルダム港から二八〇〇キロメートル離れた遠い海の上を再び航海できるようになった！　海上には大量の氷が浮かび、船の速度を落としながら七月二十三日まで危険な航海が続いた。ウイレム・バレンツは二度とアムステルダムを目にすることはなかった。、この苦難の航海が始まって間もない六月二十二日、病魔に冒され息絶えた。

大異常に話を戻そう。グリーンランド海になだれ込んだ大量の氷は融解して海面水と混ざりあい、塩分濃度を微かに下げた。熱が大気に奪われ、(原注24)深層水の局部的形成が停止した。北大西洋とノルウェー海の海面水の海流系統に引かれて、この塩分の薄い大量の海水は、再び北の果てに還る日まで十五年以上にわたるオデッセイの旅に出た。この水はグリーンランドの南を巡りラブラドル海に至るまでに五年を費やした。ラブラドル海流に運ばれて二年後に大西洋北分流に合流し、旱魃免税措置の年であった一九七六年にノルウェー海に入り、一九八〇年の初めにスピッツベルゲン沖で拡散した。

一九七〇年から一九七四年の間に、塩分濃度の異常は深層水形成地帯の外に派生した。北大西洋冬季の温度は、一九六三年から一九六九年の間に下がっていた二℃分を三年間で回復した。しかし、塩分濃度の異常がノルウェー海の深層水形成地帯に発生した一九七五年〜一九七六年のたった一年で一℃低下してしまった。次いで、約〇・五℃のさらなる温度低下は、続く一九七七年〜一九八五年の間に起きている（第I部第6章、図7参照）。

ここに、原因と結果の関係に釣り合いがとれていないある種の異変がある。

海水の薄い層が――パーセンテージ・レベルで――通常よりも少しだけ塩分濃度を下げ、海洋のボイラー運転が突然停止することである。これには、何の力もかけないのに水門が閉まるようなウソのような印象を受ける。この、海洋循環の機能における分岐というきわめて関連性のない現象は、気候システムの「脆弱性」をきわだたせるのによく引き合いに出される。[原注25]つまり、ヨーロッパに氷河期の兆候が生まれるには――エネルギー的にはほとんど何もないが――塩水に若干の淡水を加えるだけで良いというわけだ！（第I部第6章および第7章の最後の項参照）雨量の若干の増加を問題にする意見もあるし、スカンジナビア氷河の融解（一方ではどんどん成長してもいるが）、激化する極地浮氷群の移動（地域の冬季寒冷化の理由に入れないで）なども言われている。

しかし塩分濃度の大異常は小さな原因から起きはしない！　グリーンランド海からの氷のなだれ込みを起こさせしめた機能的不安定性は運命のちょっとした悪戯の結果ではない。海面水の塩分濃度のわずかな減少は、北氷洋のふところで展開する大気と海洋と浮氷群の複雑な連結という強烈な地球物理学的プロセスの現われとしてもとらえる必要がある。この力学は長期間にわたって記録され、文字通り浮氷群の崩壊によって確認され、システムの働きを見せてくれる。確かに、北極の気候の理解の度合いは、全ての複雑さをモデリングし、このような種類の現象を予測できる水準には到達していない。だが今後、未知のもの、あるいは間違って解釈されたものが大きな脅迫と映るような規準がまかり通るならば、中でも一番強力な脅迫は、「もっと怖がらせて！」と脅かしっ子遊びにふける人たちの頭の中にこそ住みついていると言わせてもらおう。

システム主義者には塩分濃度の大異常は、海洋と大気のインターフェースに関与するという大きな関心をいだかせるものである。すでに見たように、これは北大西洋とヨーロッパの気候に激しい異変をもたらした。だがこれは同時に深層水の形成にも異変をもたらした。すなわち、海洋による寒気の吸収である。深海の循環（現象の詳細については第I部第7章参照）は複数のエンジンによって維持されている。北極と南極の準極地地方の冷たい塩水を一定の条件下で沈潜させる重力の働き、深層水と海面水の交換を助ける潮力、精巧なメカニズムによって大西洋の深層海流の一部を直接海面に上昇させるところの、ホーン岬と南極半島の間のドレーク海峡に吹く風の応力、がそれである。したがって、もし一番目のエンジンの働きの低下により深層水の形成の速度が鈍っても、一番目から独立した残りの二つのエンジンが働き、深海の循環は継続する。

この条件において、地球上の海洋が吸収する寒気はより少ないが、熱交換は変温層を通して継続する。この結果がより顕著に見られるのは大西洋である。本項の冒頭で紹介した記述は、この分析に組み込まれる。冬の寒冷化に対する即座な反応としての北大西洋海面の寒冷化は、中間に介在する海水の弱い温暖化である。その規模の程度は簡単な計算で確かめることができる。〇・一℃暖められた中間に介在する海水は、およそ一六〇〇万立方キロメートルにも及ぶ。蓄積された熱量（六・七×一〇の二一乗ジュール）は、深層水の通常の形成活動に閉じ込められた寒気を約三〇％縮小したものに相当する。表面が冷え、深いところで暖められる海洋のパラドックスはこのように合理的に説明できる。このメカニズムが仮説としてだけではなく、「海洋は一世紀に一℃のリズムで温暖化しつつある」(原注26)（原注11を参照）という意見を叩く任務を携えた情報の伝播とともに呼び起こされるのを願うものである！

七五年〜七六年、七八年〜七九年、八一年〜八二年の各年の冬にフランスを襲った珍しい寒波のことが思い出される。一九八二年二月、幅が数百メートルにも達する浮氷群がスウェーデンの南にやってきて、氷河時代の冬を思わせるような光景が現出した。八〇年代の中ごろから九〇年代の初期にかけて、西ヨーロッパは依然として厳しい寒さと例外的に乾燥した冬に耐えていた。フランスでは八八年〜八九年、九〇年〜九一年の冬にそれぞれ七十七日、八十六日、五十二日の乾燥日があり九一年〜九二年には百十一日もあった！(原注27) この「雪が降らない」冬の連続は、アルプス北部の大気圧の継続的上昇による降水への影響として六〇年代の中ごろからずっと続いている（ベルンでは年間平均気圧が一九六六年に九四八ヘクトパスカルだったのが一九九〇年には九五三ヘクトパスカルを超えた）。

乾燥した年月の連続の終わりを告げるようなセンセーショナルなニュースが飛び込んできた。エッツィの発見である。(原注28) 一九九一年九月十九日、オーストリア・アルプスの標高三二〇九メートルに位置する小さな氷河の縁にある峠のそばの岩に囲まれた狭い台地の上に、トレッキング中のカップルが完璧に保存された状態で氷詰めになった男の遺体を発見したのである。炭素14による年代の検査で男は約五三〇〇年前にこの場所で死亡したことが分かった。男は秋の雪嵐に遭い凍死したものとまず考えられた。十年後、詳細なレントゲン写真で背後から放たれた矢が肩を射抜き男を死に至らしめたことが判明した。この要因は男の姿勢が縮こまったものではなく、丸い岩の上にうつ伏せになっていたことを説明するものであった。それでも問題が残された。この男の持ち物は何も無くなっておらず、彼が持っていた貴重な銅の斧は社会的に高い地位を示すもので、それも盗まれてはいなかった。

彼が何者であれ五十三世紀もの間、ミイラは腐ることも他の動物の餌食になることもなく、偶然かそれとも殺害者が埋めたか、氷のシーツに覆われ保存されてきた。氷河の前進によって遺体が壊されたり運ばれたりすることからも、周辺の岩が守ってくれた。そしてたとえ「偶然に」発見されたとしても何らかの必然性はある。二人の登山者にとって、エッツィの発見は宝くじに当ったようなものだ。夏になると多くの観光客がこの辺りの美しい山並みを訪れる。ある意味では「競争」が無かったわけではない……。逆に、これほど長い時間エッツィが保存されたのは偶然ではない。偶然は辛抱強いものではない。偶然は「一発屋」である。エッツィは、五千三百年間起きることがなかった例外的な気候の局面で姿を現わしたのだ！　彼を特徴づけることはできるのか？

寒さが永久的に支配するこの高度では、地表を覆う雪と氷の高さは、毎日の堆積と融解と昇華の総量の結果である。一九九一年の夏の終わり、この地域は「雪が降らない」まま九年目を迎えていた。一九三八年以来、オーストリア・アルプスに積もった雪の高さの年平均は続けざまに、ここに近い標高のゾーンブリック天文台（標高二九八〇メートル）の高さの九分の一しかなく、きわめて低い。一見すれば、この低水準の継続は一九九四年まで続き、それ以前には最も長く続いたものでも七〇年代の中ごろのわずか五年という記録があるが、これを大きく上回る長さである。また五年間の平均で見れば、ゾーンブリックのデータは五〇年代初めから四十年間でマイナス二五％という明らかな低下傾向を示している。だが、これに計測不能なことを一つ付け加えねばならない。それは一九九一年三月、サハラに起こった大きな砂嵐で、数千トンに及ぶ細かい砂塵をアルプスに運んだことである。(原注29) 雪の上に積もった黒ずんだ塵の層が雪と氷の蒸発と融解を助け、しかもこの年の夏の日照量は豊富でもあった。

この章を書くにあたり筆者は、気候に関する問答無用の暴露となったエッツィの一件と塩分濃度の大異常とを関連づけた。この選択は批判されても仕方がない。なぜなら異変は十年前にいち早くケリがついているからである。それでも、まさに一九九一年三月の有名な砂嵐が見せた特殊な力のように、塩分濃度の大異常を北極の気候変化と分離して考えることができるならエッツィも本望というものだ。彼の存在はメッセージを残している。一九五〇年以来の気候変化は極地と回帰線との間の熱コントラストの拡大の結果であり、少なくとも五千三百年来語られることのなかった何かを有している。

炭酸ガスの放出

人間活動によって排出される炭酸ガスの量は大気構成の進行的異変を構成する。こんにち、CO_2の濃度は百五十年前より約二五％上昇した。にもかかわらず、それ以外はすべて変わらず、過剰炭酸ガスの増加と地表温度の上昇との間の過剰放射熱の増加を通した非一次方程式的関係（対数定理にしたがって値の変わる四次根）は、弱い摂動の例とさえいえるもので、要因は大きいが効果は小さいという前述の強い非一次方程式性の対極にある「小さな要因」と大きな効果というものである。実際に、空気中のCO_2濃度の一％の上昇は過剰放射熱が〇・〇一五℃上昇し、地表の絶対温度（〇・〇一一℃とする）が〇・〇〇三八℃上昇することに対応する。原因から結果への移行に伴う低減ファクターはしたがって、〇・〇〇三八分の一＝二六三で二から三倍に及ぶ規模となる。

逆に環境に対するこの人間の行為は、まずもって地球化学的かつ生物学的な炭素サイクルに異変を起こす。そのインパクトを測定しモデリングする必要がある。不幸なことに、大気中の炭素貯蔵庫と地上と海洋におけるそれぞれの貯蔵庫との間の炭素交換について把握するのは気候マシーンの機能を把握するよりも難しい！　しかも、筆者がここで述べたいのはこの主題の知識と不確実性の現状ではなく、その大きな観点における視点の定め方である。見てもらいたいのは、いかに科学的営為を取り戻し、引き起こした政治的要請にずるく対応するべくその成果を「（不正に）取引して」得たか、である。つまりこうだ。気候のロビー活動が、何はともあれ、マスメディアにおける決定的な主役の座をいかにして勝ち取ったかを見ていただきたいのだ。この問題は九〇年代の初頭にまで戻ることになる。私は二つの理由から告発する。

- それを認めさせるために行なわれた操作を見破ったこと、そして諸団体との議論においても、協力的であった格調高い科学誌による懲罰的出版をもってしても不可能であるということが、私をして気候資料全体を批判的な観点で検証せしめた。
- 前記の操作は結果的に法的強制力を有すること。

裁判の核心は：モデル、その概念、その使途である。

出発点においては、研究テーマは政治的要請に出会う。科学的な課題は炭素に関することである。政治的要請は各種の温室効果ガスの罪状の程度、彼らの言うところのグローバル・ウォーミング・ポテンシャル＝地球温暖化潜在力（ＧＷＰ）を問題にする。

次に明らかになるごとく、参考とされるＧＷＰは炭酸ガスの潜在力である。この選択は削除し難い不都合を生じる。実際には、ＧＷＰのことを人は長期にわたる一定量のガスの排出で蓄積した過剰放射熱のことである、と理解する。(原注30) 大気外におけるこの一定量のガスの削除の過程の数値的理解はしたがって不可欠である。ところで昔は、そして現在でも、放出されたＣＯ$_2$がどのように変遷するかは仮説の域を出ない。海洋がどれだけ、どのように、どんなリズムで吸収するのか？　生物圏はどこで、どれだけの時間をかけて同化するのか？　いったいこんな基準など存在するのか！　蔓延する不確実性の利用……。

ＣＯ$_2$除去の主たるメカニズムには二つある。一つは海洋への溶解と炭酸塩への部分的変化という物理化学的メカニズムである。それに、地上の植生と植物プランクトンの光合成による吸収が加わる。空気中および海水中の炭酸ガス成分に関する光合成の変化の数値とモデリングなどは、今も昔も正真正銘のギャンブルに等しい。さらにまた、モデル作りの仕事は生物学というよりむしろ物理学的で（八〇年代〜九〇年代には）、ガスの海洋物理化学的サイクルだけに偏っていた。(原注31) そこで、ガスの除去プロセスの一部だけに観点が行き、モデルに反映されたことは明らかである。こうしてシミュレートされた除去比率は、したがって大自然のなかで働いているものよりも低く、そこから得られた数値は結果として学術的かつ文献的価値しか有しない。しかも、これらのシミュレーションは、超図式化された海洋―大気インターフェースによる極度に単純化された、大いに議論の余地を残した海洋循環モデルを使っている。

だが、彼らの出した数値はＩＰＣＣが支持し、大気にCO_2が放出された「期間」(原注32)を百二十年とするデータとして扱われたのである。そしてこの期間は周辺CO_2の過剰放射と結合されて、「ＧＷＰ基準」の公式数値（以後、国際間条約の内容に影響するものとなり法的拘束力まで持った）を規定するのに供したのだ！　低く見積もられた除去比率により、炭酸ガスはＧＷＰを無理矢理高く見積もられて、槍玉に上げられる。炭酸ガスの絶対的「罪」は膨れ上がる。その相対的罪もまた然り、すべては「CO_2イコールＧＷＰ」として数値化される。ついには悪者中の悪者とはなりはて、スケープゴートに指名されるのである。

「気候学界」はいかにこの行為に参画し、この指名行為に反応したか？

参画に関しては、海洋循環モデルがほとんど使えるものでなく、炭酸ガスの周期を算出するために利用されていた、と事実経過によって示されている。スイス人Ｕ・ジーゲンターラーがやり遂げた最初の参考的研究は、海洋は動かないが、海底は仲介物なしで大気と交換できるような放出モデルから出発する。(原注33) 自分の作ったモデルで、海洋で測定された自然あるいは軍事的要因（原子爆弾）による炭素14の分配を再現できず、光合成が寄与する数値で補う必要がある、と作り手自身が結論づけたにもかかわらず、ＩＰＣＣがＧＷＰの算出のために助けを求めたのが、彼の算出したCO_2の参考周期なのである。

数年後、ハンブルグのマックス・プランク研究所のドイツ人グループが深海循環の最初のモデルの一つに焦点を当てた。グループはただちに、炭素サイクルをシミュレートし、炭酸ガス周期を特定するという同じ目標を設定した。(原注34) 次いで「ブラックボックス」なる方法が採用された。シミュレーションから得られた大気中の過剰炭酸ガスの除去の曲線は、時間指数の占めて五つの減少函数に漸近する。したがって、期間全体と同じく、複数の時間率または周期率（同じことであるが）もあるのだ。一つだけならありがたいのだが、これには困る。さらに困ったことには、そのうちの一つが無限大であることだ。このモデルによれば、これは人間活動による廃棄の一部は大気中に無限に留まることを意味する。どのようなやり方で「平均」時間の函数計算を操作しても、答えは無限大と出る。かくしてモデリングの進歩が、温室効果ガスに一定の罪を科す政治家からの要求が受容し難いことを明らかにすることになるのだが……。

しかし、インドの大学の支援を得てＮＲＤＣ（天然資源防衛会議、ワシントンＤＣにあるアメリカで最も影響力のある環境ＮＧＯ）のあるロビイストがドイツ人グループの研究におけるＧＷＰに関する「政治的に有用な」翻訳(原注35)の刊行を実現した。研究者たちの壮大な概念はここで、無限大から「途方もなく大きなもの」に置き換えられ、一千年とされてしまった！　この数学的にナンセンスな選択が周期を相場に合わせて調整するのを許すこととなった。ジーゲンターラーの算出した周期の二倍の二百三十二年がそれである。なぜならば、論議の文脈の中ではこの政治的利益は明白だからである。百二十年の周期では物理学的観点からとても正当化できないと考えそうな人には、もっと信頼できそうなモデルを参考にしつつ、おためごかしに倍の数値を対置しようというわけである。

実際、ＩＰＣＣ（一九九〇年）の参考報告は二つの研究を引用して炭酸ガスの基本的周期百二十年を認証している。

議論のタネは存在したし、議論もあった。周期についての厳密な疑問について言うと、その内容とその他諸々は以下の様であった。化石燃料から発生する炭酸ガスの放出、そして一方における森林伐採と他方における空気中のガス濃度の曲線など、環境システムの出入りに関する優秀な測定装置が整っているのに、なぜ解明不完全で問題のあるモデルにすがろうとするのか？ つまり、なぜ「ブラックボックス」モデルを手に入れようとしないのか？ である。著者は個人的に一九九一年末にこの研究を行ない、一九九二年七月にニューヨーク大学の科学者集団とＥＤＦ（環境防衛基金）の環境活動家による同様の研究を知るに及んだ。この二つの研究は、単一周期の一次的モデルが一八五〇年以来のCO_2放出と大気中濃度の歴史的曲線にうまく適合することを示している。一方の研究が「栄光の三十年」（一九五〇年〜一九八〇年）の初頭からの放出リズムの変化の周期感度をテストし、他方の研究が均衡の「自然な」大気的集中の選択の影響を注視していたという意味で、二つの研究は補完し合っている。前者の研究は放出が増加する時（海洋と生物圏が人間活動によるCO_2を年間に取り込む率の曲線が示すもの）の短縮傾向[原注36]とともに四十三年から五十二年の間の時間係数を導く。後者[原注37]は二十三・三年から四十四・五年の分岐点での数値を出す。百二十年という数字で公にされた見通しとは基本的に異なっている。絵を再度イーゼルに架け戻す必要があったかもしれない。

ＩＰＣＣは一九九二年七月、シェパートンでＧＷＰに関するセミナーを開催した。これに参加した一人が、筆者の研究が提起した問題についての会話の内容を手紙で報告してくれた。「イヴ・ルノワールの著書は、ＧＷＰの参考ガスとしての炭酸ガスの選択について非常に微妙なポイントを指摘している（中略）最終的に私たちはこれで行くことに決定した（中略）なぜならば、ＧＷＰは主要には科学的というより政治的手段（傍線は手紙の原文）を構成するものだからである」。

「政治的」ときた。よくぞ告白してくれた！　なぜというに、ＧＷＰの概念の根本そのものに政治的意図が見てとれるからである。同じＧＷＰの二種類のガスのバランス（例えば、ガス1は強い放射力と短い周期を有し、ガス2はその逆）は、理解が極端に容易な数学的本質論の多岐にわたって何一つ具体的中身が無いのであるが、これを考えたのは紛れもなく優秀な科学者たちなのだ。

もしこの二種類の急な排出による過剰蓄積しか考慮しないのなら、ガス1の過剰蓄積は否応なしにガス2より早く実現することになる。言い換えれば、それぞれの過剰蓄積は二つの場合にしか等しくならない。どちらも無であるゼロ時、そしてガスが大気によって完全に排除された場合の無限大の時である。

実際には排出は急なものではなく徐々に起こる。どちらも無であるゼロ時で、排出が増加過程にあり、差が無限大に向かう傾向にある時を除いては、過剰蓄積は決して等しくならないことを証明するには数行の計算式で事足りる。

こうした確認から、急な排出に関して未来世代のためにすべきことを考えると、少なくとも長期的に等しい気候効果を期待できる、といった考え方に反対することもできるだろう……。

システムの反応が一次的な場合などなく、問題にならない。気候システムなどというものは非直線的で唐草模様のようなものだ。その結果、同じGWPに別々に注入された二つのガスは当然、異なる短期の気候変化を誘発するだろうが、長期のものも誘発する。GWPの概念の「発明者」には明らかに、気候のマシーンには非常に非直線的な何か縁起の悪い「驚き」が潜んでいるのではないか、と心配させるような特性があることが前からわかっていた。だから、他とは違うGWPの美徳なるものが科学に彩られた囮だということを彼らは知っていた。それゆえに彼らは純粋に政治的な目的に使用し、そうすることで信用性に賭けたのだ……。

猫は所詮猫であり、御用学者とてしかりである。第一作業部会（科学）とIPCCの第二、第三作業部会（インパクトと戦略）同士の情報交換は、話をドラマチックに仕立て上げ、CO_2に責任を負わせすぎたために、見事にも薄汚れてしまった。なぜ、この団体の会員または関係者の誰一人として早く手を打たなかったのだろうか？　なぜ誰も彼もが現状に甘んじていたのか？　いずれにせよ、著者の経験からすれば、告発は「政治的に非常に間違っている」と考えられていたと言える。

IPCCは一九九二年の科学報告のエグゼクティブ・サマリーの中で、当然、政治的道具について触れることなくGWPを引用している。公共の敵ナンバーワンに指名された炭酸ガス、というシビアな部分のその後について、GWPのレジュメはどこにも無い……。しかし、第二作業部会と第三作業部会が評価した将来的シナリオは、炭酸ガスのサイクルについて不確実で悪意的な数値ですべて一方に傾いている……。IPCCの枠内で練り上げられた反CO_2論はこの前提から出発している。

つまるところ、このテーマに触れることがIPCCのブラックボックスに「異変」を起こし、逆に反CO_2のイデオロギーが持つ有益性への科学者の屈服に関する情報をもたらした。こうした事実は、もうかれこれ十年前になるけれども、気候についての討論会や会議に二〇〇〜三〇〇人程度の人間が集まった時期に繰り広げられた。こんにち、この影響は何千人にも及び、誰もが前出の説に同意し、数多くの人間が働いている。そして何でもビジネスになっている。

原注19　この質問に関する参考文献。M・パトリック他「ピナツボ山噴火の大気への影響」『ネイチャー』三七五号、一九九五年二月二日。
原注20　著者個人としてはこれは全く驚くに値しない。噴火の当日、この地域の気象学赤道は火山の上にあった。
原注21　J・C・デュプレッシーもかく考える。第I部第7章、原注51参照。
原注22　ジェリ・ド・ヴェール著『鏡の獄徒たちより、一五九六年アムステルダム市の許可の下、キャセイ王国と中国に行くためノルウェーからモスクワ、タタールを経て行ったオランダ人の三度目の北回りの旅』シャンデーニュ出版、パリ、一九九六年。
原注23　小氷期の太陽に因る原因らしいものについては第I部第11章参照。
原注24　深層水の形成と大気の温暖化のプロセスの詳細については第I部第7章参照。

原注25　非直線とは原因と結果の間に均衡が無い関係を意味する。逆に直線的とは原因と結果が均衡する関係をいう。

原注26　R・G・カリー他「亜寒帯気候兆候の亜熱帯中層海底への海洋移動」（『ネイチャー』三九一号、一九九八年二月五日）北極海西部の気候の寒冷化と、それによるラブラドル海の深層水生成の増加を取り上げ、「この深さの海水は今後の十年間を通して冷却され続けるであろう」と直言した。塩分濃度の大異変によるインパクトはそこで否定された。

原注27　M・ルルー他「フランスの冬季雨量測定の欠陥。一九九二年～一九九三年の冬季における高気圧凝集の誕生」（『旱魃』第四号、一九九三年）。

原注28　この名前は発見場所の北にある渓谷に因んでつけられた。

原注29　この事実はD・ロバーツの記事「ザ・アイスマン」（『ナショナル・ジオグラフィック』一九九三年六月号）に報告されている。

原注30　あるガスのGWP値はその過剰放射熱の期間の産物である。（原注32参照）

原注31　この規制にある部分が重要な役割を果たしている。要約すれば、植生による炭酸ガスの補足的貯留能力が満杯になるか、生物圏がさらに回収する量が（空気中のCO_2含有量が増加すれば光合成の効率は上がる）ただちに放出されるか。

このことは自然によってたっぷりと否定されてしまう。最後の氷河期の間、深層海流循環は現在よりも弱く、大気に還る炭酸ガスの割合（海生動物の排泄物と屍の分解によるもの）は最小で、大気中の濃度は二〇〇ppmv周辺で安定していた。陸上生物圏の炭酸ガスの貯留は最低水準で九五〇ギガトンであった。氷の融解で、深層海流循環が強まり、数万年間、過剰CO_2を海面に運んだ。もし植生がそこになかったとしたら、空気中のCO_2濃度は六五〇ppmvを超え、産業革命前の値（二八〇）の二・五倍近くになっていたであろう。この値が完新世紀最適気候時代（緑のサハラ）は事実上変化しなかったことを見ておかねばならず、その後の寒冷化で、陸上の炭酸ガス貯留は一旦増加し、そして一〇〇〇ギガトンを失った。これから、二つの事がわかる。生物圏の貯留能力は膨大であること。大気中のCO_2の濃度傾向は深海の通気によって制御されている。激変論者の仮説の積み重ねではなく、これが考察の導きとなるものである！　陸上生物圏は現在約二三〇〇ギガトン、大気が七七〇ギガトンの炭酸ガスを貯留し、人為的排出（六〜七ギガトン）の余剰ガスは二から三ギガトンであることを憶えておこう。大気と生物圏の間で双方向で交換される年間量（ターンオーバー）は約二〇〇ギガトンで、陸上が半分、海洋が半分である。　森林の年間収支はゼロ。有機物の分解を光合成が補っている。そうでなければ、森林が大気を吸い尽くし、海洋の炭酸ガスまで奪い取ることになる。森林はだから「地球の肺」ではない。地球に肺はない！

原注32　たちまちにして排出されたとされる量の六三％の除去のためにかかった時間が期間と理解される。

原注33　U・ジーゲンターラー「海洋の露出放出モデルによる過剰CO_2の取り込み」（『地球物理学研究ジャーナル』第八八巻第六号、一九八三年四月二十日）。

原注34　マイアー・ライマー、ハッセルマン「海洋でのCO_2の運搬と貯留――海洋循環の非有機炭酸ガスのサイクルモデル」（『気候力学』一九八七年二月）。

原注35　D・A・ラショフ、D・R・アフジャ「温室効果放出の地球温暖化への相対的関与」（『ネイチャー』三四四号、一九九〇年）。

原注36　この結果は除去のプロセスが一次的でないことを示している。これは、次のように解釈できる。炭酸ガスによる植物の「肥沃化」は水の必要を抑える。空気中の炭酸ガスの量が多い時、光合成で同じ成果を実現するために、植物は葉の気孔を大きく開放せずにすむ。植物の呼吸蒸発作用はこの逆の形でやはり気孔によって行なわれる。水は時に限界性を持った要素であるので、これは乗数的効果を持つ。植生は乾燥した生態系をも十

分に克服する。しかし、毎年二〇〇ギガトンの炭酸ガスが双方向に入れ替わる大気と陸上、海洋生物圏のガス交換の膨大さにうずもれて、この現象は測定不可能である。

原注37　B・C・オニール他「人為的CO_2大気中の寿命」（S・R・ガフィンによるコミュニケのコピー、EDF、一九九二年七月二十四日）。

訳注2　摂動とは広辞苑によれば太陽系の諸天体が他の惑星の引力のために楕円軌道からずれること。また、一般に力学系において、主要な力の作用による運動が副次的な力の影響によって少しく擾乱されることとあるが、気候学的には異変とも言い換えることができる異常な諸現象を指すことが多い。しかし火山爆発のようにそれ自体は稀な現象であっても決して「異変」とは言えないものもある。

訳注3　アントワーヌ・ウダール・ドゥ・ラ・モット　Antoine Houdard de la Motte（一六七二〜一七三一）十七世紀フランスの劇作家。悲劇『イネス・ドゥ・カストロ（Inès de Castro）』ほかオペラやバレーの脚本を書いた。『批評とは何か』で話題となり、その現代的感覚でパリ社交界で名をとどろかせた。一七一〇年にアカデミー会員に選ばれた。晩年には視力を失ったが死ぬまでその都会派的スタイルを崩さなかった。

第４章　ダナオスの篩い（訳注４）

神は言われた。
「産めよ、増えよ、地に満ちて地を従わせよ。
海の魚、空の鳥、地の上を這う生き物すべてを支配せよ！」

創世記より

《要　約》
淡水資源の利用が、おそらく人間が生物圏に加えた最大の人的異変を構成している。取水と消費の概念は区別され、消費の解釈には人工的に誘発された蒸発も含まれる。気候的観点では、問題の大きさと水の消費が気候にインパクトを与えないものとみなし続けることの愚かさを、蒸発した水分の量に関わるエネルギーの移行の数値が明らかにする。海面高の問題は狭義に水の管理の問題に直結する。二十世紀に持ち上がってきた海面高上昇の問題におけるこの観点は、気候問題の正式な報告では言及されていない。

大荒廃の後の大事業

生物圏の荒廃はホモサピエンスに永遠の「大事業」を残す。ほとんど知的手段を獲得していないいま、神の啓示も待たずして、ヒトは支配者の使命をまっとうすることを企てた。ヒトに抵抗し、あるいはヒトと争っていた動物は秩序立って淘汰された。小手調べの一撃は支配者のそれと変わり、有毛犀、マンモス、野牛、剣歯虎など氷河期の淘汰サイクルの連続の中で形成されたこれらの優れた種の最後の一頭まで追いまわし、皆殺しにした。

原始林から荒涼たる砂漠まで、あるいは熱帯の島からグリーンランドの広大な氷原まで、どのような環境にも適応できるその天賦の才能が、すべてから適応力を奪おうとしている。それと並行するように、ヒトは一歩ずつ自分に合わせて環境を構築し、生態系に次々と投資し、従わせていった。だが準備段階の仕事も終わる。最後の石器時代、魚群を探し求めてヒトはあちこち漂っていたが、ソナー、衛星画像、トロール網、爆薬銛、それに助成金など力強い見方が登場してくるまでに大して時間はかからなかった。海はもうすぐ地上のような有様になるだろう。ここでも、たんぱく質製造装置としての小生物の生育は退化し、一次産品の大量生産のために整備された領域となるであろう。まずはそれまでの間、サファリパークで動物たちと仲良くして、ノスタルジックな夢を満喫させてもらい、人工ビーチに群がって、何でもありのこの時代を謳歌し、あまり深刻に考えないに限るかも……。

水のサイクルにあれこれ手をつけると、大きな荒廃へと発展する。湿地帯を乾燥させ、河川を堰き止め、堤防を築き、人間は流れるものをすべて迂回させ、運河を引き、取水し、汲み上げ、蒸発させ、汚染し、最も貴重な生命の源を瞬く間に独占してしまう。自然における水のエコシステムは消滅への道を辿っており、同時に永続的にあるいは間歇的に棲息してきたすべての生物種も同じ道を辿っている。人間はそのパワフルで洗練された成果を誇っているが、つまらぬ目的の巨大な建造物や幼稚な整備計画などは、思いのほか刹那的な代物である。人間はこれらの建造物をもって、肥沃な泥をもたらす洪水が流れ落ちる渓谷も、必要な生物が生きている繁殖力旺盛な河口の生物圏も奪い去り、貯水湖によって川の氾濫を無くすことで数多くの海岸線地帯を侵食や塩害で弱体化させてしまう。

狂った気象予測に見舞われようなものなら、時間的にも経済的にもとてつもなく無駄な計画が採られることもよくある。そして荒廃の風景（人造物の廃墟ほど虚しいものはない）がさらされるのだ。乾燥した年が数年連続すると、例年の平均気候にしたがって計画した貯水量が枯渇することもある。きわめて起こりそうもない災害をメディアが誇張し、大自然には何が起きるか分からないといった恐怖を与え続ける。そして世論は様々なテクノロジー機器を求めるのである。

気候の「ロビー政治」はこうした機会を組織固めのために戦略的に利用する。将来的展望全体が、モデルが予測する気候変化の水資源に与えるインパクトに向けられている。(原注38) これ以降、仮定法は採用されず、すべては直説法の活用となる。構文上の気候変化が前提となり、それが語る未来に太鼓判を押す。明日は今日より確実にひどくなり、もし今日それが起きたら、占い師は鼻高々であろう。証明するものとて、彼ら自身の言葉だけなのだが。

遠い昔から、水資源の開発は人間による環境に対する、ひいては自分自身とその子孫の生活条件に対する最も暴力的な侵略であった。ここで生じる問題は深刻である。解決策はあまりみつかっておらず、節約のための合理化が追求されている。だが論理は逆転している。合理化には現代化が必要であり、投資が求められる。投資が利益を生むには最低限で管理しなければならない。環境へのプレッシャーを抑えることが目的とされたことはなかったからである。理由には事欠かない。人間の胃袋の数は増える一方で農業生産は工業化され、融資の返済が最大限の生産性いわゆる高収穫栽培を要求する。おまけに、多様化したハイブリッド作物や遺伝子組み換え作物の導入が予算に占める部分が増大し、収穫の冒険度は高いのにその一部は先払いとなる。したがって、農薬栽培や灌漑農法を多用してさらにまた生産を確実なものにしなければならない。

ここで物事を区別して考えよう。採取した水と、消費した、つまり蒸発した水とを区別する必要がある。産業用と生活用に採取した水はほとんど全部、多かれ少なかれ汚染されて下水に流される（エネルギー部門のみが測定可能な範囲の量を消費している）。逆に、農業は採取した水の七〇％を使用し、その八〇％を消費している。世界的に見れば、農業は地上の水の全消費量の十分の九を占めている。だから問題は何よりも農業にある。作物の選択、農業経済の研究目標、食糧戦略、食文化、新たな需要などなど。これらはどれも本書の課題を超えるものである。もう一度原点に帰ってしっかり考えることが必要だ。この分野において一番欠けているのは水そのものというよりも勇気である。経済的利害関係は巨大なものだが、人間と環境に関わる利害関係にはわずかしか重きが置かれていない。

無意識の限界に至るまで追求された開発で自然が破滅的状況に追いやられ、しばしば深刻な対立状態にある国もいくつかある。中東は、近視眼的要請を優先させたがために陥ってしまった袋小路の典型的な例である。

ガザ地区の絶望的なケースから見ていこう。この地域の地下帯水層から汲み上げられる水量は一九七五年の年間六・五六立方キロメートルから一九九〇年には年間三・七八立方キロメートルに下がっている。(原注39) よかった！　珍しく規則を守っているところもあるのだ、と読者は思われるだろうか？とんでもない。汲水量が下がったのはもう水が無くなってきたからである。ここの地下水の年間平均降雨量はわずか〇・三七立方キロメートルなのだ！　そして、一九二〇年と一九八〇年の間のガザ地区の地下水量の差はマイナス一七二・八立方キロメートルで、これが平均海面高を〇・五ミリメートル上昇させるのに一役買っている……つまり、水の資本が地面にパイプを突き刺すと海に結果が現われる、といったものの見方だけは失っていただきたくないのである。これについて以下に若干述べたい。

ガザを囲むのはイスラエルだ。この国もまた高まる需要に直面している。特に農業部門である。一九九〇年以降、沿岸地域の平野部の地下水は、帯水層の復元能力を六〇％以上超えて汲み上げられてきた。明らかに限界を超えた症状が現われる。しかしながらイスラエルの水政策はあらゆるところで参考例にされている。最も効率的な灌漑方式として知られるところである。不都合よりも耕作方法の選択を優先させたのだ。イスラエルは外貨を獲得するために日照量を活用して輸出向けの果物と野菜を生産するための水資源を最大限に使うことにした。この開発モデルの弱点が懸念され、長引く旱魃にも少しは対処できるような気候適性を持った植物を栽培することが考えられた。

隣国ヨルダンも恵まれてはいない。一九九四年、汲水はすでに水量の七五％に到達していた。そして最後の二十年間、国民一人当たりのすべての用途向けの年間給水量は二〇〇から一二〇立方キロメートルに低下した。

水は他の何よりも、この地域における潜在的対立の源である。他の地域とて同じである。

最大の攪動(原注40)

以来、水の消費はエネルギー消費よりも迅速に増大してきた。一九六〇年以来二倍になっている。森林伐採(原注41)の他に、二〇〇〇年に人間活動によって蒸発した水の量は二三五〇立方キロメートルと見積もられ、これは世界中の河川と沿岸地域の地下水すべてが海に注ぎ込む水量の五％に相当する。これに森林伐採を付け加えると、ざっと二五〇〇立方キロメートルという数字に到達する。

この自然の水循環の攪動は気候の議論においては全面的に無視されている。これが気候に及ぼしうる結果については今まで注目されたことがない。問題意識としてはまさしく正反対である。現在、大きな問題として危惧されているのは、気候変化が資源アクセスに与え得るインパクトであり、それはまるで変化に逆流ストップ弁が付いていて、気候は水循環を擾乱することはあるが、水循環に起きた擾乱には微動だにしないかのようだ！　これが現実である。一九九九年末以降、筆者はこの気象問題への注目の喚起を試みてきた。世界でも興味深いと言ってきた人は少数派であった……。反対意見の理由たるや滑稽とも言えるものだ。二〇〇〇年九月にヴェンゲン（スイス）で開催された水と気候に関する科学討論会の主催者は、テーマが些末すぎるという理由で私の参加企図を受理しなかった！ご安心なさい、これ以上は……。

しかしながらある数字があって、これには考えさせられるものがある。二五〇〇立方キロメートルの量の水を蒸発させるには石油一七〇〇億トン分の燃料に相当する熱エネルギーが必要で、これは世界全体のエネルギー消費量の二十二倍分である。これが表わしていることをすべて正しく受け止めるためにはこの数字について熟考するべきだ。太陽を起源としたこのエネルギーは地球の表面に充満している。水を消費することはしたがって土壌の寒冷化を伴う。土壌から奪われた熱は次いで凝縮条件が整ったとき大気に移される。簡単に言うと、水の消費とは二重の移動を起こすことである。河川と地下水の自然な経路を経て水を大気にもたらす。土壌を冷やし空気を暖めるこの作用は、灌漑の場合、一般的に乾季に盛んに行なわれるので、同じ場所では起こらない。

付加的な温室効果も無視できない。全体的に乾いている大気に水蒸気を人工的に注入すると、大気の放射性、つまり温室効果は明らかに増加する。したがって、この付加された水蒸気が凝結しないかぎり、それを移動させた空気の温室効果を高める。（原注42）すべての排出ガスや汚染物質などその他の温室効果ガスの直接的、間接的作用の詳細を条件によって評価するための研究を倍加するのに、なぜ問題を小さくコマ切れにし、水の消費による作用を軽視している（これについては断固、信じて疑わない）のか？　あるいはこれはＧＷＰと同じで政治的なものか、科学的なものか、両方なのか。政治だとすれば、その戦略とは、気候変化の潜在的被害者の中にいる水の消費者たちを、そっくりそのままトラブル支援者に組みさせるのではなく（エコロジー問題においてはすでにこの部分が先頭に立っている）、炭酸ガスに反対する運動に連帯させるものだ。科学だとすれば、水循環を間違って伝えているモデルによって気候変化を予測できると信じ込ませるのに成功したのならば、水の消費による現在的かつ将来的結果に適応するよう要求しつつ、こうした弱点に注意を向けさせるというのはあまり得策とはいえないだろう。

問題の幅広さの評価につながる最後の要素。最後の間氷期が最高潮にあった時、海面高は年間四センチメートルまで上昇したが、これは一万四〇〇〇立方キロメートルの氷融解に相当する量である。この量の氷を融解するのに必要な大気熱の地表への移動エネルギーは一一八〇億トンの石油燃焼に匹敵し、こんにち水の消費に費やされるエネルギーより三〇％も少ない。水の消費はだから、気候変化ファクターにかなりの量的重要性を持つ。融解期に介入したものと同様に、移動は露出した陸地の小さな部分で現出する。人間が灌漑栽培を行っている所である（二五〇〇万平方キロメートル、フランスの国土面積の五倍）。

関連地域は、強い地域格差を伴いつつ世界的に直線的勢いで拡大している。灌漑がより迅速に発展しているのはヨーロッパである！　人口当たりの灌漑面積は一九六〇年には、わずか一対四にすぎなかったアジアのそれに追いつき追い越す勢いにある。この見返りは、どう転んでも気候への干渉と摂動につながらないとは言い難い……。

現象を考慮に入れないと、ここでも弁効果が一役買うことになり、土壌を暖めることができる要素の方が大気に熱を移動させる要素より重要性が高いという話になってしまうのか？　それとも、水蒸気─雲の混成の気候的影響の不確実性というのは、水消費の結果のシミュレーションを追求することが幻想であるのと同じと考えるべきなのか？

それでも、モデリングする人たちが問題を扱えるようになるのを待たずして、摂動が最も大量に起きている所で、すでに気候上に何らかの痕跡を残していないかを見ることはできる。二つの異なる気候地域が注目される。それが、ナイル渓谷と南アジア（インド、パキスタン、バングラデッシュ、スリランカ）である。

ナイル渓谷は砂漠の真ん中にあるオアシスだ。雨はほとんど降らない。川の水は赤道アフリカからやってくる。アスワンダムの建設からナイルの流量のほぼ全部が利用可能になった。この計画のエコロジー的、公衆衛生的結果が惨憺たるものであることもよく知られている。気候的結果は同じではない。ナイル川のアスワンでの平均流量は年間六五立方キロメートルである。エジプトの農業用水の消費量は年間四九立方キロメートルに増加し、最近のナセル湖の地下帯水層からの汲水井の設置でさらに増加するであろう（水がめの底をひっかくようなものだ）！　この水を蒸発させるのに必要なエネルギー量たるや王様ファラオもびっくりだ。石油にして何と三五億トン。エジプトの灌漑システムは巨大な熱発生ポンプを構成しているのである。一方、この地域に支配的な風は南西貿易風である。湿気を帯びた空気はしたがって、南北に位置したナイル渓谷の上空に留まらない。これが寒冷化が期待できる理由である。実際、一九六一年〜一九九〇年の期間のアスワンとアレキサンドリアの間の平均温度は、ナイル川がアスワンで堰き止められる三十年前の平均温度より一・一℃も低いことを示している。近隣のどの地域も同様の変化は経験していない（どこもプラトー的傾向だが、中東は〇・四℃の寒冷化を記録している……この地域も灌漑農業が強化されている）。

南アジアの気候と水の文脈は異なる。一年は大きく二つの季節に分けられる。一つは長い乾季と、もう一つは六月から十月の間の短いモンスーン多湿期（年間降水量の五分の四）である。乾季には風がインド洋に向かって吹き、モンスーン期には北東に吹く。地球で蒸発する水のおよそ三分の一はこの地域からのものである。（原注43）二〇〇〇年で七一〇立方キロメートルであったが、規則的に進行しており、一九六〇年の三四〇立方キロメートルから比較すれば二〇二五年には九五〇立方キロメートルに到達する。利用可能な地域的水資源は年間平均一九八八立方キロメートルで、そこにパミールとヒマラヤからの水量三〇〇立方キロメートルを加える必要がある。この地域の灌漑で生じる付加蒸発は水柱にして平均一五六ミリメートルの高さとなり、自然蒸発の一五％に相当する。すでに立派な摂動が存在するのだ。湿気を含んだ空気は海洋に至るまでの一定時間、地域上空に停滞する。この人工的蒸発によって生じた過剰放射がこの空気に必要な熱を運ぶ。南アジアは最近三十年間、その前の三十年間に比較して〇・二五℃と若干温暖化している。

結論を出すのは難しい。問題は明らかにされている。数値気候学界がこれらを無視するなら、私の観点からすれば、彼らの根拠のすべてが科学的でないことを再確認するものとなる。

海中で樽が空になる

海面高は、明らかに人間による淡水資源の管理と雨林破壊に影響されている。問題のこの局面は、IPCCの報告には全面的に欠けている。二十世紀での海面高の上昇は約一〇センチメートルとなっていることを思い起こそう（第I部第6章、図7）。

この数値について言うべきことは多い。この数値は仮定として、大気圧の変化が長期的には平均するとゼロで、風についても同様であるということから出発している。ところでここ五十年間はそれが問題にはならなかった。単純な例を挙げれば、ノルウェーの北にあるトロムズーでは自記検潮儀（訳注5）が一九六〇年から一九九〇年の間に六・五センチメートルの上昇を示した。しかし、気圧計は海面上三センチメートルの高さと同じまでの平均大気圧の低下を示した。したがって、自記検潮儀の判断した数値を三・五センチメートル上方修正する必要があった。それでも不十分で、非常に激しく沿岸に波を吹きつけるこの地域の風の配置変化の効果をさらに平均して計算することが残されている。それでも、実際にいくら上昇したのかを知るためのデータを得るには大変な作業を行なう必要があるという気構えをもって、この一〇センチメートル（平均年間一ミリメートル）という数字で試みることにする。

人間活動による廃棄物の役割は直接的か間接的か、どちらなのか？

保守的で不完全な[原注44]ある研究がその答の要素をもたらしてくれる。熱帯森林伐採で年間〇・一四ミリメートル、アラル海の旱魃で五・三ミリメートル（一九六〇年から一九九〇年の間）、アメリカ合衆国の化石燃料採取で年間〇・一ミリメートルなどが他の例に混じって挙げられている。化石燃料の地下鉱床開発や再利用可能な鉱床再開発のデータからも、サウジアラビアとリビアの年間〇・一ミリメートル（一九七五年から一九九〇年の間に五〇〇％という急速な上昇率）というデータを付け加えることができる。十分にパワフルな淡水の地下帯水層を有する半乾燥地帯諸国のどこでも、大規模な汲水計画が日の目を見ている。技術が大胆な試みに権威を与え、サウジアラビアの砂漠で小麦を栽培し、リビアでトマトを作る。これはしたがって栽培過程の集約化傾向である。[原注45]これに、農耕が原因の湿地帯の乾燥化、流量の減少と灌漑用汲水による河川渓谷の帯水層の劣化などを付け加える必要がある。自然水資源のおおもとに手がつけられ出しており、保護の原則が、失われたものを海洋で取り戻すことを余儀なくしている。地球的統計の確立を現実的に指向する調査活動を実践的に進めねばならない。ダムで泥に埋まりそのままになっている水についても割り引いて考えねばならないだろう。この調査事項をベースにして慎重に省いていくと年間〇・五ミリメートル以上の水が捨てられている。

他方、サハラ地帯の乾燥化と、乾燥化が拡大しているすべての沈積地質流域の役割も同様にはっきりさせねばならない。かくして、六〇年代初頭まで激しい水流を運んでいたニジェール川は今や小さな川に変わり、湖は消えた。このような現実のどれ一つも最近の海面高の上昇に関する検討材料に入れられていない。このような排除は何のためになるのか？　無能力なのか、それとも意図的なものか？

つまり、海面高の上昇に水の消費も含める必要がある。海洋に帰るには自然の流れに任せるよりも空路の方がはるかに速い。この着眼点は、集合化されあるいは運河化された、つねに自然経路より速度が高いすべての水流にも当てはまる。これらの二種類のメカニズムの効果はまだ正確にはわかっていない。

一つの結論が出た。以前は様々に分析された世界の複雑性をまとめるだけで懸命であった環境問題の政治舞台も気候ロビイストに侵食されてしまった。環境問題の世界は無料の情報センターとなり、おそらく原子力発電産業よりも盛り上がっているといえよう。選挙ビジネスの采配で手一杯になり、文献資料の検討などの作業はすべて放棄し、コントロール不能なそのブランド力を広告業界に委ねることで良しとしているのだ。専門的でなくなってくるとともに教条的になってきた。悲しむべきことである。

原注38　この問題の現状については第I部第4章を参照されたい。

原注39　この一節に引用しているデータは大部分がI・A・シクロマノフの『世界の淡水資源の総合的アセスメント』（発行OMM＝ONU、UNDP、UNEP、FAO、UNESCO、世界銀行、OMS、UNIDOの保護機関）の報告によるもの。海面高一ミリメートルの上昇は三五〇立方キロメートルの海水に相当する。

原注40　この章に入る前に問題があれば第I部第4章の理解を深めることをお勧めする。

原注41　熱帯雨林の植生には高さ一メートル分の水が貯蔵されていると考えられている。

原注42　第I部第4章で対流圏は約一万三〇〇〇立方キロメートルの水＝水蒸気を含み、この水は一週間ごとに入れ替わっていることを見た。もし人為的蒸発が年間に画一的に配分されたとすると空気中の水＝水蒸気の量は〇・四四%増加することになる。しかしこの水蒸気は乾期には飽和状態に程遠い空気中に放出される。三種類の法則は現われない。特別に修正を加えた循環モデルだけがこの摂動の平均過剰放射を数値化できる。

原注43　取水量はさらに急上昇している。一九六〇年に四二九立方キロメートルであったのが二〇〇〇年には九六九立方キロメートル、二〇二五年には一三七〇立方キロメートルとなる見通しである。中国とともにインドも河川の流れを堰き止めた国が陥る矛盾を予感させる。現在のペースで行けば、今世紀の終わりまでに事業は完成し、予想としては気候学者のものよりも確実に思える。「付随的」損害の範囲となると……。

原注44　D・L・サヘイギアン他「二十世紀における人為的活動の海面高上昇への直接的影響」（『ネイチャー』三六七号、一九九四年一月六日）。

原注45　地下帯水層の埋蔵量は想像を絶するものだ。海面高にしてほぼ四メートル分に相当する。気候のことだけを心配するのならいくらでも汲み出して構わない！　温室効果、すなわち唯一気候に責任をとらせることが拙いのである。仮想的現実性に惑わされ無闇に金を出していることに満足する代わりに、政治と世論が目を大きく開けて現実世界の実態を正しく見つめる時である。

訳注4　ダナオスの篩い。王ベロスの死後、エジプトはアラビア王とダナオスの弟エジプトスとが分け合っていた。エジプトスは、争いを避けるためという理由で、ダナオスの五〇人の娘たちを自分の息子たちの嫁に欲しいと申し出る。しかし弟が娘たちを殺そうとしている、と聞かされたダナオスは拒否する（近親結婚を避けるため

という言い伝えもある)。しかし息子たちはダナオスのもとにやってきて脅迫し、結婚を承諾させた。それでも陰謀を疑わなかったダナオスは新婚初夜、娘たちに髪の毛に隠していた太い針で、眠りについた新郎たちの心臓を突かせた。唯一、父の命にそむいたイペルネストラの夫が娘たちとダナオスを仇討ちで殺した。ダナオスはタルタルの地獄に落とされ、穴のあいた甕に水を満たすよう命じられた。この罰が「ダナオスの篩い」と呼ばれ、永遠に終わらない無意味な行為を指す喩えになった。

訳注5　自記検潮儀。潮汐の変化をはかる機械。潮汐の干満による海面の昇降が自動的に記録されるようになっている。気象観測に不可欠なもので、海岸近くに掘った井戸に海水を引き込み、そこに浮子を入れて潮の干満を計測、記録する。最近はデジタル式が導入されている。

第５章　エルニーニョは神か？

肺と申し上げます。肺なのです！

モリエールことジャン・バプティスト・ポックラン

《要　約》
エルニーニョは気候の主ではない。気候学が統計よりも力学に配慮するならば、こうした結論はもっと早く出ていたであろう。残念である！

善玉怪物

エルニーニョのことを聞いたことがない人がいるだろうか？　これは、不規則な間隔ではあるがつねに年の終わりにかけて、赤道の南側とペルー北部の乾燥地域に大量の雨をもたらす、地球的に縁起の良い事象である。エルニーニョが無い年も、多い年も、両方が起きる年もある。その密度は様々である。[原注46] 神の子イエスを意味するこの伝統的呼び名がつけられたのは、単に偶然クリスマスの時季に起きるからだが、その有難い性質によるところもある。エルニーニョが気候的災禍とみなされるようになったのは、太平洋沿岸の豊かな漁場でのアンチョビ漁が急激に発達したおよそ百年以来のことにすぎない。[原注47]

エルニーニョが見せる変化は驚くべきものだ。海域の海面温度が数日のうちに数十度も上がり、魚が一斉にいなくなる。その変わりぶりは降水の側面からもこれまた凄まじい。沿岸地帯と北部のコルディジェーラ山脈[訳注6]の砂漠地帯を豪雨が叩きつける。数週間後、南半球の秋の訪れとともに雨は上がり、砂漠はよみがえり、海の温度が下がり、魚が少しずつ戻ってくる。この「元に」戻った状態が揶揄的にラニーニャ（女の子の意）と名づけられた。

この現象の激しさは想像を絶するもので、大多数の気候学者や気象学者はそこに地球の気候を規定するような要因を見つけ出す。筆者は第Ⅱ部第1章で、事実から関連性を引っぱり出すこのきわめて主観的なやり方を問題にした。ここでより詳細に入る必要がある。

否、エルニーニョは気候の主ではない

気候関係の刊行物に興味のある人なら誰でも、エルニーニョあるいはＥＮＳＯ指標（エルニーニョ

と南振動）と各種の気候的徴候との「遠隔地連結」に関する記事の増殖状態を感じているだろう。筆者はそういった中から三件を引用したのだが[原注48]（第Ⅱ部第1章、原注6、7、8）、ここでふたたびこの疑問にアプローチすべく、問題がありそうな典型的なものを具体的に確認してみたいと思う。

浮氷群の拡大とＥＮＳＯ指標との重要な相関関係を明らかにする目的で、かなり技術的な統計（多重窓と調和させた分析スキームによる）を紹介する。最も激しい現象だと主観的には思えるエルニーニョ現象は、これが明らかに氷海面の変調の原因ではないかという考えを直感的に導くものである。例えば、この両者が顕著に現われない場合について次のような文章がある。[原注49]「ＥＮＳＯの感度は氷海海域の辺端部で高いという考えを追求する中で、同様の分析のために私は極地帯を選択した」。そこで、この人物の優れた研究は因果関係の逆転の証拠をもたらす。しかし、気候の力学をそれほど気にしていない統計派「気候学者」にはこれが何の話かわからないのだ！　結局、彼はその序論的要約を次の二行で結んでいる。「……北極と南極のほぼ二年と四年の周期性を包含する氷海の、ＥＮＳＯ指標の変化に合致する統計的に重要な年代的データを示す。よくあるこの二つの構成に対する氷海からの返答（傍線筆者）は地域によって様々に異なる」。この文章によれば、最初の数字はＥＮＳＯ指標の同時曲線と、一九八三年の「世紀最大のエルニーニョ」を軸にした一九七八年～一九八八年の期間における極地浮氷群の拡大（「遠隔地連結」が唯一説得性を持つ）を表わすものである。これ以上は明らかではない。一九八三年と一九八七年の二つのエルニーニョに結びつけていえば、二つの海氷異常拡大現象の最大値はどちらもＥＮＳＯ指標の四カ月～五カ月前のうちに発生する。したがって、赤道に向かって凍るという因果関係を仮説に立てる方が逆方向よりも理に叶っているようだ！

ついでにこの機会に言っておこう。『ネイチャー』誌は関連分野の多くの読者向けに寄せられた原稿を一つひとつ審査している。原則として、著名であるとか学界にコネがあるとかの理由で審査をパスすることはない。たとえ因果関係の誤った解釈が審査員の厳しい目を逃れても、集団的規律精神の環境では自ずから暴露されてしまうもので、筆者もこうした指摘をしたことが度々ある。気候に関する文章の表現や剽窃などを見破るコツは読者にも是非とも体得していただきたい……。

エルニーニョは強力なアジア型AMPから発生する

ふたたび得意分野に戻ってきた。もし浮氷群が拡大しているなら北極の寒さが増しているということである。そして北極が寒くなれば、北極地域を起源とする極地移動性高気圧AMPの勢力もより強まり、その勢力範囲の限界である垂直気象学赤道（EMV）に至るまで大気循環全体に影響を及ぼす。エルニーニョは本質的に、太平洋上空にあるEMVの位置に依存した現象である。アジア性AMPがEMVを通常の季節配置の南に押し戻す時にことは起きる。ここでAMPモデルの枠内でのエルニーニョの有無による状況を解説する。

図26の両図のうち26bはすでに図14で紹介した要素を再度示したもので、エルニーニョがある時と無い時の亜寒帯冬季の太平洋赤道での大気循環の大きな流れに関する模式図である。26aは東太平洋赤道でのエルニーニョ無しの気象状況の詳細図である。図14では、気象学赤道（陸地）の移動幅が太平洋中央部ではアメリカ大陸西海岸近辺を限界として弱小であること、そして重要なこととして、そ

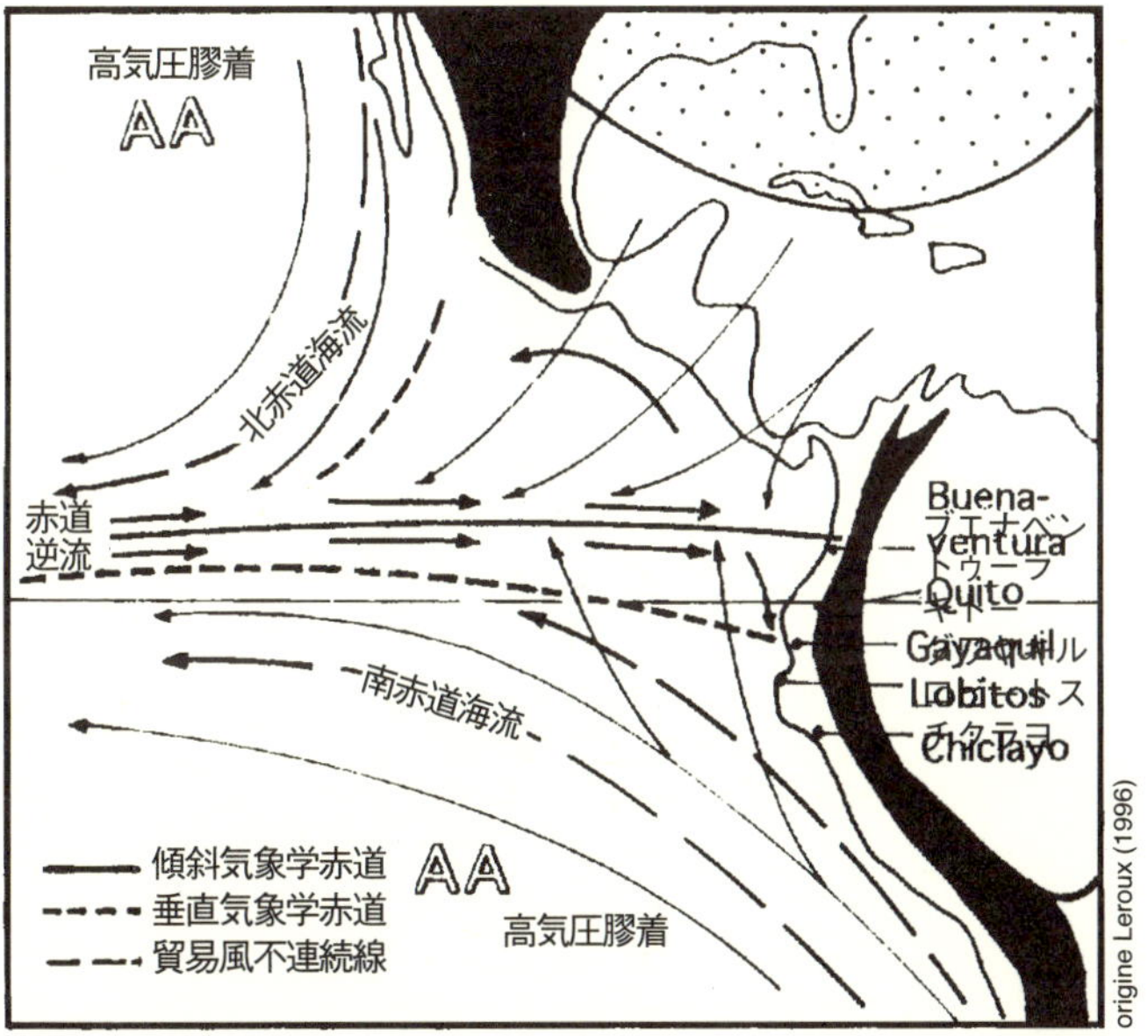

図 26a: 亜寒帯冬季での東太平洋と中央アメリカの海洋と空気の循環

れに応じてオーストラリアとインドネシアに向かって西へと遠ざかることを再確認しておきたい。

エルニーニョ無しの通常の状態を分析してみよう。貿易風は海面水を西太平洋に押しやりながら北と南の二つの赤道海流（CNEとCSE）を生む。アンデス山脈の起伏に導かれて、貿易風はペルー北部沿岸地帯の強いアップウェリングを引き起こし、栄養分を多量に含んだ冷たい海水と炭酸ガスを海面に運ぶ。この海域の海洋バイオトープがつねに豊かなのはこれが理由だ。

西に向かう水塊の移動に引き起こされた太平洋赤道の東西間の海面高の差を相殺するため、気象学赤道下に位置する海面に赤道逆流（ＣＣＥ）が西から東に流れる。これは勿論、暖流である。局地降雨量はＥＭＶの近接に密接に結びついている。降雨量は、コロンビアの港町ブエナベントゥーラで年間六〇〇〇ミリメートル、キトーは平均値の赤道直下で一一〇〇ミリメートル、グワヤキルで二℃で八五〇ミリメートル、そして南のチクラヨは七℃でほとんどゼロに近い三〇ミリメートルとなっている。

図26ｂはエルニーニョ現象が起きる過程を図式化したものだ。亜寒帯秋季に入ると、アジア進路のＡＭＰの活動に刺激されて、西太平洋赤道の気圧に異常が観測される。そこで、貿易風が集中する地帯である気象学赤道の位置が南にずれる。そして、オーストラリアモンスーンが中部太平洋の多島海域に向かって「異常に」延長し、この地域に例外的な雨を降らせる。地理学赤道の南に置かれたＥＭＶは、南極ＡＭＰの接近と低気圧発生の最適条件である渦巻状態になって上昇する（だからエルニーニョが犯人とはいえないのだ！）。

赤道の海面逆流も南にずれ、モンスーンの強い西風にあおられる。このプロセスが始まって二～三カ月後、亜寒帯冬季の初頭、北半球の高層気象勢力が最大限に近づく。垂直気象学赤道の配置は例外的に南になり、ペルー北部の砂漠地帯に大量の雨を降らせ、この時栄養分の少ない暖かい赤道の海面逆流がなだれ込むのである。

亜寒帯での力学が高まるとエルニーニョの頻度が上がり、……サヘルに雨が戻ってくる、これは「遠隔地連結」ではない！

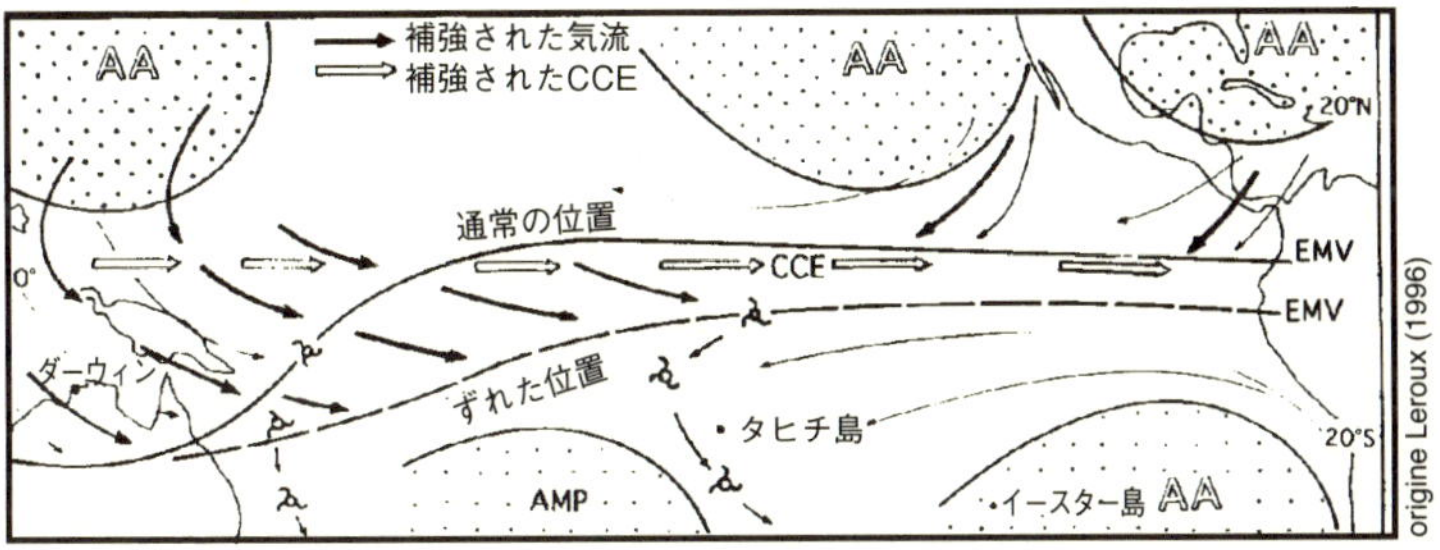

図 26b：熱帯太平洋での亜寒帯冬季におけるエルニーニョの高層気象学構成

低空層大気の力学を検証するとこれらの統計的相関関係におけるいわゆるエルニーニョとの因果関係は薄くなる。マルセル・ルルーはこれについて非常に明快に要点を衝いている。

「エルニーニョ現象は太平洋における力学的ファクターの干渉の問題を含む。これらのファクターは異なる高層気象空間に存在し、ここからエルニーニョの多様な原因と複数の特徴が説明できる……。

（中略）しかし、これらのファクターは必ずしも同時的に活動するものではなく、初期の同一原因とEMVの南への移動から生まれ、北半球に発生する強い勢力のものと思われる。結果的に、勢力的水準としては間違いなく、勢力を得て（CCEが永久海流である限り）山脈の障害物や遠距離を越えたとしても、アフリカ、インド、ブラジルの雨の質、ジェット気流の密度、海氷の拡大などを支配できるほどの海面海流ではない……。

（中略）言われているところの遠隔地連結とは現象の連鎖を遡るものであるが、相関関係と呼ぶのは性急に過ぎる。（中略）共変性や一致を列挙してもすべては単に統計的なものに過ぎず、パラメーター間の物理的関係を示してはいない。（中略）気象現象の論理性が尊重される時（中略）エルニーニョ現象とは実際は何であるかが、つまり熱帯地帯の中心核に到達する極から出発した子午線移動力学の地域的結果であることが明らかにされるであろう」

まとめるにあたり、エルニーニョの気候モデリングに関するポイントを大雑把に述べる。現象の開始を告げる気圧の異常が認められた時、その変化をモデリングし、これは大自然の摂理に反したことではないと発表できる。逆に、現象を気候変化だけに絞って考えるやり方はモデルから抜け落ちる。ある専門家の意見に耳を傾けよう。（原注50）「最近の二十年間の気候観測に根ざしたモデリング研究は、進行する大気の温暖化がエルニーニョの頻度を高め、将来さらに密度を上げる原因となっていると示唆しているが、一方その逆のことも主張されているようである」。ノーコメントである。

いや、そうかもしれない！　論理にしたがえば、若干のコメントがあってしかるべきだ。数値気候学者は、モデルによる予測の信頼性のために自分たちが技術的に十分マスターした素振りをしており、エルニーニョ現象は極端な恐い事象（洪水、猛暑、旱魃、山火事、竜巻、嵐など）に結びついた気候変化を連発する源であり、陸上すべてにおける降水量に決定的な役割を有していると考える広範なコンセンサスも存在する。温室効果の上昇を誘発するかもしれない、と彼らがいうところの気候の主、エルニーニョの活動変化を把握できないという事実とモデルに寄せる信頼との間にある矛盾を、どのように解決すると彼らは言うのか？

原注46　ヌメア開発研究所のT・コレージュのグループは、バヌアツ諸島（フィジー諸島の西）の化石片の炭素構成の調査から、四千二百年前、季節感の対比は一℃から五～六℃まで変化していたことを証明したが、こんにちではその開きは二℃から四℃の間である。この発見は、エルニーニョが今よりも強くて長かったことを示している（『科学と生命』、二〇〇〇年十二月）。これは南極の夏季における赤道以南のきわめて気象的なズレで説明できる。

原注47　アンチョビは乾燥させて粉末にする。ペルー北岸にある最大の漁港チンボテは山と詰まれた袋詰めの魚粉の匂いが漂う。この魚粉は鶏の飼料や肥料として主にアメリカに輸出される……大略奪は続く。

原注48　最近の出版物からは、以下の文献も引用させていただく。

・R・C・ストーン他「南振動指数の局面使用による地球的降雨確率予測」（『ネイチャー』三八四号、一九九六年十一月二十一日）同じ原因で生まれた降雨量の変化を予報するために、ENSO指標で測定した大気循環の変化の結果をもってくるのは暗示的だ。

・M・N・エバンス他「ENSO遠隔地連結の代用指数」（『ネイチャー』第三九四号、一九九八年八月二十日）ここでは逆に統計学的方法が、正しく考証された古代の気象異変と、ある種の海洋機能の中でエルニーニョと関連した急激な気候変化が残した痕跡とのつながりを探る、という研究目的に完璧に結びついている。大気循環とエルニーニョとの関係の優れた力学モデルを有している点において、この方法は非常に古い時代の気候の知識を向上させる。

原注49　「ENSOの浮氷群の側端部は非常に敏感であるというこの考えに次いで、私はこの分野の分析を行なうた

めに北極地域を選択した」

原注50　パスカル・プサール（ハーバード大学地球惑星科学部・地球化学海洋学ラボラトリー）『ヴェルティゴ』第一号の二、二〇〇〇年九月「エルニーニョ：地球温暖化のサインか？」

訳注6　アンデス山脈の一部でペルー西岸沿いに南北に横たわる山岳地帯。ウアスカン、イェルパハなどの高峰が有名。

第６章　それでも温室効果は存在するか？

被告を裁くに全員一致でない場合、
すぐに釈放しなければならない。

ラビの諺より

《要　約》

この五十年間に起きてきた気候変化における大気の放射性の上昇、つまり「温室効果」に往々にして帰する部分に関係する主要点の確認。気候論争は奇妙な経過をたどっている。支えになっている海面高上昇の予測例は実際、時が経つにつれて心配の根拠を失くしつつあるが、気候ロビーはますます確信的に緊急対策の必要性を訴えている。

これまでの復習

第Ⅱ部では、二十世紀後半の気候変化がテーマである。主要には分析は北半球に限ってきた。重大な事実は極地の夜間における寒冷化で、そこから亜寒帯ＡＭＰの強化を通して一般的大気循環の屈曲が起こることである。重要ではあるが相対的に広がりの少ないこの地域の温度低下が、地球的平均値には事実上何ら影響していないことをとくに確認しておく。そこで温度低下が与える主要な気候的効果は：

- 高気圧膠着の中での気圧の上昇傾向と、反対に低気圧の通過地帯における気圧の低下傾向
- サヘルにおける乾燥の南への拡大
- グリーンランド、アイスランド、北欧での降水の増加
- 嵐の増加
- 北アメリカにおける寒波と竜巻の数の増加
- 東北アジア、中央アジア、東アジアに顕著な雨量の減少と冬季の寒冷化

この一般的図式は、塩分濃度の大異常とピナツボ噴火の二大現象によって混乱に陥ってしまった。前者は冬のヨーロッパと北大西洋の平均温度にめざましく影響し、海面は冷え、海底の中間層は暖か

く、外見的には矛盾するそのメカニズムはすでに解説した。後者は二十世紀最大の火山噴火で、「気候の変動性」と海洋の熱慣性に原因の可能性が潜んでいると思わせる相当なインパクトを与えた。その強烈なパワーにもかかわらず、この二つの摂動が大気循環の図式における変化傾向に介入することはなかった。

大きな疑問：北極の冬季の寒冷化の起源は何か？　モデルはむしろ温暖化を始めるはずだと予言している。確固とした答が見つかっていない以上、気候予測がどこから来るのか、それと向き合い、注意深い準備を整えておかねばならないだろう。そして地球は次の氷河期に向かっているという一般的文脈が好まれていることを視野に入れておきたい……。

温暖化の断片？

だが、南極の寒冷化にもかかわらず、地球と両半球の年間平均温度は明らかに上昇傾向を示している（第Ⅰ部第5章、図6参照）。しかし、これらの数字の半分以上が一九一五年から一九三五年のもので、エネルギー消費が急上昇するずっと前のことである。他方、一九七五年あたりからの温暖化の後半には厄介な特徴が見られる。世界気象機関の九五年の報告に掲載された研究調査に、陸上の六〇％で測定したこの温暖化の日毎の構造には非常に対照的なものがあり、一九七〇年～一九九〇年の期間での一日毎の最低温度の平均は〇・七五℃で、日毎の平均温度〇・二五℃（図6による）の三倍の速度で上昇している。この情報は、日毎の最低温度と最高温度の開きが小さくなり、最高温度自体も微かに低下していることを意味している。「残された」疑問は以下のようである。これらの温度上昇のきわめて特殊な性格を、異なる要素の中からいかに分別するのか？　以下のリストに挙げた、今わかっている事柄から何が成立するかを確認したい。

- 人為的ガス（CO_2、CH_4、N_2O、O_3、CFC……）の排出による補足的過剰放射
- 自然及び人工エアロゾル
- 水サイクルの人為的摂動
- 太陽の磁場の増大（第Ⅰ部第11章参照）により生まれた宇宙線の減少
- 植生被覆の変形

シミュレーションと予備的指標計算で四番目までの項目を断定できるわけではない……実際の話、さらに必要な位置に不定常数を代入したパラメーター数式を部分的に経たモデルの中に、リストの最初の二項目を取り込まなかった数値気候学者が何をかいわんやである。

雲のプロセスの迷路のような複雑性、これが気候シミュレーションの結果をお寒いものにし、残されたままの重要なる不確実性の主要因であることが分かっている。長年にわたる政治経済年表を見れば見事に証明されているように、間違った定義で位置づけられた材料を与えられたとしても、容易に解くことのできる並みの練習問題のようなものなのに、過去の失敗をやり直すとなると問題が出てく

る。雲の生成はこれらのすべての要素に様々な程度で影響されるが、一番目の要素の影響はおそらく弱いものであろう。

このことははっきりしているが、誰にも答えはわからないし、見つかりそうもない。一番目と二番目の要素は誰か賢者に任せるしかないのだろうか？　もちろん否、である。三番目と四番目も丸投げするのか？　決まって否、である。五番目は重要な役割を持っているか？　そんなことはないだろう。こんな質疑応答では何も始まらない。なぜある種のレトリック表現はこうした形式になってしまうのか？　それは、問題の立て方が間違っているからだ。平均値から問題を立てているからなのだ。

ガス痕跡（対流圏オゾン層の外）を除いて、問題の要素は時間的にも空間的にも異なる方法で配分されている。宇宙線もそうである。地球の磁力線は高緯度地帯(原注51)の上に二つの漏斗(じょうご)状をした最後のシールドを構成する。これによって生まれる防御壁は赤道から極点に向かって減少し、宇宙線の減少は全大気を通して均等に反響しないのである。

シミュレーションの中に状況の多様性を包括するのは明らかに難しい。それぞれの文脈と他の多様な要素とのコンビネーションにおけるそれぞれの雲の光学特性への効果を、ケースバイケースで追求するのが望ましいが、その上に計算式の組み立てが有効でなければならない。テラフロップ（一秒間に一兆回のオペレーションが可能）をもってしてその鍵が得られるだろうか？　確実に無理であろう。基礎的研究にはまだ多くのことが不足している。

様々に異なる雲の種類の形成における宇宙線の役割と光学特性を確かめるために、ＣＥＲＮのＣＬ

ＯＵＤ（第Ｉ部第11章参照）の実験結果が待たれる。すべての化学的、放射的現象のエアロゾルに依存した解釈は向上されなければならない。また、地域ごとに、月々ごとに水の消費リストを作成しモデルに「入力」しなければならない。

海洋に関していえば、非常に多くの実験が進行中、または計画中である。まだ多くのことを学ぶ必要があり、未来には過去の研究がもたらした発見にも劣らない多くの収穫のチャンスがある。海洋循環と大気循環との相互作用の深化した理解は海洋と大気の混成モデルの改良に不可欠である。そして浮氷群が提起する難しい問題も忘れてはならない。極地浮氷群の気候的役割は決定的なものと考えられる。

逆説：疑わしき科学、技術なき技術主義

人間活動が気候に及ぼすインパクトの問題が国連に委託されたのは七〇年代初頭にさかのぼる。この時期は、炭酸ガスのみが潜在的に問題であると考えられていた（原注52）。かなり初歩的なシミュレーションの結果が出始め、十年近く経た頃に初めて、非常に初歩的な大気―海洋結合モデルが実現した。

それから二十年、シミュレーションは進歩した。たとえ手段や方法が大きく広がったにせよ、かくも内容豊かで複雑な研究にとって二十年は短い。地表の平均温度以外に、海面高の上昇が大衆と政策決定者に対するコミュニケーションの主要なテーマの一つを構成している。それが私たちの「運命の赤い糸」なのである。

はじめの頃は何ひとつわかっておらず、随分と遠くまで来たものである。一九八〇年、気候学者のシュナイダーとチェンは、空気中の炭酸ガス濃度が倍になると海面高が一五フィート（七・五メートル強）上昇すると予測していなかっただろうか？

シミュレーションは発達したが、論争の方向性と論調はさほど変わっていない。それはどんなものであるか？

一九八〇年九月、ICSU、UNEP、WMOの主催によるCO_2問題に関するフィラッハ（オーストリア）会議で、行動の必要性が主張された(原注53)。この三つの国際機関は気候警報の正式発起人である。それまでの十年間にその他の「温室効果」ガス痕跡が「発見され」計算式に代入されることになった。これは残念なニュースであった。なぜなら、一九七三年と一九七九年の二度の石油ショックによる化石燃料消費の軽減が、CO_2濃度の倍増予測を百年先に遅らせていたからである(原注54)。この新しい主役の登場によって、遅れの時間は半分に分割されたが、五十年というのも開発モデルを完全に変えるには短すぎる。

誰もが切羽詰った気分にさせられ、環境へのペシミズムをつのらせた。この会議に出席した者にとってこれは憂慮すべきことであり、疑いの余地もあまりなく、なんとか手を打たねばならないことであった。そして一九八二年早々、一九八〇年の会議の結論を再検討することなく、ジュネーブでの活動会議で可能性の幅が以前に見積もられていた幅よりも大きいと認識すべきだ、と決議された。そして会議を五年に一度開催することが同時に決議された。

方向性と基調が出された。緊急性と不確実性なる、なんとなく対立する二つの考えを巡ってメッセージが発信されねばならない。活動計画と情宣活動の戦略が動き出す。不確実性を抑え、干渉主義者の強硬な要求を邪魔しないように提起しなければならない。すぐに、かなり単純な技術的解決策が見つかった。枝分かれした先が明らかに黙示録的な方向性を指している未来的「分岐点」の確率的紹介によって、不確実性を処理するのである。ある種の和解主義的な修辞的改善策を導入し、分岐の分かれ目にベスト・エスティメット＝最大評価を取り入れ、優れた心理的効果を出す仕掛けである。未来を高い価値観から見る傾向のある悲観主義者は、すべてはまだ失われておらず、今からでも多分遅くはないと思うだろう。ひょっとしたら、思ったよりもひどい状態になるかも知れない将来の見通しに、楽観主義者の「野放し」的傾向も変わるであろう。しかし、先のことを語るのはまだ早い。世論を相手にした行動が起こされるのは一九八五年の終わりになってから、以下の総会の後になってからのことであった。

この会議も一九八五年十月九日から十五日までフィラッハで行なわれた。ストックホルムの国際気象学会の準備したエグゼキュティブ・サマリー（理事会基本方針）提案は、相変わらず炭酸ガス濃度の倍増という仮説の上で、二〇から一六五センチメートルの範囲での海面高の上昇にこだわっていた。分岐点最大値は議論の結果、一四〇センチメートルにまで引き下げられた。

その五年後の一九九〇年に、ＩＰＣＣから発行された最初の科学報告はCO_2の倍増の時期に関してさらに悲観的である。その時期は二〇三〇年から二〇二〇年に早められた。反対に、海面高に関与する分岐点は七から二三センチメートルの間隔に引き下げられた。二〇から一四〇センチメートルだった昔の分岐点は、すでに技術的、社会的、民主的、経済的展望にしたがった「野放し」主義的ビジネスプランのせいで、二一〇〇年頃に到達するCO_2量の四倍増に相当する数字である。

そして十年後の二〇〇一年一月、上海会議で採択されたエグゼキュティブ・サマリー（理事会基本方針）は先例との比較を行なうことを許可しなかった。それは第一に、CO_2以外のガスに関与する情報は放射曲線の中に含まれなくなるからである。しかし、シミュレーションには含まれるといわれている。最も悲観的なシナリオは、二一〇〇年には炭酸ガス濃度の三、四倍の増加（その他のガスの役割も付け加える必要がある）に呼応して、一八から八六センチメートルの海面高が上昇すると予言している。このシナリオによると、二〇四七年にもCO_2だけの倍増が実現し、その他のガスの力も加わって、七から二五センチメートルの上昇へとつながるであろう。近くでよく見ると、海面高上昇は次第に減少していることがわかる。おそらく、さらに減少すると判断できる！

技術的データの形式が報告ごとに変わることにも気づかされた。さらにひどいのは、一九九〇年のデータでは分岐点が一つだが、二〇〇一年ではCO_2放出とその結果について、異なる七つのシナリオから分岐点は七つ、これがすべて「二十一世紀の地球気候」なる表題のもとに束ねられている。この七つのシナリオに関するデータの検証を追求したならば、他のガス痕跡は何ら発見できないが、そのかわりけっこう奇妙なことに気がつく。炭酸ガス（温暖化動因）と結びついた寒冷化動因である酸化硫黄の放出にはコヒーレンス（凝集性）がないのである。二一〇〇年のそれぞれCO_2セル（年間炭素量ギガトン）とSO_2セル（年間硫黄量メガトン）の放出量は〔三〇対六〇〕、〔二九対四〇〕、〔二〇対一四五〕、〔一三・五対二〇〕、〔一三対四八〕、〔五・五対二五〕、〔五対二〇〕で、比率〇・七二五（二九／四〇）と〇・一三八（二〇／一四五）の間にある。かくして、最もCO_2を多く排出するシナリオはSO_2を相対的により少なく排出するものとなる。これが平均温度と海面高の上昇に一役買っている[原注55]ものなのである……。

この茶番の目的は何か？　なぜシナリオなど書いてみせるのか？　なにゆえにこれでなければならないのか？　いかなる基準から、いかなる話し合いが行なわれ、このような選択になったのか？　霧に包まれたこの戦術の裏側にはいかなる心理的狙いがあるのか？　これはどこまで行っても、自然保護主義者の闘士、地理学者、未来主義者、経済学者、閣僚、通信産業、税務署、哲学者、宗教人といった人々が、流行に乗った、もっといい生活のためにいつでもお金を融通してくれる有難い仕組みに助けられながら、世界を救う活動に参加しようという気になって、このような基本的に厄介で乗り気になれない仕事に取り組むのか、という話である。

ここでは「完璧に解明できていない」科学には触れないでおこう。ただ唖然とさせられるだけだ！　しかし、この逆説的結合については疑問を抱かずにはおれない。国際的にも、国内的にも、地域的にも、行政的にも、政治的にも、組合的にも、企業的にも、あらゆる部門で増殖しているテクノクラートの世界が、ある堅実な科学報告によって「総体的対応」の緊急性が示されてでもいるかのように、気候の温暖化と「温室効果に対するたたかい」のテーマを掲げる一方、追求すべきことが山ほどあり不可解なことばかりであることの証左でもある依頼を受けて、学術諸団体は気候変化のテーマのための研究費（「気候」の議論に関係なくバラつきはあるが、役に立つ機会は少ない）を獲得するためあらゆる手段を弄している。この矛盾は、宗教よろしく「慎重の原則」を守ることで解決されている。彼らとの議論が有効かどうかは、共有資料の知識量の乏しさ、または彼らが、知識など十分に得られるものと幻想を抱いている辺りにかかっている。また、発展によって強制されるもの、そして避けて通るしかないどうしようもない矛盾も議論の有効性を左右する。

一九八五年十月、「温室効果に対するたたかい」を宣戦布告する六二人からなる小さなパイオニア・グループ(原注56)がフィラッハに集まった。それから十五年も立たぬうちにこのテーマは、将来についての解説もせず、何の「見通し」も示すさぬまま、パラダイム的ステータスを確保した。彼らの目標が社会的に適合できたのは神の意志によるものではない。近来の歴史に一つの珍しい要素として登場したからこそ、自ずとその名を記すことになったのだ。事を起こした最初の小集団は俄然大きくなった。拡大し多様化し、千変万化する国際的ロビイスト集団になった。主導権を握った勢力は全世界にメッセージを発信し、協働利益に充たされた組織を構成することに貢献した。このロビーはメディアでの鳴り物入りの反響をいとも簡単に手に入れた。つまり、影響力を持つことで、平和時には決して可能ではなかった最高に出来の良い企業の形を提示した。発達した未来社会で気候という要素を考慮に入れることは、革命的で宗教的な何かを手に入れることである。

以前から存在し、かつその中身が詳らかにされてきた、世界に生存することで影響力を及ぼそうとするこうした流れを研究することは、多方面の事柄を明らかにしてくれる歴史、思想史、政治学、社会学など多くの研究の確かな基礎となる。筆者の主張には自ずと限界があるだろう。主張の出発点は以下のようである。私は決して、環境主義者が一九八五年十月のフィラッハ会議で採択された決議を、唯々諾々と全面的に鵜呑みにしたという事実のせいで気分を害したわけではない。彼らの誰一人として、(原注57)私の「待ちたまえ！ 詳しく検討するべきだ。これは新しい事柄なのだから、もっと時間をかける必要がある。資料もないし、専門家もいない。これはもっと完璧な作業であるべきだ。やみくもに飛び込むのはよくない」という意見に手を上げなかったからなのだ。フィラッハの先駆者たちが急速に主導権を確立できたのは、彼らの学派が「数」に頼ったことに負うところが大きいと私は考える。

原注51　北極ルートの大陸間航路を飛行する旅客と貨物がかなりの分量の放射線を浴びるのはこの理由からで、このデータは十五年以上前から報告されているが、実際的には乗客はほとんど気がついていない。
原注52　このことが、すべてをこのガスに押し付けた非科学的性急さを物語る。
原注53　ＩＣＳＵ（国際学術連合会議）、ＵＮＥＰ（国連環境計画）、ＷＭＯ（世界気象機関）
〔訳者補遺〕フィラッハ会議　一九八五年十月にオーストリア、ケルンテン州のフィラッハ（Villach）で右の三組織共催による二酸化炭素による温暖化の影響についての初の国際会議が開かれた。八〇名ほどの科学者が大気中のCO_2の濃度増大による影響予測を行ない、「将来の気温上昇の割合は、省エネや化石燃料の使用、温室効果をもたらす気体の排出などに関する各国政府の施策によって大きく左右される」との結論を出した。このフィラッハ会議以降、科学者集団は次第に温暖化に関するコンセンサスを形成し、政策的提言も始めた。温暖

化は、科学者だけの議論から政治家、官庁、産業界、NGOを含めた政治問題へと急速に膨らんでいった。学会においては一種のパラダイム転換が起き、地球温暖化説は異端的な少数意見から一気に、学会公認の正統的学説としての地位を確立した。一九八八年暮れの国連総会ではIPCCによる温暖化予測のアセスメントの作業が国連の業務となり、フィラッハ会議はわずか七年で国連気候変動枠組み条約という国際交渉の大きな枠組みへと発展した（一九九二年）。温暖化を確証する科学的データは出されていないが、地球環境問題は科学と政治が融合した現在の国連活動の主軸となっている。

原注54　ここでは意見交換と対話の内容まで報告する。議論は人為的原因による過剰放射という物理学的事実ではなく、CO_2の濃度について行なわれた。参加者の大半は、合理的内容を知るためのこの情報に当てはめる係数の羅列が何を意味するのかあまりよくわからなかった。

原注55　この観点を証明するために：最も悲観的な筋書きはより少ないSO_2を排出し、年間一ギガトン近くのCO_2をより多く排出するというものである。

原注56　三人のエコロジー活動家を除く全員が科学者、専門家、または科学学術団体の代表である。そこに一ダースに及ぶ国際的三団体（ICSU、UNEP、WMO）の代表も付け加えられる。

原注57　この「誰一人として」から私が共に闘うことを喜びとするエコロジー運動組織のメンバーを除外する。気候資料の比較検討、とくに「農業と温室効果」の問題とフランスや海外のパートナーとの意見交換における彼らの貢献は大であった。

第Ⅲ部　気候変化の配当

Patie III
Les dividendes du changement

第1章　トロイの木馬

良識のない科学は
信用の失墜でしかない

フランソワ・ラブレー、医者より

《要　約》

気候問題は、科学技術を国家の指導領域に託した。これは急速に持ち上がってきた話だ。地球の開発を決定する活動の実行者として、国連はこのことと無縁ではない。諸機関の活動様態や、そこにある種のロビーを見出す資本の支援などについて、一般的には認識が薄い。ここでは、気候のテーマの氾濫と、国連の懐に入った気候ロビーの誕生をめぐる環境について述べる。国連はまた、その構造と機能形態から変身し、利益共謀に加担し、矛盾を抹殺する装置でもある。

正しい疑問

科学とテクノクラートとの関係ははっきりしていない。テクノクラートの大部分が科学研究の戦略的フィールドの出身であること以上に、(原注1)科学者の自立を目指す伝統的精神に反して、ある規範が干渉してくるやいなや、テクノクラートはまさしく資金の分配に応じた計画を押しつけたり、出版を検閲しブランドイメージを心配しながら、コントロールを始める。「戦略的科学」ではこうしたコントロールが最もシビアに行なわれている。そして、少なくともフランスではそうであるが、科学技術省または工業省（一時期、両省は単一の省であった）が、時代的に優先されている戦略的科学の新指導者の仕事を任されている。かくして、アンドレ・ジローはCEA（彼自身が「核の殻」と名づけた核燃料総合会社COGEMAに参加した後）を退職し、原子力計画の最盛期に工業省に入った。同様に、ユベール・キュリアンもCNESの首脳から一足飛びにアリアン計画(訳注1)の研究者へと転じた。気候はまだこのような栄誉に浴してはいないが、事態は進行している。CNRSはフランスの「オゾンホール」のスペシャリストであるジェラール・メジーを所長に任命したばかりである。科学の自主規制の観念は、厳密な意味で、もはや真に適正な文脈の中にはない。(原注2)

流行現象は、科学的規準の総体をカバーするねらいの大衆向け出版物の仲立ちによって決定的役割を演じてもいる。競争は厳しく、出版物の選択も時代の空気を読まなくてはならない。筆者が引用したいくつかの記事は、気候分野では「政治的正しさ」の規準が優位に立って以来、大いに知名度を上げた例だ。科学者の出世はその出版のテンポ次第だということはみんな知っている（出版か、死か！）。だから、流れに乗って船を漕げば良い。研究の指針を、雑誌の編集方針に表わされる「社会的要請」に従属させた科学者の姿勢はそこで決まる。

知の生産とは、既存の知なるものを方法論的懐疑の篩（ふる）いにかけ、理論と実験の不都合を摘出し、テクノロジーの新しさが環境と社会に与えるインパクトを観察することを強く求めるものである。近来の歴史、とくに原子力産業の漫画的ケースなどは、テクノクラートが自由な科学的実践とその結果の発信を邪魔し、つぶすためには手段を選ばないことを見せてくれた。批判はもはや内部からはなされることはない。その危険を冒す者には学術機関での出世の道は閉ざされる。よって批判は外部からしかなされず、それが意味するのは、経済的弱さ、遅れた対応、必要な支援の不在、である。

科学ロビイストの冒険

科学者は権力と特別な関係にある。科学者の世界は、相互の交流はもちろん、最終的には政治的介入の企てに対決する科学の自立を防衛する目的で、専門的または多方面の学者たちのグループや大学から構成されている。この説明は少しく理想化されている。なぜなら、科学者とは知が彼らに授ける特別な責任の名において、政治に頻繁に介入し、しばしばテクノクラートの直接的プロモーターになっていることを誰もが知っているからだ。またよくあることだが、彼らは個人的な目的で政治家に奉仕する。例えば、ヴェルンハー・フォン・ブラウン。間違いなく二十世紀最大の航空宇宙科学の先駆者であったヴェルンハー・フォン・ブラウンは、不死身の弾道ミサイル装備に関心を持っていたナチ体制のために奉仕することをいとわなかったが、それは彼が個人的にイギリスを爆撃したいと希望していたからではなく、そこに月旅行を可能にするエンジンを作る、という夢を実現できるチャンスを見出したからであった。

フォン・ブラウンのファウスト的選択は苦しい。科学者というのは自分の研究が人類に貢献していると認められるのを喜びとする。熱核爆弾の天才的設計者であるアンドレイ・サハロフは、出発点はV2ロケットのそれと似てはいるが、歴史上より良き貢献をする。彼の設計した兵器の強烈な破壊力と汚染力はカザフスタンとニューゼンブラの実験場で実験され、周辺住民がそれにさらされた。被害を隠蔽する機密保持に老学者は勇敢にも、これまでいかにも協力を惜しまなかった体制に対して反旗を翻し、全世界の人々を感動させ、ノーベル平和賞を受賞した……。世界のすべての科学界はこの方向に向かっていた。

地球の諸科学は、物理学の文化的、軍事的勝利、化学の工業面での成功、そして宇宙征服へと向かう熱狂を前にして、若干とまどいを見せる父兄のようであった。国際学術連合会議（ＩＣＳＵ）は、自然科学の分野で研究する科学者を再結集することを目的に一九三一年に設立された。ここには一〇〇を数える各国の諸専門分野の研究者や学術機関と、二六の専門科学者連合と、二八の賛助会員が集まっている。これはだから、世界中のほぼ全域の諸機関のエネルギーを動員し組織することができる影響力をもった団体である。国際学術連合会議は、一九四〇年代の終わりからユネスコと国連からの資金でメンバーを維持しつつ共同活動を行なってきた。気候警報の発令においてICSUと歴史的に共同してきたのは世界気象機関（WMO）である。一八七八年に設立された、おそらく世界最古の国際的科学団体で、雲に国境はない、必要が決まりを作る、なる主旨を持つ。WMOは創立してから国連の専門機関になった。

国際地球観測年（一九五七年）は国連の主導で行なわれたが、これが自然科学のロビー形成にとって重要なものになった。私たちの惑星とその表面で起きることのすべてに集中した研究の重要性の国際的認知、情報交換の即時的実行、長期的国際計画の規定などである。この力学の働きにより、自然科学は社会的な強制力として世界的な自主性を獲得し、これが最高水準の主導能力と理解され、さらに資金援助も機構も計画も継続されることとなった。

しかし、進歩思想の磨耗がこの新しいロビーの最初の計画の実現において重要な役割を果たした。原子爆弾とその脅威の均衡が、原子力ロビーの指導環境のつたなさや（核保有の）優位性の不均衡、そして国連が創立した最初の機関の一つである国際原子力機関（IAEA）の指揮下での不都合を是正しようとする動きにもかかわらず、ニュートン以後物理学が獲得してきたポジティブなイメージを相当に損なっていた。人間活動が憂慮すべきテンポで環境を害してきたという意識が生まれ、それが科学肯定主義でこね上げられていた楽観主義的イデオロギーの息の根を止め、環境のペシミズムが急速にとって代わり、七〇年代には世論の、そして八〇年代の終わりにはオピニオンリーダーの多数派を占めるに至った。大きなきっかけとなった出来事は、一九七二年のストックホルムでの人間環境会議で起きた。本部をケニアのナイロビに置く国連環境計画（ＵＮＥＰ）の創設が議題となった。国連環境計画は国連の「環境の良識」として提起されたボランティア活動である。一九七九年、国連環境計画、世界気象機関、国際学術連合が気候に関する最初の会議を共同開催して連合組織を発足させ、これに続いて、その後世界の気候クラートの核となった世界気候計画（ＷＣＰ）が発足した（図27参照）。

この三組織が一九八五年十月にフィラッハ（オーストリア、ケルンテン州）で気候変化に関する最初の国際科学会議を招集した。この会議の特徴の一つは強調に値する。これが、一環境組織が気候変化についての議論に参加した最初の機会であること。もう一つの特徴は、問題の環境組織がＷＷＦ、グリーンピース、ＮＲＤＣなど資金力のある歴史的に大きな組織ではなく、地球的環境被害の問題に関して「エリートに対して閉鎖的な地域のふところに飛び込んでその決定に影響を与える」目的で一九八二年創立されたエリート主義的小集団（自他ともに認めている）ＷＲＩ（原注3）（世界資源研究所）であるということである。この会議が最終的に出した声明は気候警報の発信を確認している。さらに、会議は国連環境計画（ＵＮＥＰ）と世界気象機関（ＷＭＯ）が国連付属機関として「気候変動に関する政府間パネル（ＩＰＣＣ）」を創設し、一九八八年十月に実働を開始することを要請した。

偉大なるコーディネーター

国連の機能はある種矛盾している。政治的または構造的な一般的決議には途方もない時間とエネルギーが費やされる。国連総会は、つねに十分に面倒できわめて形式的なプロセスをもって、執行機関である国連事務局から発せられる提案に価値を与える。しかし、国連の日常的活動領域は地政学的意味でまったくのところ政治的ではない。実際には、国連組織活動の中心はWMO、WHO、IAEA、FAO、HCRなどの「専門機関」の中にあり、規制は予算面を除いて一般的に甘い。これら技術的機関のステータスはエキスパートやその他の参加者に大きな活動の自由を与えている。ほとんど無責任、といっても過言ではない。

その象徴的な例は、核産業の開発促進をめざして一九五九年五月二十八日に採択された戦略同盟を可決したIAEA―WHO（世界保健機関）の二頭立て体制によって、諸機関の組織活動のやり方に対するコントロールが事実上不在となり、それによって生まれた支離滅裂状況である。(原注4)

一九八九年～一九九〇年にチェルノブイリ事故で、この分野の科学者と医師の意見に反して、高度に汚染されたロシア、ベラルーシ、ウクライナ地帯の人々を避難させないという決定をモスクワに下させることになった大きな衝突で、この反自然的同盟関係の邪悪な性格が白日の下にさらされた。WHOが派遣した専門家は皆、原子力ロビーの関係者（その中にはフランス国土へのチェルノブイリの落下物に対する無防備を発令した「責任者」である有名なペルラン教授も含まれる）であった。彼らは、避難基準（国際放射線防護委員会ICRPの推薦による七十年間の平均値の五倍）はあまりにも強制的で、敢えて見解を問われたならばその三倍で良いと答えるだろう、とまでふるまい、何もかもモスクワに従った。状況は変わらず、ベラルーシの官憲は被爆した人たちの健康の被害の大きさを公表した者を、それが禁止されてはいない行為であるのにもかかわらず逮捕収監する権限まで発動しようとした。

正真正銘のスキャンダルの種が集合し歴然としている場合でさえも、何も起こらない。「責任ある」エキスパートたちは釈明を求められることなどないし、摘発は死語となっている。

国連機関にはだから、配下の組織やコーディネーターグループに供与する物品の実際の価値を判断する用意がない。(原注5) そこで、どこのどんな分野でも、その活動を止めさせることなく、影響力と利害関係のズレを調整できるようにしなければならない。かくして誰もIPCCの第一作業部会(気候変化の科学担当)がしたため科学的資料の矛盾と弱点を何であれ指摘できなかったであろうし、とくに前記の資料を裏付けるのが仕事(予測した変化のインパクトと、とるべき対策)である残りの第二、第三作業部会のメンバーには無理なことであった。

〔第一作業部会(WGⅠ)は、気候システム及び気候変動の関する科学的知見を評価する。第二作業部会(WGⅡ)は、気候変動に対する社会経済システムや生態系の脆弱性と気候変動の影響及び適応策を評価する。第三作業部会(WGⅢ)は、温室効果ガスの排出抑制及び気候変動の緩和策をそれぞれ評価する。(訳者)〕

他の場合のように、ここで国連はロビーに住居と金銭と永続性と合法性と、必要ならば威厳と、世界的水準の戦略をコーディネートするパートナーを提供する。

気候クラート装置(訳注2)

気候クラートとは一般からは想像できないような複雑な装置である。普段は水面下に隠れていて全貌を見せないが、世界的な大会議の場では派手な高級車に変貌する。その仕掛けはボンネットの下にある(隠しているわけではない。開ければ見える)。気候クラートは何よりも政治装置であり、権力装置である。図27は一九九二年のリオ会議での組織配置の概観である。IPCCの最も重要な位置、WCP(CCWCP:世界気候計画調整委員会を通した)の中心的役割が見てとれる。この機構は動く。関心のある読者は躊躇なくIPCC、UNEP、WRI、ICSUなどのウエッブサイトをヒットされたい。

ここでは、一九九〇年十一月のIPCC総会の準備だけでも所属グループ、特別委員会、事務局会議、特別ワークショップ、テーマ別講演会、他のコーディネーション会議、そして「世界の隅々から」集まる総会それ自体の進行のために五十六回の会議をもたなければならなかった。この時期、気候に関する大会議には数百名の人が集まった。二〇〇〇年十一月のハーグ会議にはオブザーバーを含めて一万人近くが参加した。装置はある程度機能性を高め、議定内容にも不足はなかったと考えられる。

全ては、気候の脅威の冷酷な現実に関するコンセンサスなしには動かない。科学的疑問を生むような実践活動にはわずかな場所も提供しない。大衆心理の観点から見れば、この利益共同体

図 27a：90 年代初頭の気候クラートの簡略図（組織と計画は次頁で紹介）

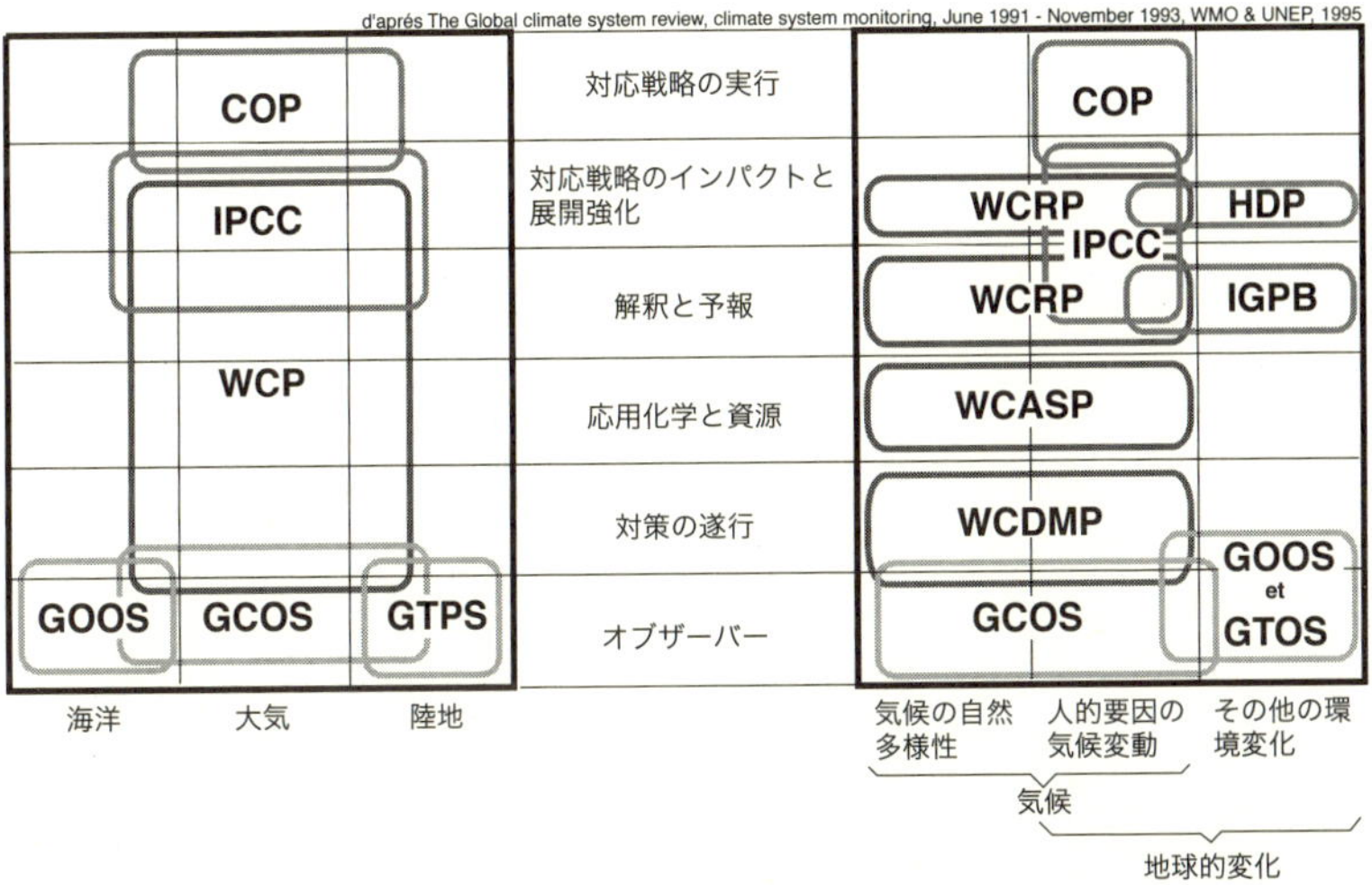

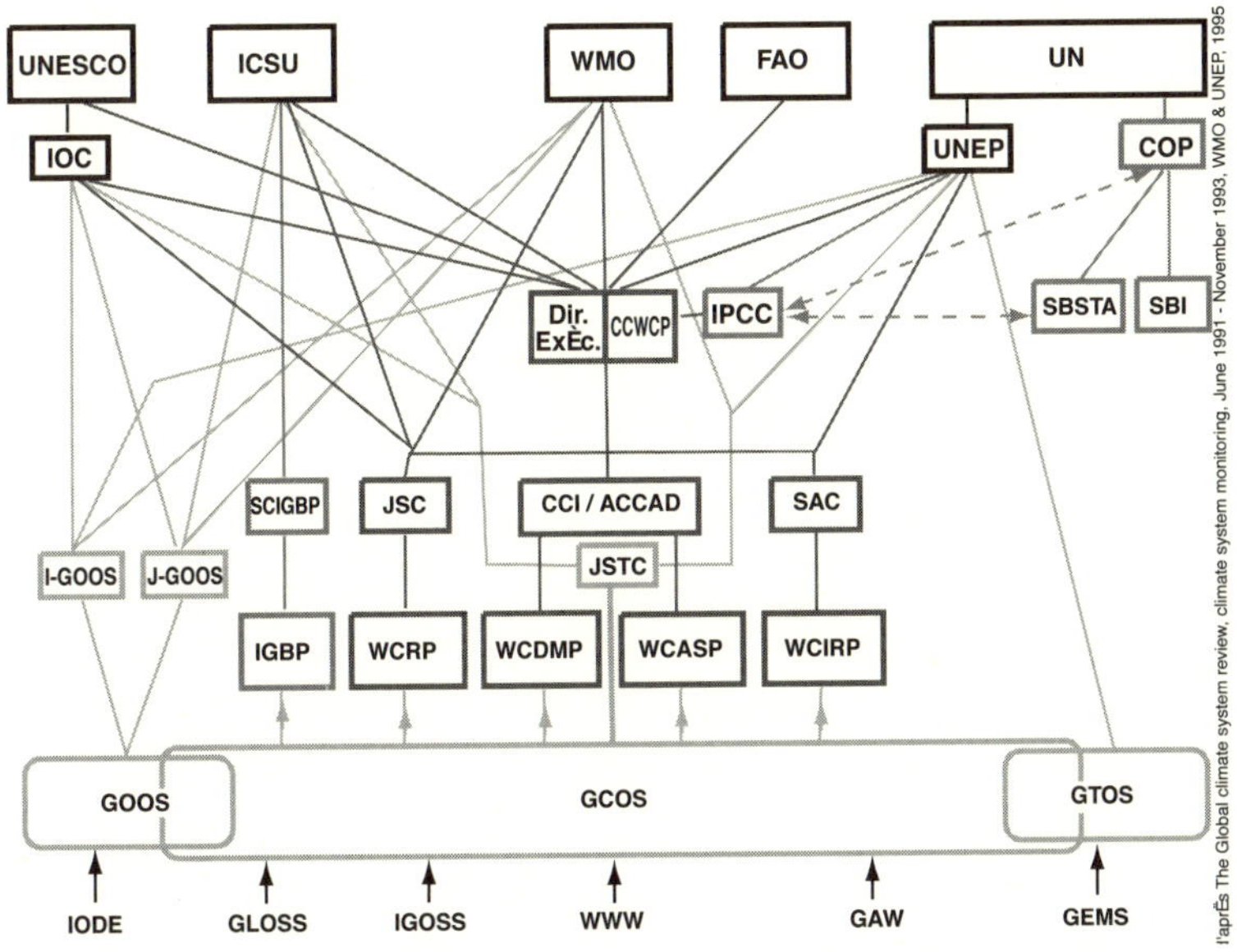

図 27 b：気候とそれに関連する問題の関与する主要な計画と組織

は、有無を言わさぬ教義の宗教団体の、全てがそこに帰する一つの宗教的論理にしたがっている。

この教義の内容は、一九八五年十月フィラッハ会議の採択の中に紹介されている。以後その内容は数字的なディテールを除いては変わっていない。主要点は以下のようである。

- 温室効果ガスの排出量の増加が気候変動の主要な要因であり、これからもそうであるだろう。
- 地球の平均温度が一・五℃から四・五℃上昇し、海面高が二〇センチメートルから一四〇センチメートル上昇すると考えられる。
- 極地氷河は一部融解するかもしれない。
- 予測されている変化は、海洋の熱慣性により、表面化するまでにより時間を要するかもしれない。
- 変化は地域的範疇では予測は困難であるが、温暖化は熱帯地域より、何よりも人間とエコシステムへのインパクトがより広い高緯度地域において、秋季と冬季により強くなる。

フィラッハと一九八七年のベラッジオ会議の補塡的ワークショップは、さらに暴風雨、旱魃、洪水など……寒波は除く……極端な現象が増発する危険性を挿入して教典を改定した。

もう一つの特色はこの共同体の「布教活動」である。貧者が参画できるよう富者が金を出す。当然、自分のためでもある。貧者を抜きに世界を変えるなどとはいえない。

図27　国連関連組織の名称と内容一覧

ACCAD	気候適応データに関する諮問委員会
CCL	WMO気候に関する委員会
CCWCP	WCP調査委員会
COP	気候変動に関する国連枠組会議
FAO	国連食糧農業機関
GAW	全地球大気監視計画
GCOS	全地球大気観測システム
GEMS	地球環境モニタリングシステム
GLOSS	全地球海面水位監視活動
GOOS	世界海洋観測システム
GTOS	世界地上観測システム
IGBP	地球圏・生物圏国際共同研究計画
IGOSS	全世界海洋情報サービスシステム
I-GOOS	政府間海洋観測システム委員会
IOC	ユネスコ政府間海洋学委員会
IODE	国際海洋データ情報交換システム
IPCC	気候変動に関する政府間パネル
ICSU	国際学術連合会議

J-GOOS	GOOS合同科学技術委員会
JSC	WCRP合同科学委員会
JSTC	GCOS合同科学委員会
SAC	WCIRP科学諮問会議
SBI	適用付属機関
SBSTA	科学技術諮問適用付属機関
SGIGBP	IGBP科学委員会
UN	国際連合
UNEP	国連環境計画
UNESCO	国連教育科学文化機関
WCASP	世界気候適用サービス計画
WCDMP	世界気候資料モニタリング計画
WCIRP	世界気候インパクトアセスメント対策戦略計画
WCP	世界気候計画
WMO	世界気象機関
WWW	世界気象監視計画

原注1　「戦略科学」については第I部第2章、原注5を参照

原注2　「政治的に正しい」のが確かならどうして規制するのか？　かくして、温室効果に関する省庁間ミッション指揮下で吟味され、国土環境省大臣ドミニク・ヴォワネが前文を書いた最近の首相への報告（日付なし）「二十一

世紀のフランスにおける気候変動の潜在的インパクト」の二〇頁に「まず最初に、地域によって非常に異なる海洋はその熱慣性で活動する。熱慣性は、海洋が熱を深海に閉じこめている高緯度地域でより大きい」。この文章は出版社へキサゴンその他諸々の「監修」をしている気候学者の署名入りである。読者諸兄なら、海洋は高緯度地域で（しかも可能なのはそこだけである）寒気を閉じこめ、当該現象が慣性とは無関係であることを知っている（そしてなぜかも理解している）。何ともご立派な専門家ではある……。

原注3　世界資源研究所（www.wri.org/ideas.html 参照。代表のメッセージにつけられているシンボルマークを探されよ）。こんにち、WRIは気候クラートの最前衛に位置して最も利益に浴している。（第Ⅲ部第3章、もう他に手はない……原注39参照）

〔訳者補遺〕WRI（世界資源研究所）は、人間社会と地球環境容量を保全する社会に移行させることを使命とし、環境的に健全で社会的に公正な発展について、客観的な情報と実践的な提案の提供あるいは支援を行なっているNPO。所在地はワシントンD・C・。具体的には政府、企業、国際機関、環境NGOに対して政策研究の指揮や政策オプションの公表、革新的方式の採用の奨励や技術的支援を行なう。資金は慈善基金からの助成金、個人、企業からの寄附による。五十カ国以上、約四〇〇のパートナーを有する。その中には、アメリカ国際開発庁（USAID）アフリカ技術研究センター、ペルー環境法協会、国際自然保護連合（IUCN）国際環境開発研究所（IIED）などがある。主要プロジェクトは、農業と食物、生物多様性と保護地区、ビジネスと経済、気候変動とエネルギー、運輸、沿岸及び海洋、生態系、森林、草地及び乾燥地、ガバナンスと制度 人口、健康及び人間福祉 資源と原材料利用 水資源及び淡水生態系など。

原注4　放射能汚染と健康への害の規制についてまったく語られていない。二つの組織の「共通の取り決め」を作り上げ、時が来れば共同して「場合に応じて研究を有効利用できるように臨時にあるいは永続的に人材を交換しやすくするための対策をとる」それがテーマではないか。要するに、共生である。

原注5　国連を横に貫く機関ＥＣＯＳＯＣ（経済社会理事会は）「関与する専門的機関に対して推薦を行ないつつコーディネートすることができる……」（第六十三条の二）そして「……専門機関の定期的報告を受理するために有効な対策をとることができる。専門機関とともに、それ自身の推薦と総会の推薦を実行するための対策について報告を受けることができる……」（第六十三条の三）。すべて「できる」ことになっている。規制は強制的義務ではない。ある種の好意的相互関係が優勢である。

訳注1　ＥＳＡ（欧州宇宙協会）のロケット打ち上げ計画。一九七二年にフランスが提唱し一九七三年に正式発足した。第一号がギアナで打ち上げられ成功し、以後二号（一九八四年）、三号（一九八六年）と改良型の打ち上げが成功した。その後一九七九年にエンジンを改良した新型アリアンヌ五号から実用衛星として宇宙事業化段階に入った。事業主体であるアリアンヌエスパス社が経営を担当しＥＡＤＳが製造を担当している。ＥＡＤＳ（European Aeronautic Defence and Space Company）はヨーロッパの大手航空 宇宙企業。二〇〇〇年七月に、アエロスパシアル・マトラ（フランス）ＤＡＳＡ（ドイツ）ＣＡＳＡ（スペイン）が合併して誕生したフランスの巨大企業グループ。ボーイングに次ぐ世界第二の航空宇宙企業となった。またヨーロッパ第二の兵器製造会社でもある。民間・軍用航空機に加え、ミサイル・宇宙ロケット・関連システムの開発・販売を行なっている。国際宇宙ステーション（ＩＳＳ）の主要な貢献企業で、エアバスの八〇％を保有している。

訳注2　原文では climatocrate。気候の分野での Technocrate という意味の著者の造語である。訳語としては「気候クラート」とし気候に関する政治、行政、経済などで技術的、政策的、財政的決定に選良的な立場にある階層を指すものとして定義しておく。

第2章　科学主義と政治：活動するエコロジー主義

マルクス主義の学説は全能である。なぜなら真理だからだ。

SWAPO（ナミビア）[訳注3]

緑のものはすべて良い。そして良いものはすべて緑である。[原注6]

緑の党（ドイツ）[訳注4]

《要　約》

二十年前、気候のテーマに関心を抱くのは数百人の科学者と、ごく少数派の環境主義者にすぎなかった。十年後には、それが国連の機軸上、将来的展望と未来の創出の議論において火急を要する中心的位置を占めている。現在、気候の課題が執拗に世界中の全活動領域に侵入している。こうした成果はひとりでに実現したものではない。ここまでに至るには次のことが必要であった。好意的かつ巧妙に育成されたイデオロギー的基盤、時宜を得た歴史的文脈、そして打ってかわって、権力に緊密に管理された企図である。こうした条件が融合したのである。

大きな犠牲のもと、エコロジー主義がマルクス主義を制した

気候パニックの誕生について、それが根ざしているところのイデオロギー的基盤の分析から始めないかぎり理解することはできないと考える。したがって、エコロジー主義が登場した一九七〇年代の十年間に遡らねばならない。

あらゆる誤解を避けることを先決問題と考え、私はエコロジーを科学として、エコロジー闘争を場合に応じて（地球的規模の場合）生物圏の崩壊に対決するきわめて必要かつ有用な活動として、そしてエコロジー主義を人間活動の高みから制御することを目指すイデオロギーとして、それぞれ区別しておきたい。エコロジーとエコロジー主義は経済学、社会学とマルクス主義との関係に対応する。権力の影響力を獲得するためにイデオローグが用いる科学である。そしてエコロジー闘争とエコロジーはサンディカリズムと経済学、社会学との関係に対応する。

マルクス主義が政治的、経済的、社会的問題をすべて解決すると自負したのはもう過去のことだ。同様に、エコロジー主義も人間社会を超越して自然のプロセス総体を包摂するものである。マルクス主義的考察は、十九世紀イギリスの産業プロレタリアートの悲惨な現実に驚愕したことにその原点を持つ。その百年後、悲惨な現実は鯨の絶滅、下水道と化した河川、都市の有毒な空気、農薬で狂ってしまった生態系により繁殖力を失くした猛禽類へと姿を変えた。科学的研究が広がり、そこ

から生物種と生物圏の内部プロセスとの関係の無限の豊かさを抱摂する環境を保護するための闘いが始まった。予言的エコロジー主義はこの現実認識と「進歩の害」(原注7)の問題意識との出会いから生まれた。

つまり、資源の枯渇に向かう世界のモデルを示した、ローマクラブの『成長の限界』（一九七二年）を出版したメドウズら、並みの科学者たちがエコロジー主義の創設者だった。これは、「消費指数は上昇する」というそれなりの見通しから、二十年先の埋蔵量を考えずに投資する鉱山会社の「無知」な戦略が、次世代あるいは三世代目には産業界をして急激な凋落を味わわせるだろう、というものである。利益率の漸次的低下が資本主義のシステムに損失をもたらし、再編成を訴求するという形で、代替策を考え出す必要があった。しかし、マルクス主義にとって、自然は理想的社会を建設するための生産手段でしかなく、そこでエコロジー主義者は、人類の運命なおかつ生命は自然に依存するがゆえに、自然の保護活動を優先的な対象の中に設定した。エコロジー主義とあいまって、旧いか新しいか、世俗的か宗教的かを問わず、生物圏全体に手をつけるために、すべての全体主義の基礎である運命の神話が人間社会に溢れることになった。これらの文章は、一つの論理、一つの社会心理学的メカニズムを語っているのであり、私の目には道徳的判断としては全く映らない。

同じ時期、これまた負けじと虚偽の思想がエコロジー想像力の中に根を下ろした。森林は地球の肺である、と。この考えは、ある参考的資料から是認された。一九七二年にストックホルムで開催された国連人間環境会議の参考報告として出版されたバーバラ・ワードとルネ・デュボス(原注8)の報告である。虚偽であっても使える思想はしぶとく生き延びる。一九九三年、グリーンピースの指導者で元左翼で、経済学大好きの政治学者A・リピエッツは彼の綱領文書で、(原注9)「地球の肺」アマゾン森林と「肺炎」を引き起こす第三世界の借款との関係をうち立てつつブラジル闘争の図式を提起した。

エコロジー主義とマルクス主義は、それが遠い未来における政治闘争と社会活動に賭けるのであれば、意見の相違をすべて超えて出会うことができる。しかしながら、その構文が同じものであれば、内容は対立するようである。つまり、マルクス主義は熱狂的だが献身的努力を払った上での天国を約束する。エコロジー主義は世界の終わりを宣言し、異なる社会のモデルを提案する。どちらの場合も、権力の奪取は次世代に託されており、気持ちとしては誰も反対できないのである。特に次世代の人間にはできない相談だ。

エコロジー主義のプロジェクトの優位性は一目瞭然である。状況は理想とはほど遠いけれど、生活に必要な条件が目の前で消滅するような兆しもまるでない。「地球を救え」プロジェクトはだから少しは成功するチャンスがある。このプロジェクトの提唱者には時間がある。とくに、尽きることのない悪い時代がたっぷり続く。

弁証法的地平で語れば、エコロジー主義はしかも答えようのない議論をふっかける。予防の原則がそれである。この上なく複雑な生物圏の未来を語りながら、何の予測も、どんなありえないことでも、納得する形で反論されるような危険は冒さない。何も起きないと証明するのは論理的に不可能である。予防の原則を持ち出すと、議論はお終いになる。

栄光ある始まりの終わりに戻ろう。原料市場の変動が成長の限界の論理的根拠の間違いをさらけ出した。一九七三年と一九七九年の二度の石油ショックが片付くやいなや、市場は厳然と価格の低下に向かった。物が無くなるだろうと予言した本が大当たりしたが、その後起きたのは一時的な原料不足ではなく、様々な政治地理的激動に乗じた純然たる投機的出来事であった。数年の探査で見出された新しい油田の評価と、より高価なエネルギーへの経済の適応は、全体的過剰生産と市場競争の崩壊という極端な事態を避けるに十分であった。一九八五年～一九八六年以降、エネルギーの再転換計画と省エネは緩慢化あるいは停止され、闘う準備を整えていたエコロジー運動とエネルギー危機を大衆的スローガンにしていた活動家にとって深刻な事態となった。

エコロジー主義者は当然、自分たちがあやふやなテーマに乗っていたとは口が裂けても言わなかった。長期的には確かなことであるエネルギー限界論が時として持ち出されるのはそういう訳である。しかし、世界が十分な原料とエネルギーが無制限に入手できるのであれば、エコロジー主義イデオローグの限界論の代わりに、生物の脆弱性が登場することになる。主張は生物多様性、特に熱帯と赤道地帯の原始林を構成する豊かな生物圏の保護に集中する。森林は「地球の肺」だという概念が再び活動する。ここでは、エコロジー主義者の影響力はたぶん少数派とも言えよう。

一九八五年〜一九八六年の間に起きた予見できない、あるいは予知しなかった出来事はすべて逆転し、エコロジー運動に新しい地平を開いた。政治的地平の大事件はミハイル・ゴルバチョフが権力の座に着いたことである。彼は、情勢分析に質的規準を導入し、体制の機能不全に批判を下すことで、ソビエト連邦を崩壊させマルクス主義の理論的信頼性を内側から破壊させようとしたメカニズムに手を入れた。したがって、歴史予言主義的陣営にはエコロジー主義に対抗する者はいなくなってしまった。だからこそ、左翼や共産主義者[原注10]（いわゆる反体制派）が大挙して自己再生を求めて、緑の党や国際的なエコロジー組織の懐に「移行」していったのも驚くには当らない。経済の領域では、周知のごとく（オイルダラーという）別の形のマネーを前にした原油価格とドルの為替相場の下落によって、代替エネルギーの急速な開発やエネルギー消費抑制政策への希望が失われていった。大衆闘争の領域では、チェルノブイリ事故が気候ロビーの情報戦略の開始にまともにぶつかり、核擁護派に大きな貸しを作ることになった[原注11]。そして、一九八六年一月のスペースシャトル、チャレンジャーの打ち上げ失敗[原注12]はNASAの宇宙計画にとって大事件となり、開発戦略をより有用な目的に向けさせた。特に「オゾンホール」と温室効果に関わる目的性と、NASAの社会的正当性を回復するため、大きなエコロジー組織との連合を模索することになった（第I部第3章、原注18参照）。

しかしながら、肝心な出来事には別のテクノクラート的な原点がある。それは、一九八五年十月のフィラッハ会議での国連の気候コントロール組織の活動圏の拡張策の進行である。この提案のためにUNEPが選んだ文言[原注13]には曖昧なところは少しもなかった。

「一九八五年、気候変動の問題を扱うために、最大の影響力のある科学会議がオーストリアのフィラッハに召集された。UNEP、WMO、ICSUの主導の下、先進国と開発途上国二九カ国の科学者が十月九日から十五日まで炭酸ガスのような温室効果ガスの地球の気候へのインパクトを検証するために一堂に会した。フィラッハ会議と二つのワークショップは、気候変動への法的アプローチに関しては具体的に推奨しない。しかしながら、その科学的評定を支援しつつ政治家と法律家に対して適切な対処についての意見を提示した」

これこそ理想的な連合国家的主題である！　気候の脅威は、それだけでエコロジー主義者が世界に押しつけたがる社会的モデルを正当化するのに十分なのだ。問題はひとことで要約できる。気候はすべてを条件づけ、よってすべての人間活動に影響する。開発中のモデルが気候を台無しにしているのであれば、それは絶対的悪を具現するものだ。メシア的悲観主義（完全に正当化されていると結論的に再確認しておく）にどっぷり浸かったエコロジーへの従属は、いかにも彼らの直感と調和的に結びついたテーマをとらえて離さない。互いに通じ合っている大きなエコロジー団体の戦略家同士は情熱と信念をもってメッセージを発信した。地歩は固められたといわねばならない。気象学は長くテレビで大きな位置を占めてきており、変わった現象の映像は奪い合いだ。我らが祖先のゴール人にならって、天が頭上に落ちてこない限り大概のことには驚かないのも事実だが、大衆はこの種の番組には超受身である。オピニオンリーダーはこうした映像を積極的に破滅的な気候変動に結びつけようとし、推論的に生存条件(原注14)の破壊の予想に対して経済的または社会的な側面の反論が向けられることはない。

エコロジー主義者のプロジェクトはユートピアの領域を離れ、世界の終末に替わるものとなった。

それでも、気候警報が発令される過程の単一方向的な視点は警戒すべきである。何年も前からUNEPの門戸は大きなエコロジー団体（グリーンピース、地球の友、世界資源研究所、天然資源保全協会、世界野生基金など）には開放されてきた。これらの団体はオブザーバー席を持ち、その上、自然と環境の問題に特化した様々な会議の全面的なパートナーでもある。気候のビジネスはしたがって長く共同で行なわれてきている。プロセスの開始に当たっては先決事項、つまり科学的な保証が必要であった。この先決事項はフィラッハ会議で設定されている。強いて専門である必要はないが、科学者の一グループ（半数以上は気象あるいは気候に関する研究）が問題について「科学のコンセンサス」を発表するために、侵すべからざる庇護のもとに集められる、というものである。発表した事実は割り引いて疑いを持つものも含めてすべての者が関心をもち、研究の信用性があるならば、環境活動家に上積みを、テクノクラートにはキャリアを、メディアには視聴率の取れるネタを、博愛主義的知識人には恵みのパンを与えるのだ。支配的イデオロギーの「高尚なるサークル」の扉は閉じられる。

科学に対立する科学主義

気候警報の最も熱心な擁護者の多数派は専門領域の科学者が占めていたわけではない。間違いなく彼らは世界中からかき集まってきて、絶好の機会に恵まれたものだから多分この上なくハッピーに違いない。しかしながら、問題のすべての側面で絶対的なコンセンサスが得られていると考えてはならない。日常会話から論争がはみ出てくることも往々にしてある。かくして、二〇〇〇年秋、CNRSの議長に選出される少し前、フランスのオゾンホール専門家で物理学者のジェラール・メジーは、評判の高い数値気候学者ロバート・カンデルの科学的優先権の評価に関して丁重にかつ厳しく自粛を迫った。[原注15]「科学論争を人工的に作り出すのは、きわめて複雑になっている議論を明瞭にする助けには間違いなくならない。科学的不確実性に関する不毛な議論をたきつけるばかりで、科学のイメージを損なうだけである」。

こう表現しつつ、G・メジーは客観的には気候テクノクラートの仕事に就いた。彼は、科学者は国際間の協議を阻害するようなことは何も言ってはならない、と通達を出した。要は「考えるのは自由だが、口には出すな！」ということである。彼を議長に任命したことでCNRSの予算折衝に何らかの影響が出るのではないかと思われる。

事はメジーだけで収まらなかった。彼の登場とともにCNRSを気候学が牛耳ることになった。[原注16]これは穏やかではない。彼のやり方はIPCCのリーダーと変わらなかった。以前、まだ世界的なレベルの話にまで至っていない頃であれば「国家の都合」で済んでいた。だがこんにち、「気候学にとってより利益になる」という新しいコンセプトを作り出さねばならないのだ！

一九八五年から様々なことがあり……猫も杓子も環境問題へとなびいてきた。「フィラッハ・プロジェクト」を無条件に支持したのがエコロジー主義者たちであった。政治的エコロジー主義は科学的イデオロギーから生まれる。この精神状態を反映して、エコロジー主義指導者は当初から、一点の曇りもないユナニミスム（訳注5）を大衆的に強く求めた。その勢いたるやほとんど戒厳令でも発令されたのではと思わせるほどであった。一九九〇年初頭のワシントンでのＩＰＣＣ第三回総会の出席者は二つの兆候的な要請を聴かされた。

まず、グリーンピースの科学部長（原文のまま）ジェレミー・レゲットは「その分析を各政府の専門家に委ねた地球の温暖化への我々の最初の貢献は、温室効果ガスの放出を低減させることを目指す国家による即座の対応を一度のみならず迫りつつ、切迫する地球温暖化の脅威を真に反映させたＩＰＣＣによる勧告の必要性を強調するものである」と述べた。ノーベル平和賞ものか！

次いで、アメリカの最も古い独立科学者組織の一つである関係科学者団体の代表、オルデン・マイヤーが「現在のＩＰＣＣの全体会議は、この週間における諸兄による討議を通して、ＩＰＣＣの中間報告で、可能な選択肢の折衷案だけではなく、炭酸ガスの放出を低減させる政策を明確に勧告することを確約すべきである」と発言した。要するに、ほとんど強制条約すれすれの要求をしたためんばかりの確信に満ち溢れているのだ。

しかし、この反科学的ボランティア精神の出すぎた真似は、おそらくそして仮にでもイギリスの地球の友リーダー、ジョナサン・プロリットをして、受け身の発言をさせていることにある。（原注17）一九九二年六月のインタビューの中で彼は「……われわれは、地球温暖化、土壌の崩落、森林伐採の他に世界の現状に関わる報告は必要としていない。エコロジーの危機に関して未知の大問題はもう残っていない」。

今や、全員一致が実現した。会議から会議へ、職場のおしゃべりでも、ロビー活動の折衝でも、地ならしローラーが転がり続ける。この世界で活動する者にとって、科学的懐疑の精神は完全に異質な概念である。そこで、専門分野の出版物は信頼し得る地域的予測の不可能性をはっきりと認める。IPCC第二作業部会のフランス代表ミッシェル・プチ（温暖化によって起こり得るインパクト評価の担当責任者）は、二〇〇一年二月十九日にジュネーブでグループ責任者に提出された報告を[原注18]「状況認識のバイブルのようだ[原注19]」と見る。最低限の批判精神とユーモア精神をそなえた責任者なら、この報告を読んで当惑の淵に深く沈潜していくであろう。報告は言う。状況はもっとひどくなる。あらゆるところで悪化する一方だ、と。それはわかった。しかし正確には、いつ、どこでなのか？　どの程度なのか、実のところは？　算出され、整理されている事柄は蓋然論的な質的考察によるものだ。すべてがあやふやなシミュレーションの産物であるかぎり、ディテールの積み重ねだけでは信頼に足る知識をよこしてはくれない。つまり、地球上のすべての生物圏とすべての地帯で、現実性に沿った最大限のダメージの想定を可能にする徹底したリストが作成できる、そのようなものをみんなのために作らねばならないということである。大衆は信じてしまう。それが問題なのだ。

あまりにもテクノクラート的な……

気候ロビーの形成によってテクノクラートとその活動領域が世界的に拡大する時代が現出した。それはある種、流派の形成にも似た典型的なやり方で進められてきた。初めは、UNEPの官僚はいかにも官僚的に、組織的に重要性を増してきた課題の研究に当たっていた。UNEPは、気候ビジネスに至るまでありとあらゆる部門に関わったが、専門領域を超越した視野の広さはなく、政治的には象徴としての重みしかなかった。国連の環境問題の重鎮と結びついたUNEP、WMO、ICSUの三者連合は、その戦略目標の実現、つまり人間活動全体に負担を強いるプロジェクトに、科学的かつ社会的両面での正当性を付与するために役立った。国連組織は、まさにそのためにあるわけだが、このプロジェクトを実行するための枠組みを付加的に設置することを良しとした。それからというもの、事はかなり迅速にかつ着実に進められたが、それでも下部組織的なものであった。国や地域の環境関連の官僚機構が案件を独占し、エコロジー主義者や科学者と様々な性格の契約や協定を交わした。当然、これらの事業に絡む利益をお互いに引き出した。特に最初は、活動家同士の助け合いすらあった。(原注20) となると、どっと群がってくる。マスコミは発信されるメッセージを好意的に扱い、かくして社会の要請、なる幻想がもたらされた。人を最大限に動員するのに不可欠な、金という天の恵みは、組織の予算枠としても、個別の借款としても次第にふんだんになっていった。フランス政府などは、一九九二年六月の気候変動に関するリオデジャネイロ会議と並行して開催されたNGOフォーラムにフランスも環境組織を送って協力できますよ、とばかりに一九九一年、即席「NGO」のCEDI（環境と決断国際組織）を創設し、金をつぎ込んだ。(原注21)

本物の質的飛躍がそこで生まれた。一九九〇年から二〇〇〇年の間にフランスでは七倍という目を丸くするような気象設備投資の増額が断行されたことはすでに見た（第Ⅰ部第2章「自然は変わりやすい」では何も説明できない、参照）。気候という言葉は以後、どのような研究プロジェクトでもそれを説明するのに都合の良いキーワードの一つになった。事情通にきけば、官庁や半闘争的組織団体や内閣官房の中枢に自称気候学専門家なる輩が華麗なる経歴をかざして巣食っていたことを話してくれるだろう。最低限の科学的知識さえ必要としないで、巷間広く知れ渡ったＩＰＣＣの基本方針に同調し、それを個別の文脈に置き換えて問題提起すれば足りる。後はすらすら湧き出る泉、契約、出張旅行、会議、影響力、検討、いつも正しいエリートの意見が……要は、とんだ茶番だ。「風に乗って羽ばたくパイオニア」(原注22)はもう昔の話、これからは甘い汁を吸う輩が太鼓を叩いて奴隷にガレー船を漕がせるのである。

これらのアジテーションのすべてが目的とするところは、気候にインパクトを及ぼす疑いのあるすべての活動を制約する規制の設立と完璧化である。こうした操作の管理を担う装置の複雑性たるや筆舌に尽くしがたいものがある。その発展のさまはフラクタル構造の伸張にも似て、一方で無限に大きくなり、もう一方で無限に小さくなっていく。どんな力もこれを止めることも、変えることもできないようにみえる。気候クラートは、フィラッハ会議ででっち上げられた「遺伝子コード」の法則そのままに、スポンジかカリフラワーのごとく成長する。(原注23)気候クラートの装置は癌ウイルスの遺伝子情報を持った最初のメガマシーンだ。(原注24)その遺伝子情報のすべて、またはその一部を他のテクノクラート装置や生産的装置に注入し、自らに有利なように働かせる。この仕事に必要な金と時間はわずかなもので、[原注25] 獲得した権力に比べて少なすぎるが、この同じ会議に出席していた著名で勇気あるフランス人のパイオニア的氷河研究者がある機会にいみじくも言ったように、気候のロビーなど無いようなものである。それでも動いているのだ、この機械は！ それにしても、かくも精力的に動くことのできる精神的エネルギーをどこから吸い上げているのか？ 影響力、つまりは権力への飽くことを知らぬ渇望を満たすために、どこから金を巻き上げているのか？ その答えの秘密は、人間の脳みその中に潜んでいると思われる。

「人間の命、人格の本質、能力と大胆さは、とりまく環境の安全への信頼感の表現であることを知る人は少ない」。ジョセフ・コンラッドが一八九六年に書いたこの文章は、[原注26] ほとんど（「集団」とリーダー両方の）満場一致の合意が雄弁に物語っている気候クラートの見事なまでの発展を説明する鍵が何かを示唆している。この作家の言葉から、農民たちと、侵略戦争における国家の極悪非道な蛮行との間に、当時のヨーロッパ諸国の技術的、行政的環境が介在していたことが想起される。しかしこれは、気候の警鐘が人々の地球環境の安全への無意識な信頼をくつがえしてしまった現在の状況に完璧にあてはまる。コンラッドは続いて、動き出した精神的歯車について述べる。

「……危険のない生活が姿を消すと、そのかわり危険で慣れない生活が現出し、つかみがたくて制御不能で嫌な感じが昂じてくる。風紀が紊乱し、想像力が刺激され、愚者も賢者もその文明度を試される」

気候クラートはしたがってパンドラの箱を開け、ジョセフ・コンラッドがいみじくも見せてくれた魔力と能力を兼ね備えたアラジンの魔法のランプから巨人を呼び出したのである。

実際の過程は、科学的で法的で系統的で組織的なる美名の下に、人間の無意識の深奥部に侵入していくという不合理で月並な、いかにもありふれた無理矢理のやり方に依存することになる。こうした推進の方法はあらゆる社会とテクノクラートの間に共通する暗黙の了解となっている。互いにやり取りをしているのは、ほぼはっきりしているが、社会機構が木っ端微塵に砕ける恐れがあるのでそのことは公けにはされていない。コンラッドはこのことには言及していない。それだけに、さらにもう少し深く掘り下げ、この権威への隷属志向の根っこを引き抜かねばならない。今ここにある、自らの存在の神秘と、その生存条件と運命から逃れられない悲劇を認めることを頑なに拒絶する人間。古代ギリシャの悲劇作家や哲学者はこの二つの問題をその著作と考察の中心に据えていた。彼らの明晰さは現代の私たちをも解放してくれるものだ。こうした疑問には技術をもっては答えられない。むしろその反対に、技術的と称する解決のすべては世界を破壊する方向に働く。危険と不慮の臆病なる拒否はその内容から自由の思想まで取り去り、未来を奪う。未来を担うのは科学とテクノロジーであるという幻想を報酬とする奉仕ボランティア。これはすでに宗教といえる。卓越したところのない宗教である。

この観点から、気候クラートは他のすべてのテクノクラートを凌駕している。地球的な偶然性の鍵を自ら握り、その名の下に、最も頭のおかしいエコロジー主義者たちが企てる、人間社会と環境が結合した権力管理の完遂を狙っているのである。

原注7　フランス民主労連（CFDT）が七〇年代半ばに出版した共同著作のタイトル。この組合とPSUは非常に近く、左翼文化とエコロジー主義者の感覚とをつなぐ役割を果たした。数年後、穏健派左翼諸グループはエコロジーを旗印にOPAを結成、ドイツでは最初、毛沢東主義者（多数派）とスターリニストが徐々にヘゲモニーを握っていったが、一九八一年から一九八六年の間に、そしてフランスでは一九八六年十一月に緑の党の年次大会で主導権を握った。イタリアでは、とくに穏健派共産主義者で真正エコロジー主義者の「環境戦線＝レガ・ペル・ランビエンテ」を中心に、スターリニストではなかった共産党と、エコロジー主義者、共産主義者、新左翼の連合が「自然に」実現した。

原注8　「地球は一つしかない．小さな惑星の保護とメンテナンス」（『ペンギンブックス』一九七二年、ロンドン）には「大気を巨大な排気口として使用した人類の産業は、気候に深くて予期せぬ影響をもたらす……」とあり「大気中のCO_2を樹木の葉の作用で自然除去する割合を低下させる過剰な森林伐採」反対の姿勢を表明している。成熟した森林の炭酸ガス収支はゼロであることは誰でも知っている。

原注9　A・リピエッツ「緑の希望、政治的エコロジーの未来」（『ラ・デクーベルト』一九九三年）。

原注10　M・ゴルバチョフ（「緑十字」創設者で会長）の言葉は、最高水準でのイデオロギー転換を具体化している。「今や、私は不可能な任務をつきつめたいと思っている。人間と環境である！」（『週刊地球』一九九三年二月十日）。

原注11　W・C・クラークの一九八五年フィラッハ会議でのIIASA（国際応用分析システム協会、ウルトラ原発推進派として有名）についての発言を例に挙げることができる。「温室効果の問題への実践的かかわり」つまり危険の評価に関して、二一〇〇年時点で九℃から一五℃の温暖化確率は、一番目に、二一〇〇年までの多数のダム崩壊と同じ数字で、二番目に、二一〇〇年までの原発大事故の数字の十倍である。この七カ月後にチ

エルノブイリが爆発した。ＧＰＯの長オバシはとりわけ、クラークが会議報告書（参考：ＷＭＯ、六六一号、一九八六年）の前文で、分担評価は特例である、と結論的に述べた……優秀な国際学者である……。
〔訳者補遺〕ＧＰＯ　全球海洋観測システム（ＧＯＯＳ＝Global Ocean Observing System）の実行機関グース・プロジェクト・オフィス（GOOS Project Office、本部パリ）。既存の海洋観測システムの利用・改善を通じて、海洋に関する科学的なデータおよび成果物を長期にわたり収集し、広く社会に提供して持続可能な発展に資することを目的とした計画。ユネスコとその政府間海洋学委員会（ＩＯＣ）世界気象機関（ＷＭＯ）国連環境計画（ＵＮＥＰ）国連食糧農業機関（ＦＡＯ）が共同実施する統合地球観測戦略（ＩＧＯＳ）の一部で、国際科学会議（ＩＣＳＵ）や衛星関連機関とも協働している。

原注12　スペースシャトルのブースターのジョイント部分二カ所の結氷でエンジンが爆発したことが思い出される。発射前夜、アメリカ進路ＡＭＰの南下により気温はマイナス七℃まで下がっていた。ケープカナベラルはバーレーン、アスワン、沖縄と同緯度上に位置している。

原注13　ＵＮＥＰ「気候変動に関する一九八五年フィラッハ会議とその補遺ワークショップ」（www.unep.ch/iucc/fs214.htm）

原注14　産業革命前（漸次的に飽和する工業・農業的要因による温室効果ガスの減少）の大気の成分構成は人類文明が生んだ条件で、おそらくその生存条件である（リピエッツ・注9）。

原注15　Ｒ・カンデルの研究「大気と気候の継続しうる発展」（『自然、科学、社会』第八号三、二〇〇〇年）に関するＧ・メジーのコメント。カンデルはこの論文で依然として水循環について克服されていない難しさを指摘している。もちろん、議論の不正確さを示すやり取りは確認できない。

原注16「公的研究の優先課題の一つである環境保護に対する期待をこめて、オゾン層と温室効果の優秀なエキスパートである気候学者のＧ・メジーをＣＮＲＳ所長に任命した」（環境調査局長ロジェ・ジェラール・シュバルツ

エンベールの二〇〇一年六月十九日パリ、温室効果に対するたたかい年次総会)。

原注17　自然関係と社会。「生命の樹」プロジェクトの生みの親、ジョナタン・プロリットは一九九二年九月、NGO集会の場を賑わしていた。

原注18　IPCCのサイト。

原注19　『ル・モンド』二〇〇一年二月二十一日「国連、地球温暖化に起ち上がる」。

原注20　かくして、アンドレ・ベルジェ教授の共闘的参加のお陰で、各国のエコロジーグループが結集した気候警告のメッセンジャー「気候アクションネットワーク」は一九八九年六月ドイツ、ロックムでの結成大会期間中、ベルギーのルヴェン大学天文地学研究所の施設に宿泊していた。

原注21　一九九一年、先行活動として(フランス「世界の灯台」)、フランス政府はパリ、ヴィレットにある科学産業都市会議場で各国NGOを多数招待して「リオに向けて」国際フォーラムを開催した。ミッテラン大統領はある会議に出席し、長時間にわたる、学問的というよりも政治的な発言を行なった。当時のフランスの政治指導者の気候変動についての関心はブリス・ラロンドに負うところが大きい。ラロンドは政策担当責任者であったミッシェル・ロカールと社会統一党時代の友人で、話が通じる間柄であった。首相になったロカールはラロンドを環境大臣に指名した。

原注22　流れに逆らって船を漕ぐということ。

原注23　カリフラワーとスポンジは自然界における二つのフラクタル類似物である。

原注24　アメリカ人哲学者ルイス・マンフォード『機械の神話』(ファイヤード出版、一九七三年)の概念による。

原注25　IPCCのコーディネーター組織(一九八八年十月に国連総会で正式承認された)の一九八九年度予算は、支出が一五八万九五〇〇スイスフランで、一九九〇年度は一七二万六四四四スイスフラン(ソ連から八万五〇〇〇USドル追加)となっている。現在、予算はサイトでは公開されていない。

原注26　ジョゼフ・コンラッド『進歩の前哨』（一九九七年パリ、オートルマン出版）。

訳注3　ＳＷＡＰＯは南西アフリカ人民機構（South-West Africa People's Organisation）ナミビアの政党。ドイツ占領時代に、北部ナミビアのオバンボ族を中心に結成された独立運動が母体となって生まれた武装闘争組織。六〇年代に大衆組織に変わり、一九九〇年にナミビアが独立すると議長のサム・ヌジョマが初代大統領に就任し、ＳＷＡＰＯは政治政党となった。現在もナミビアの政権を掌握している。

訳注4　緑の党。一九七〇年代後半に北ドイツのブロックドルフ原発反対運動をきっかけに西ドイツ各州の議会で「ディー・グリューネン（緑の人々）」と名乗る環境主義者たちが次々と立候補し、八〇年代には連邦議会に進出、一九八五年にはドイツ社会民主党との連立政権に始めて参加した。九〇年代には連邦議会の第三政党となり、ドイツの原発廃棄に大きく影響を与えた。底辺民主主義を特徴とし、地域中心、女性尊重、分散型分権型社会を目指す。

訳注5　ユナニスム。フランスの作家ジュール・ロマン（一八八五〜一九七二）のとった文学的立場。人間集団はある種の一体の魂を共有しているという考えに立ち、個人を超えた社会や時代を対象とする文学を目指した。一九四六年にアカデミー会員となる。

第3章　大きい者はいつも最強である

すべてを今のままにしておきたければ
変わるものに手をつけよう。
私の言うことがおわかりか？

ランペドゥーザ王子ジュゼッペ・トマージ（原注27）

《要　約》

未来は、それを先見し革新できる者に帰属する。ここでは三つの危機を分析する。一つ目の危機は、第一次石油ショックの結果として、ある意味で予測されていたことであった。二つ目はオゾンホールの発見に誘発されて、その容疑者であるフロンガス産業を驚かせた危機である。しかしこの産業はこれに迅速に対応し、世界的文脈での強化に利用できた。三つ目の問題は徐々に輪郭を現す。好むと好まざるとにかかわらず、エネルギー部門と大企業が炭酸ガスのビジネスを始めた。化石燃料の使用への懸念が強まれば強まるほど、彼らの経済社会活動への支配は拡大する。

成長の限界、誰のために？

気候警鐘が効を奏したのは、メディアとそれが及ぼす圧力を非常にプロ的に利用した結果である。産業界はこの圧力から逃れることはできず、それを様々な段階で検討した。しかし、経済の立役者たちがみんなこの支配的イデオロギーの目論見をじっと我慢するなどと想像するのは人が良すぎるであろう。過去の歴史は、転んでもただでは起きないためにきっちりと利益を計算して、あらかじめ手を打っている者がいることを教えてくれている。いかに彼らが後者の二つの、良し悪しはともかく、天然資源の有限性と環境的限界に絡んだ産業再転換をうまく運営したかを思い出すのも参考になるだろう。気候を巡って作り出された危機の特異性を判断する、そのための比較ポイントがある。一つは一九七三年以後のフランスのエネルギー転換である。もう一つは、「オゾンホール」の発見を契機にした世界的なエネルギー転換である。

なにゆえここで、収支緩和的エネルギー転換の試みを引き合いに出すのか？　それには、いくつかの理由がある。ここで求められていたのは、炭酸ガスの放出を僅かながらも減少させるためにとるべき方策と、確実に最小限の範囲内で、なおかつ技術的にも経済的にも肩を並べられるような方策であった。そしてそれは、資源の不可避な枯渇という問答無用の姿をとった「エコロジー」論に応えるものであり、掲げた目標を引き下げるような結果になったにもかかわらず、フランス電力公社の主要推進計画の産業的、営業的、財政的、政治的な強化につながったのである。

第一次世界大戦後の一九五〇年から始まった世界的繁栄の時代は俗に「栄光の三十年」と呼ばれる。社会システムは、アメリカ的生活水準からの「遅れ」に追いつく必要性に正当化された質の論理にしたがっていた。

しかし、六〇年代に入るや否や、この「生産また生産」戦略に亀裂が生じてきた。汚染による被害を前に自然保護主義者から警鐘が打ち鳴らされ、中毒被害者が決起し（水俣の悲劇は国際世論に電撃的衝撃を与えた）、企業のエネルギーと原料資源の財政計画に有利な行政を行っていた高級官僚への圧力が高まり、経済企画担当者は農業や牧畜のエコシステムの持続可能な生産性の限界を超えない配慮を施した。それでも、運動は拡大していった。多くの国がこれに唱和し、雇用が安定している国は従来の保護的社会制度をもって効果的に対応し、とりわけ非常に競争力の高い生産原価の開発途上国の競争力が高くなりすぎた。ヨーロッパの先進工業国は貿易保護政策の障壁を設けたが、とても耐え切れなくなった。

はるか先頭を走るために開発モデルを変更する必要が生じ、現行のやり方を若干でも曲げざるを得ない。口実には事欠かなかった。エコロジー的、哲学的、道徳的、そして将来的理由。それぞれがそれぞれのパートを演奏した。このオーケストラを指揮するのは他でもない、時代の風潮なのであった。自然主義者と環境主義者は出版、現地闘争などを通して材料を積み上げていった。哲学者やモラリストは、「所有するか生存するか」どちらかを選択せよ、とすべての価値観を一極に絞り、先進国とそれ以外の国々との溝はぐずぐずと崩れていった。そして、生産的領域の戦略について相互の意見を交換する場として、ローマクラブが創設されたのである。現在、それはダボス会議と名を変え、異なる状況に応じた規範と影響力を探る機能を保持している。ローマクラブは、成長には限度があることを世論に納得させるためにやるべきことをした。しかし、問題をかかえた生産部門の労働者たちも国際競争の不可侵地帯に生きざるを得ない存在なのであり、この課題をまともに受け入れさせるのは不可能なことである。天然資源の限界と欠乏を議論するには時間が限られている。

だが、前進的変化が見えてきた。当時のフランスのエネルギー政策がその良い例である。フランス電力公社は、原料資源の低価格傾向に便乗して火力発電所の燃料を石炭から石油に転換し、とくに生活環境（六〇年代初頭のブルーメーターキャンペーンと電気暖房プロモーション(訳注6)）の中に電力使用を最大限に開発することを許された。この図式は、エネルギー自給を除いて、すべては過渡的なものでしかありえなかった。事実、フランス型原子力発電計画が大きく動き出した。一九六八年、フラマトム(訳注7)がウエスティングハウスライセンスを取得、ローヌ河畔のマルクールでの最初の工業用高速増殖炉建設、一九七一年、スーパーフェニックス計画の確定、同年、軽水炉の使用済み核燃料の再利用に関するハーグの再処理工場受け入れと、トリカスタンでのユーロディフ(訳注8)の民間濃縮ウラン工場建設に関する国際協定、アフリカの元フランス植民地ウラニューム生産国での強制的生産管理。ＰＥＯＮ（原子力による電力生産）委員会の報告と一九七一年の計画は、アンドレ・ジローの名で、開発のピークを一九八五年に予定していた。しかし、フランスの計画担当者は経済成長曲線に余地を見出せず原子力計画は中止され、プルトニウム高速増殖炉が「最終的」解決をもたらすまでは、少なくとも当面は代替エネルギーなしでの電力生産が余儀なくされた。世論はもちろんその裏で何が企まれていたかには気がついていなかった。

一九七三年十月、第四次中東戦争(訳注9)が起き、第一次石油危機がこの美しい図式をひっくり返してしまった。原油不足となり、フランス電力公社は決然と国内の石炭を犠牲にしていた(ドイツの電力行政とは正反対に)ので、フランスはショック緩和の方策なきまま、厳しい綱渡りで乗り切らざるを得なかった。原発が稼動したあかつきには電力需要の販路を最大限に優先し(競争規準の遵守も、購入石油代の支払いもなんのその)、原子力発電部門への投資を海外に依存し、使えるお金はわずかしか残っていないため、後は石油の消費を抑制する(速度制限、自動車税、遠隔地居住規準、国庫の「無駄遣い追放」運動)というわけである。「すべて原子力」への歩みは他の産業部門から投資の手段を奪い去った。商業流通の収支が低下し、ついでマイナスへと向かった。フランスの生産手段の近代化は、絶望的に高価なエネルギーに適応せざるを得ず、結局のところ八〇年代半ば頃には原子力発電への投資を抑制する以外に手のつけようがなくなり、一九九五年以降になるまでその商業面での効果は見えなかった。

原子力クラートの戦略は道半ばにして頓挫した。奉仕ボランティアの仮説遊びに乗せられて、あまりにも頑なに思い込んでしまい、八〇年代の石油価格の下落とドルの変動相場制に耐え切れなかった。もっと原価の安い電力を当て込んだ競争力のアップは三分の一に落ち込み、国内の生産手段への設備投資を遅らせたのである。石油およびガスと電力との競争力は過去に一度たりとも逆転したことはなく、逆転は想像にすぎなかった。よしんば、笑いものにされた技術的問題がなかったとしても、高速増殖炉計画は八〇年代半ばに正式に参加した共同開発国の連鎖的離脱により失敗する運命にあったのだ。

最初に石炭よりも石油を燃やしてフランス電力公社が一役買ったエネルギー危機で大きな利益を得たのも、やはりフランス電力公社であることに変わりはない。ゲームのルールを自分に都合良く変えて同社は利益を得た。この会社は、原子力がなければ失われてしまうかもしれなかった国内市場のいくつかを制覇した。そして現在、四半世紀を経て、奴隷のように従わさせたフランスの顧客と国家の支えという二つの強力な切り札を持って、今ヨーロッパ征服へと動き出している。

オゾンホールに対する「闘い」

責任者だけが利益を得ているというエコロジー危機がこれである！

「オゾンホール」問題はしばしば気候問題の入門篇とみなされている。これは事実（少しだけ）で、同時に嘘（かなりの）である。この問題の模範性とその重要性を判定するに最も簡単な方法は、その来歴を詳細に見ていくことである。

一九七四年、カリフォルニア州アーバイン大学の化学者ローランドとモリーナは、塩素が成層圏オゾンを破壊する可能性があることを発見し、冷却装置の熱力学液剤やエアゾールボンベの発射剤に使用されているCFC（フロンガス）がオゾン層を脅かし得る、という仮説を立てた。成層圏オゾンは太陽光線スペクトル中にある最も高エネルギーの紫外線を吸収する。オゾンが少なければ地表に到達する紫外線の量は増えることを意味する。健康に及ぼす被害は知られている。悪性メラニン色素が増え、恐ろしい皮膚癌、若年性白内障の増加、免疫力の低下などである。紫外線はまた光合成にも有害である。エコロジー団体(原注28)は即刻情報をつかみ、とくにアメリカとスカンジナビアで不買運動に出た。世界的規模で行なわれた、歴史上最初の予防主義的活動であった。オゾン層の何らかの破壊の証拠は皆無で、含まれている塩素がどのような化学反応で遊離し、オゾンを破壊するのかもわからないままに、フロンガスは一九七八年にアメリカ、カナダ、スカンジナビアで禁止された。

一九七八年、イギリスの南極観測基地で成層圏オゾンの系統的な測定が始められた。しかし、観測員は機械が狂っているものと考えて、観測された最小値を切り捨てていた。観測基地は一九八四年に二度目の活動に入り、南極に春が戻るとともにオゾンの比率が相当に下がっているという証拠が出てきた。イギリスはアメリカに、成層圏オゾンの衛星からの測定でこのことを確認するよう要請した。そこで、平均値からかけ離れた数値はデータからはずされたことがあった……。観測資料すべてを再検討した後、確かに重大なオゾンの減少と春先の増加があることが確認された。

並行して、エアゾール禁止で需要が落ちた企業は別の販路の模索に入った。生産は一九八〇年までダウンしたが、それからは冷凍、固形発砲スチロール、溶剤などの市場の発展のお蔭で急上昇した。状況は維持しがたくなっていた。要は公衆衛生にかかわる問題である。国連は、UNEPの管轄において、フロンガスの生産の即刻停止を準備するための協議に乗り出した。最初の決定的ステップは一九八七年にモントリオール会議での調印で実現し、純粋な国家間の決定事項として、一九八七年から二〇〇〇年の間に生産を五〇％に削減することを予定したものとなった。事実上、協議はすべて企業間同士で行なわれ、[原注29]アメリカ代表は議定書に署名しただけである。代替品を準備すべく多額の投資を行なった企業の中でも最重要な企業であるデュポン社は、いかにも潔くこの決議を最高に評価した。

「もしフロンガスがオゾンを破壊することが証明されたなら、わが社はただちにその生産を停止する」

このことは調印後まもなく異相混合不均一物体化学という新しい分野の発展のお蔭で証明された。今や、南極の冬の終わりの成層圏の環境を脅かす容疑者の手口はすっかりわかってしまった。それからは、成層圏の構成とその気候状態の理解からオゾンの破壊を予測できるようになった。フロンガスの割合が増えたことで、一九九〇年には各国がロンドンに再度集まり、先進工業国においては一九九五年（フロンガスの有害性が消える時期）、その他の国では二〇〇五年にすべての生産を停止することを決定した。時期は熟していた。オゾンの破壊は、九〇年代の初めから先験的に好ましくない状態が支配している南極に起こる。だからこそ、一九九三年にコペンハーゲンで、規則はその他の塩素を含む溶剤（しかもきわめて有毒な四塩化炭素とメチルクロロフォルム）まで拡大された。

正確にはこの規則はどのような方式をとっているか？

代替物質は二種類ある。ハイドロクロロフルオロカーボン（ＨＣＦＣ）[原注30]とハイドロフルオロカーボン（ＨＦＣ）である。前者は塩素を含有し、破壊されずに成層圏まで到達することができる（上昇期間十五年、寿命二十年）が、二〇三五年以後は生産できない。寿命五十年から四百年（平均寿命七十年）のフロンガスよりはましである。ハイドロフルオロカーボンは、塩素は含んでいないが価格が十倍も高い。これらのガスはすべて、炭酸ガスの千倍から一万倍もの途轍もない放射性を有している。オゾン層の破壊は今後五年から六年の間は増加し、その後の回復は非常に漸次的なものである。

すでにあるフロンガスは壊されていない（実験的に破壊した限られた量を除く）。ガスは貯蔵され、古いタイプの冷凍機器にリサイクルされている。特殊な技術が開発されたのである。いずれはこれらも成層圏に入っていくであろう。解放される日を待ち望んでいる最大量のガスは、建築用材に使われているある種の断熱用発泡材である。その行く先も究極、成層圏である。それに、違反者もいるし、不正使用もある。

私たちが前提にしている確実な事実の上に、こうした事情からどのような情報が手短かに引き出せるだろうか？

証拠が無くても行動を起こせることがこれまでの出来事でわかった以上、これは予防主義的には強力な証拠となる。エコロジー主義者は交渉ではなく、逆に気候に起きることに関わる。彼らは、問題が整理されていないにもかかわらず、ややこしいことには無関心である。

狙いと方法に変わった点はない。ある化学物質が有毒とわかり、その禁止について製造元との話し合いが行なわれている。フロンガスはアブサンにも含まれているし、パスティスやコニャックにはハイドロクロロフルオロカーボンとハイドロフルオロカーボンも入っている。後者の製造工程はとくに微妙で難しく、フロンガスの製造禁止は発展途上国の競争力にとって厳しい前途を意味する。

経済的側面では、非常に特殊で対処が非常に敏感な売り手寡占市場の話になる。代替物質のための技術的解決は保証できる。しかも禁止品目のコストと代替物のそれとは収支的に少ししか差はない。したがってこれは「やれる」。はっきりしている。気候の温暖化の議論とは何の関係もない。

最終的に、国連が地球の大気に関与する事業を動かしたことと、予防主義が求められたことを別にすれば、オゾンホールの問題の扱い方は気候警告の問題に転化できるものではない。この理由は次に明らかになる。

戦略的試験の風船

この一世紀の歴史的経験が明らかにした、高層大気中に長く停滞する人為的排出物の要素としては他の放射性ガスもあるなかで、どうして敢えて炭酸ガスだけが「責任」を負わされることになったのかはすでに説明した（第Ⅱ部第3章、炭酸ガスの放出）。

他方、気候警告が、気候が温暖化すればいずれ否定的な結果が支配することになる、という公的規範の上に成立していることも見てきた。この規範は、想像できる限り最大の悲観主義的仮説の積み重ねによって正しい政治を導こうとする予防主義から直接生まれてきたものだ。

かくなる前提に立って気候クラートは、不可能を実現しようと自らに強いてきた。実際、ＩＰＣＣの数字を出発点にした放射性ガスの排出数値を基にした気候安定化の目標は（これは確実に幻想である。第Ⅱ部第６章「それでも温室効果は存在するか？」参照）、炭酸ガスをはじめとして少なくともその四分の三の減少を要求する。この議論に漂うある種の苦しさに満ちた焦燥感もむべなるかなである。

もちろんこの目標は問題外だ。しかしながら、地球の生存がかかっている話である、と大多数の登場人物が本気で信じている時に、いかに妥協点を見つければいいのか？　まずは、ずっと以前から実現を目指し、熟考に個々が力を注ぎ、共同決定に参加した数多くの会議や講演などで十分に充実した議定書を確かなものにし、それに確信をもつことが望ましい。リオデジャネイロ会議（一九九二年六月）を準備していた九〇年代の初頭に始まった集団のダイナミズムが、国際協約の定款となる二つの主要な条文を生んだ。

- 「気候変動に関する国際会議[原注31]」は一九九二年五月九日に国連が採択し、翌月にリオデジャネイロにおける地球サミットの開催期間中に参加一五四カ国が調印した。参加国は中でも「人為的排出を考慮しつつ気候変動を軽減するための対策」をとることで協力する。会議は主要には、協議を歓迎し、規則を整備する責務を持った国際的機関機能を設置することを旨とする。

• 「気候変動に関する京都会議議定書」一九九七年十二月に京都で召集された第三回締約国会議で採択された。この議定書は、会議締約国中最低五五カ国によって批准されてから九十日後に効力を発する。そして締結した先進国の炭酸ガス排出量が一九九〇年の締約国グループ(原注32)の排出量の五五%以上を占めることを条件とする。二〇〇〇年に上院に提案すると、クリントン大統領が確約した一九九八年の議定書のアメリカ連邦議会による批准拒否と、二〇〇一年のG・W・ブッシュによる主旨に対する反対宣言は、国際法的側面での状況を凍結させ、政治的側面において重い負担になっている。

さらに前に進めるため、あたかもアメリカがいずれは議定書を批准するかのごとく事が運ばれた。一九九七年以降、定めた低減量を目指す作業に入るため、協議は規則と実際の両面で行なわれている。二〇〇八年〜二〇一二年の期間には、先進国の年間排出量を全地球的に一九九〇年の排出量の九五%にまで低下させようというのである。野望としては控えめに映るかもしれない。「自主的判断にまかせ」ておけば三〇〜四〇%の上昇につながると主張する未来科学はこの目標を高く評価している。二〇〇〇年、議定書調印国の間で一九九〇年に比較して排出量の低減を開始したのはドイツ、英国、リュクセンブルグ、スウェーデン、スイスの五カ国だけである。東欧諸国の排出量も低下したが、これは経済的衰退によるものであり、とくに努力した結果ではない。

大気中の放射性ガスの濃度を下げる方法にはどんなものがあるのか?

それは二つのカテゴリーに分けられる。一つは放出を抑える方法。そしてもう一つは放出ガスをつかまえてしまう方法、炭素注入である。

前者の方法には、三つのカテゴリーがある。税金、国家的枠内での部門別制限、排出権交換(原注33)(取引許可)である。二つ目に関していえば、目下のところ植林だけが議論の対象になり大規模に実行されているが、炭酸ガスをつかまえ、地底または海底に閉じ込めてしまう方法が様々に研究され実験されている。

議定書は、法的規定を整備して排出削減の検証手続きと排出量の数字上の取引を特別に認めている。これについては、国家レベルでの排出削減量の取引を規定した第六条に定められた条件が、いわば控えめなお願い事なのか、現実的には巨大なものである排出権の国際市場の成立を阻害する性質のものなのかを知っておきたいところだ。

京都議定書を実現する困難性とは、気候クラートに対外的政策と世界の発展の内容を決定させるよう導く大きな動きの中の単なる一現象でしかないと考えるべきなのであろうか? 私には何もわからないが、ある予測だけはしっかりとある。現在、二〇〇一年、先進国の大多数といくつかの開発途上国の立場に対立するアメリカの立場は、アメリカ人が兎にも角にも選出した大統領の情け無用なカウボーイの憎たらしいイメージに重なっている。しかしながら、副大統領アル・ゴアが気候の脅威というテーマを持ち出し、京都で交わされた約束を尊重することへの拒否が持ち出されたのはクリントン政権時代ではなかったか?

また、二〇〇〇年十一月の、何一つ結論の出なかった最悪のハーグ会議での相互の不毛なKriegspiel（クリーグシュピール。ドイツ語で戦争ゲームの意）、あるいは二〇〇一年の十月末にマラケッシュで開催される次の第七回総会、そして二〇〇一年七月のボン「回復集会」の惨憺たる失敗などなどの意味を探るよりも、なぜ対立が、父親ブッシュがリオで言ったように、利益と「売り買いできない」ライフスタイルの観念を越えて、ラディカルな思想的対立になっているのかを私は私なりに明らかにしようと思う。

自身の信ずるところにしたがい、長期的戦略とノウハウをもって最初に具体的に投資したのはアメリカ人である。大統領G・W・ブッシュは一九九〇年二月五日、IPCC第三回総会で基本方針を発表した。気候変動（NASAのUS地球変化調査計画および惑星地球ミッション）とエネルギー効率（アメリカエネルギー局）に関する研究への大幅な援助の増額に加え、大統領はアメリカ全土にわたって毎年多数の木を植える植林政策[原注34]に着手すると発表した。つまり、植林の問題はこれで片付いたわけだ。そして二年後、リオでアメリカ経済における排出削減の構造的計画性の欠如に対する非難に答えて、同じブッシュは、アメリカ人のライフスタイルは売り買いできない、と平然と言ってのけた。相手の言うことを逆手に取ることで身を守るというやり方である。

次はよく知られた話である。一九九〇年に連邦議会[原注35]を通過した大気浄化法は、アメリカが二〇一〇年を見すえて、酸性雨の主要な要因である二酸化硫黄（SO_2）の排出に関する一九八〇年の規制を二つに分割するのが狙いの法制化であった。このために、取引可能な年間排出量が各発電所に割り当てられた。取引はゆっくりと始まり、一九九五年にこの計画が強制的になるまで、売り買いされたのはわずかな量であった。それ以後は年間取引量が四倍に増え、排出制限量一杯にまで到達した。市場が動き出し、その八〇%は国内取引で、しかも同じ会社が持つ異なる発電所同士の取引であった。規則の柔軟性のせいで、当初の見積もりの十分の一というきわめて少ない量しか削減できていないというおまけがついた。(原注36) 調査の結果、もし各発電所に一律の義務を課す厳正な規制が行なわれていたなら、削減の経費は全世界的に半分で済んでいたであろうことが明らかになった。これが、炭酸ガスの排出削減を安くおさめるために世界的に採用させ、適用させようとアメリカが望むシステムなのである。

その間、ヨーロッパではエコノミストと政治家が、環境税か排出権か、それぞれの意見をめぐり侃諤諤(かんがくがく)の論争を展開していた。一九九八年、ブエノスアイレスでの第四回締約国会議で、この方法の問題をめぐり議論はつまづきを見せた。アメリカは、市場のメカニズムを特権化し、排出権の世界的マーケットを作り上げるという従来の立場からてこでも動かず、ヨーロッパ各国はアメリカにエネルギー消費抑制政策の採用を迫ったが、無駄に終わった。もう一つの亀裂が生じた。開発途上国には規制を課さないというヨーロッパ側の主張に対し、アメリカはこれらの国々もその排出の制限に参加すべきであると反対した。会議は、一九九八年十一月十六日付『ル・モンド』紙の見出し「青ざめた鼠」のとおり、議論を先送りせざるを得なくなったヨーロッパ陣営の結束の弱さをさらけ出した。

その二年後、ハーグの第六回締約国会議は見事な大失敗に終わった。客観的にいえば、反面教師的なすぐれた交渉術の勝利であった。アメリカは一切妥協しない決意でいたが、ヨーロッパ各国は(議長国フランスの下で）意見調整がうまくいっていなかった。アメリカが植林という政策努力を有利に利用するのはわかっていたが、フランス代表は、肝心な議題である隔離炭酸ガスの数字的取引に関する技術的な資料を準備しておらず、各国間の意見の一致はぎりぎりまで果たせなかった。にもかかわらず、互いの譲歩がみられた。ヨーロッパが譲歩した項目は沢山ある。無制限な排出権市場、二〇一〇年協約を遵守しない国への経済制裁撤廃（これ以後の期間の赤字については事後報告）、炭酸ガス注入に関する原則、これらについて一括譲歩した。アメリカは開発途上国も排出削減に参加させよ、という要求を放棄しただけであった。

そして、京都議定書の適用について非常に悲観的なコメントが聞かれることになった。

これは二つの文化の衝突であった。アメリカ、カナダ、オーストラリア、そして日本もである。(原注37) 彼らは明らかに、環境をテクノロジーによって押し返すべき国境線のようにみなし、この事業を従来の経済財政機構に組み込むことを望んでいる。ヨーロッパ人は環境問題を罪悪的観念でとらえる傾向があり、越えてはならない限界を問題にする。彼らはテクノロジーのイノベーション、そして市場の自由、規則と関税からの特権的扱いを警戒する。前者の国々にとっては、気候の危機に遭遇していることは付加的ビジネスチャンスでもある。後者にとっては、その解決はまず、超過に対する経済制裁や排出課税を組み合わせた規範目標による排出規制の努力の中に見出すべきものである。一方は、ゴミ箱を大きくして、あるいはむしろゴミ箱が溢れてしまわないように追加の倉庫を建設して金儲けを狙い、もう一方はそうではなく、現状のままのゴミ箱を国の規制の下に分担し、ゴミを減らそうという傾向である。

しかし、プロジェクトのヒューマニズム的根底の再確認が抜け落ちていたとすれば、アメリカ人のプラグマチックで革新的なビジョンが勝って当然である。現在の開発モデルが、一九九二年のリオデジャネイロでの気候変動に関する会議で策定調印された、一般目標（第二条）にある空気中の放射性ガス濃度の限界を越えずに継続するのは不可能である。

ゆえに、こう言わねばならない。アメリカ経済は、他の国々が減らそうとしている炭酸ガスの排出量を蓄積するための研究においておそらく大きく前進している。大西洋の彼方の産業界と経済界の大物たちは選択した。官民一体となって何を企図して力を注いでいるのかを簡単に解説するのは難しい（原注38）。しかしながら、その研究開発の主軸が何か、どんな実験が行なわれているか、そしてアメリカの大企業がゲームのルール決定者である政府に対してかけている圧力、などについて一つの見解を述べたいと思う。

もう策がない……

象徴的な例がある。炭酸ガスの隔離のための研究開発計画（二〇〇〇年から二〇〇一年で五億五七六〇万USドル）を打診する株主宛ての文書の中で、コールアンドパワーシステム社（石炭電力システム社）の取締役会会長は繰り返しアメリカ政府の日和見主義を告発している。
「政府と産業界との伝統的なパートナーシップは目下のところ適切ではない。われわれ民間セクターは、商品かあるいは規制機構なのかといった伝統的な指標を与えられていない。（中略）産業界と学術研究分野と政府がパートナーシップをもって協働すれば成功の最善のチャンスを作り出すことができる。（中略）今、連邦全体による強力な介入が必要である」

アメリカの巨大な産業界は、世界的レベルでの決定的な前進を勝ち取るために気合を入れて、気候のパニック状況から得られる利益を試算し、はじき出した。政治権力の口が重いのは、それが社会的要請だからではなく、外からの法的制限を表わすものすべてに向かい合った時に政治エスタブリッシュメントが抱く、むしろ日常的な警戒心からである。そこで、大統領G・W・ブッシュが京都議定書に従い、排出量を削減するしかないと言明するや否や、大企業が一斉に再考を請願したのであった。喧嘩もしたくないし、選挙の対立候補もいないとなれば、経済界の大物たちに歯向かうことは何もない。

産業界にとって炭酸ガスを隔離し貯留することは現実のものとなりつつある。(訳注10) ヨーロッパにおいても然りだ。可能性のある貯留場所や産業現場でテストが行なわれ、データが集められている。隔離能力（これは専門用語になっている）はかなり大きい。生物圏で炭酸ガス一〇〇ギガトン（第Ⅱ部第3章、原注31参照）、地中で三〇〇から三二〇〇ギガトン、海洋で一四〇〇から二〇〇〇万ギガトン。因みに、現在の排出量は年間六から七ギガトンである。

現在、二つのカテゴリーの貯留場所が検討されている。生物圏での貯留とそれ以外での貯留である。

植林はある種原始的な技術といえるが、一つ目の貯留場所は陸と海の二つの生物圏に存在する。これは、成長力を強めた遺伝子組み換え植物の栽培、海洋への鉄分やその他の成分の投入（鉄分は海の光合成を制限する主要な要素の一つである）、空気中の炭酸ガスを取り込み変化させる能力のある光合成ではない生物プロセスへの注目、などにより自然隔離を増加させようとするものである（炭酸ガスによる肥沃化現象）。このやり方にはすでに起きてしまったすべての放出に対して適用できる利点がある。もしこの方法が確実なものと十分に証明されれば、化石燃料を使用するやり方を、ドラスティックにかつ急激に変更せずに、現在の図式に則った開発を進めることができる。この可能性は、エコロジー的に受け入れられていないだけに低い。

もう一つのやり方は、燃焼させる前と後の炭酸ガスを分離回収することを必要とする。燃焼前の回収は化学炉内の燃料をあらかじめ処理した結果、可能である。これは、炭化水素あるいはメタノールの化学変化による水素の製造のために、相対的に十分開発されたやり方である。燃焼後の回収はあらゆる産業現場、とくに発電所にはぜひ必要である。研究によれば、貯留に至るまでのプロセスでこの段階に最も経費がかかる（現在の技術ではキロワット当たりその原価の約三分の一）。したがって、研究は二つの補足的方向に向けられている。発電所の利益率の向上と燃焼後の炭酸ガスの隔離技術の革新、である。

　発生炭酸ガスの貯留は難しいものではなくなっている。すでに、炭化水素を使った鉱床回復技術は完成され日常的に操業されている（テキサス、ニューメキシコ）。これは、従来の方法では回復不能な地下鉱床のしかるべき部分に炭酸ガスを注入するものだ。天然ガス床の場合は、メタン鉱床から回収した炭酸ガスと同じ量を気体のまま注入すればよい。これは大気には「無害」である。取引可能な排出権の設定により、あまり相場に依存せずにすむことも手伝って、地下鉱床回復の利益率が上がるわけである。

　世界で最初の、鉱床回復目的以外の地下鉱床での炭酸ガス貯留は、ノルウェーの企業スタトリが一九九六年から行なっている。最終目的は、ノルウェー政府による炭素一トンにつき一八三USドル（CO_2一トンにつき五〇USドル）の排出税をできるだけ抑えようとするものである。この炭酸ガスは、北海の海底ガス田の天然ガス精製で発生する。これを海底一キロメートルの砂の地層に、発電所の電気出力量一四〇Mwe[訳注11]にともなう炭酸ガス排出量に匹敵する二万トンを毎週注入する。注入にかかる費用は炭酸ガス一トン当たり一五USドルで、納めるべき税金の九割以上の節約になる。分離技術の損益分岐点を考えれば、操業経費総額は炭酸ガス一トン当たり一二一〜三三七USドルとなる。したがって、ノルウェーの財政事情から見て利益性はほぼ保証できる。

　この実例は、この分野に設備投資することを産業界に奨励するべく明確な規則化の必要を示している。しかし、もっと先を見すえる必要がある。唯一、開放的かつガラス張りの世界的排出権市場のみが、この分離、回収、貯留技術（深海貯留も調査研究中にある）の急速な開発を保証する。株式取引の専門家によるシミュレーションも行なわれ、（大企業も）実験的参加に名乗りをあげている。実際に市場が開設されれば、ただちに規則の採用へと進むであろう。参加者たちの準備はできており、モチベーションも高く、その数も多い。一定程度の企業はすでに、それぞれの事業と関連会社の収支を分析して、排出の削減を勘定に加えており、国内の排出権市場に参画している。他方、各国の政府、内閣[原注39]は排出と取引の有効性などの規制に必要な専門部署を設けている。参加者はすでにスタートラインについており、大いなるゲームを開始すべく、政治家による時代遅れのイデオロギー問題の喧嘩をやめてほしいのである。

未来は予見しがたい。技術のノウハウを獲得し、排出権市場での取引の準備ができている者が戦略的に有利であろう。遅れた技術しかない開発途上国や、排出規制を志向していた先進国には費用が負担になる。一方、「もう一押し」あってもなくても、天然鉱床が大気中の放射性ガス濃度の安定化目標を十分達成するかぎり、電力生産部門と水素関連産業はとどまるところを知らない拡大を見るであろう。なぜなら、多かれ少なかれガスや石油の「家庭での」あるいは輸送での直接燃焼は廃止されるからだ。生産手段の集中化がさらに大きな段階を突破していくであろう。そこにはエコロジー主義者も参加しているのだ。お気に召さないであろうが……。

原注27 「すべてを今のままにしておきたければ、変わるものに手をつけよう。私の言うことがおわかりか？」サリ

ーナ王子がガリバルディのパルチザンに合流するためタンクレードを出発するに際し、義理の叔父に言った有名な言葉。

原注28　著者も一員であるエコロジー団体「ビュル・ブルー（青いシャボン玉）」は一九八六年に設立された。フランスではＣＦＣ問題に取り組むエコロジー組織は一つもなく、当団体はその隙間を埋めるべく組織され、現在、大気問題の評価に真に専門化した唯一の組織となっている。以下の章では、創立者であるジャン・クロード・レイが成層圏オゾンに関してまとめた資料を手短に要約してある。

原注29　フランスの代表は、外交官一名と、当時世界のＣＦＣ生産大企業五～六社の（インペリアル・ケミカル、デュポン、ヘキスト、アクゾ）の一つアケトム社（Atochem）の研究所所長であった。

原注30　アトケム（Atochem）はＨＣＦＣ生産工場を新設したばかりで、設備投資の回収に向かっている。

原注31　前書きの冒頭の文章は特筆に価する。科学的、政治的正当性の問題「八〇年代、温室効果ガスの人為的排出と世界的気候変動の関係を成立させた科学的証言が大衆の心配を招くことになった。さらにそれは、危機を回避するための国際協定の緊急性を認識させることを呼びかける一連の国際会議のもとになった。一九九〇年、国連総会は気候変動に関する協定範疇を整備することを見すえた国家間交渉委員会を発足させることで対策とした」。

原注32　政治的経済的理由から、リオ会議の参加国は二つのグループに分かれた。先進国と発展途上国である。先進国グループは会議の規定条項を適用せしめるべく、あらゆる手段で発展途上国を援助することを決定した。

原注33　議定書はゆえに排出権を否定的に表現している。言葉のあやである。

原注34　時間と費用のかかる事業である植林は熱帯雨林を回復するには程遠い（年間約一五万平方キロメートル）。楽観的に言っても、アメリカの植林計画は伐採された森林の十分の一にも満たない。

原注35　硫黄はしばしば発電所で燃やされる石炭や重油に含まれている。

原注36　メカニズムの美徳は証拠を残すことである。

原注37　指導者と企業は、社会と特に若い世代に世界の有限性の意識が高まるのを好まない。しかし、経済不況が環境への心配を背後に押しやる。

原注38　このビジネスはホットである。ウエッブサイトを開いてCO_2、分離のキーワードで検索されたい。アメリカ人がいかに手広くビジネスに精を出しているかがわかる。

原注39　ここに「温室効果ガスビジネスの評価と報告の国際基準確立に協力しあう」ハーグ会議の指導議定書を引用しなければならない。二〇〇〇年五月にはすでに大企業四〇社と十数個の団体が参加していた。そこにはUNEP、WWF、WRIも入っている。WRIは一九八五年のフィラッハ会議における唯一の環境団体とみなされ、この過程での前衛としての「運命的」関与という「成果」を得た。WRIは計り知れない資金と影響力でハーグ指導議定の策定に参画している。

訳注6　一九六〇年代初頭のフランスではまだ電力は全国的には普及しておらず、電気の知識の不足からフランス電力公社（EDF）への問い合わせや苦情も後を断たなかった。利用者の大半が旧式の電力メーターに不満があることを知ったEDFは一九六三年に青色の新しい電力計を普及させるキャンペーンを行なった。二三フランで九キロワット使えるメーターが設置され、一年で五〇万世帯に広がり、洗濯機の売り上げが急増した。だが青色メーターの在庫が切れると、以前の黒いメーターにシールを張っただけで機能が変わらないという「詐欺行為」クレームも続発した。

訳注7　パリが本社の原子力発電所設計建築企業。従業員一万四〇〇〇人、ヨーロッパ、アメリカ、アジア、アフリカで活躍している。

訳注8　ローヌ地方ドローム県のトリカスタンにある濃縮ウラン工場。COGEMA（フランス）OEAI（イラン）

ENUSA（スペイン）SYNOTOM（ベルギー）ENEA（イタリア）の各社による合弁会社。

訳注9　第四次中東戦争。一九七三年十月六日、エジプト・シリア軍とイスラエル軍はスエズ運河及びゴラン高原一帯で大規模な戦闘に突入した。戦争は一進一退を繰り返したが、米ソの緊張緩和路線の下、中東和平工作が進められ、十二月のジュネーブ中東和平会議へと進んだ。戦争勃発後、OPECは原油の生産削減を表明し、サウジアラビアなどはアメリカ、オランダに対して禁輸措置をとった。ECや日本はアラブ支持を明確に表明し、OPECは十二月に削減率を緩和、和平交渉の進展とともに翌一九七四年八月に対米禁輸を解除した。すでにエネルギー危機が叫ばれていたアメリカでは、大統領が特別声明を発表し、石炭から石油への切替えを禁止する措置等を要請した。オランダは、ガソリン、燃料油等の輸出許可制を導入し、日曜日のドライブが禁止された。西ドイツでも、政府が石油、ガソリンの節約を訴え、エネルギー保全法に基づき日曜日のドライブを禁止した。友好国扱いを受けたフランスは、自動車の速度制限などの自主規制にとどまり、同様に友好国扱いを受けたイギリスは、電気・石炭部門の労使紛争から十一月に非常事態宣言を発し、週休四日制など大幅な省エネ対策を実施した。

訳注10　CO_2隔離技術。産業施設などから排出されるCO_2を地中や海中に送り込み長期間にわたって隔離するCO_2隔離には、地中にある帯水層や石油・ガス田などにCO_2を閉じ込めてしまう地中貯留と、深海や深さ約二〇〇〇メートルの中深層や二〇〇〜四〇〇メートルの浅海に希釈、溶解させる海洋隔離とがある。地中貯留については、ノルウェーの石油会社が一九九六年から天然ガスに含まれているCO_2を分離し、海底下の帯水層に貯留している。アメリカでは、七〇カ所にものぼる油田で合計四〇〇〇万トンを超えるCO_2が地中に注入されている。海洋隔離は、一九九〇年代から各国で研究が盛んに行なわれるようになった。わが国でも、一九九七年から新エネルギー産業技術総合開発機構（NEDO）のプロジェクトが発足、船舶を航行させながら希釈したCO_2を中深層に放流する「航行船舶方式」に取り組んでいる。石炭火力発電所などで発生したCO

$_2$を分離、回収し、圧縮した液化CO_2を沖合いに運び、水深約二五〇〇メートルの中深層に放出する。放出された液化CO_2は多数の小さな液滴となり中深層の低温・高圧下の条件で水と混じると、水の結晶の中にCO_2が閉じ込められて「CO_2ハイドレート」と呼ばれるシャーベット状の膜ができる。膜内の液化CO_2はこのハイドレート膜を通じて徐々に海水に溶解する。ハイドレート膜を形成した液化CO_2の液滴は、周囲の海水よりも比重が軽いため、上昇する。一方CO_2溶解水は比重が重いため沈んでいく。こうして液滴は溶けながら上昇していき、直径五〜八ミリメートルの場合、約一〇〇メートル上昇する間に、ほぼ海水中に溶けてしまう。水深一〇〇〇メートルよりも深い海中へ液化CO_2を放出すれば、表面層に到達するまでに溶解するため、生物への影響が抑えられることになる。

訳注11　MWe＝メガワット。発電所における電気出力の単位。熱出力単位はMWtと表記する。原発では蒸気タービンを回転させるために水を沸かすが、その時使われる熱出力MWtはMWeの四倍必要である。

エピローグ

テレビを見ている時、
誰が庭の手入れをするのですか？

「騎士ベイエ」ことベイエ・ジャルダン

限界を超えて：歴史は訥弁である……

人は何を求めているか？　パンか、遊びか、「ずっとこのままでいい！[原注1]」なのか。時代が時代であれば、企業は「エコロジー屋」に対抗して、通俗的な折込広告などを打ち、金でカタをつけていたことであろう。しかし人はまた、きれいな水ときれいな空気、折り紙つきの環境と保証つきの未来も求めるのだ。エコロジー主義的考え方に勝って欲しいのは、まさにそこであり、唯一それだけである。みんな、そのためにはどうすればいいのかを知りたいと思っている。例えば、歯を磨いている間は水は流しっぱなしにしないとか、空缶とプラスチックを分別するとか、触媒エンジンの自動車にするとか。はたまた、エアコンも欲しければ、一階下に降りるのにもエレベーターに乗るし、一〇〇メートル歩くよりは、十分待ってでもバスに乗り（これも車を使わない場合の話だ）、通りの向こうにあるスーパーに行くかわりにネット・ショッピングで注文すれば、三十分で小型トラックが届けてくれる。進行する肥満。ボーイング社の次世代ジャンボ機のインテリア設計にはこのことが考慮されるだろう。

世界が平坦化していくスピードには考えさせられる。一八三二年、イギリスの偉大な自然科学者チャールズ・ダーウィンは、赤道太平洋の孤島ガラパゴスに奇妙な独特の動物相を発見し、その経験から一八五九年に出版された革命的著作『自然淘汰による種の起源』を書いた。この島には十七世紀まで人は住んでいなかった。一八七〇年の人口はわずか二五〇人。ところがこんにち、常時一万人以上が押し寄せて魚類を追い回し、毎年のように冒険者気取りがやってきて金を落とし、巨大亀やイグアナや珍しい鳥類と写真におさまる。フィーバーする一方だ。早く見ておかないと、絶滅するぞ！　行くなら今のうちだよ。思いもよらない公害が起きる。それがまた話題になる……。またとない体験のチャンスを逃すな！

正直にいって、私たちは地球の未来と個々の生活のために、どのような計画を作り上げたのか？　二世紀か三世紀昔、こんな問いかけは意味を持たなかったろう。世界はとてつもなく広かった。それぞれの社会が先祖からのそれぞれのペースで、自然から摂取できるものに合わせながら生きていた。技術の進歩はゆっくりしていた。生活は、より正確には、世界のすべては、このまま変わることなく永遠に続きそうであった。勿論、時には気候の気まぐれもあった（大洪水や飢饉）。新しい生活を求めて、災害に耐えられない土地を棄てていく人たちもいた。また、このような環境におかれた人間たちの中に、活動の最終的な限界について疑問を抱く者はいなかった。

だが人間は、自然を支配できるその特異な能力とは、対価のかかるもので、支払う必要があることをいち早く認識した。プロメテウスやシジフォスのギリシャ神話(訳注1)はこの感覚を物語るものだ。

ガラパゴスで人間がしていること、あるいはさせていることは、地球上のあらゆるところで毎日、もっと隠れた形で進行していることを象徴している。環境の規格化が文化の一部となり、それが十数年来、社会の需要を作り出しているのだ。ずっとこのままだといいのに。正当な要求ではないか。ずっとこのままだといいのに、とは! この大問題、どうすれば良いのか?

長続きする発展(アングロサクソン民族はsustainable持続可能な、と言い「souhaitable〈フランス語〉好ましい」とは誰も言おうとしない……おそらく「専門家」の分野ではないからか)に関して現在抱かれている懸念は、気候警告が作り出した亡霊である。この問題はまた、一九八五年十月のフィラッハ会議(決定的に、あらゆる点から「種まき」集会であった)の閉会宣言の前文に明確に記されている。「長期的計画に向けた多くの経済的社会的重要事項の決定が下されようとしている。灌漑、電力、旱魃との闘い、農地利用、沿岸地域のインフラと整備、エネルギー計画などに必要な水力資源を管理するこの大計画はすべて、過去の気候データが、変わることなく、未来への確かな手引きであるという仮説の上に成り立っている。だがこれは、温室効果ガス濃度の上昇が来世紀に気候の温暖化を誘発すると予想されてからは、もはやすぐれた仮説とは言えなくなった」

以来、この考察テーマが大いにブレークしたことは否定できない。出版、ウエッブサイト、国際会議など数え切れないほど多くの場で経済、社会生活の各側面が将来、どのような条件でつつがなく維持できるのか綿密に検証されている。とりわけ、気候の警鐘に関連付随する研究資料、奨励事項、各種の計画や提案などは山のように集まっている。世界のインテリゲンチャが、夢想家テクノクラートや干渉主義者に期待することは何でも、理想社会の細密なデザインに盛り込み済みだ。このまま行けばいいじゃありませんか！

ああ、行きますとも！　炭酸ガス隔離問題も、排出権市場がうまく動いているお陰で経済的に安心できる。問題はない。このまま行ける。今後の「進歩」に向けて、解決できないような技術的不安はない。街はずれに原発があっても大丈夫な時代が来なければ、炭酸ガスなどどこでだって回収できるはずだ。大して難しくはない。万人に向かって宣言していただこうではないか。温室効果を犯人に仕立てたエコロジーの先駆者、気候パニック便乗者の最前列にいるＷＲＩを先頭に、おいしい空気が吸えますよ、ありがとうございます、と。

歴史は繰り返す、と偉大なるマルクスは言った。

最初は悲劇であった。かれこれ三十年前、まさしくそれは「成長の限界」についての最初の幻想に関わることであった。当時、学問などする者は社会のはぐれ者であり、妄想家だった。その研究が、放棄すべてを象徴する敵対的存在、核エネルギーと競争、の選択へと導いたのである。膨大なデモで、人が死に、衝突が起き、負傷者が出た。計画はつまずき始め、一つまた一つと中止になった。オーストリア、イタリア、ノルウェー、デンマークから原子力発電所は無くなった。ドイツのカルカー、ヴァッケルスドルフ、ゴアレーベンの原発が消えた。スウェーデン、スイス、オランダ、イギリス、スペインなどで操業停止が続いた。全面的核戦争の代替案として戦術核兵器の戦場にヨーロッパを指名した戦略構想に反対して「人命を奪い、体内に蓄積する中性子爆弾」反対の声が上がった。これがコインの裏だ。コインの表は、一人一人が関わり、責任を持ち、より賢明で専門的な、もっと人間寄りの別の生産方法である。一九七四年に出版された、スローガンのように訴求力のある題名『スモール・イズ・ビューティフル　みんなのための経済学』(E・F・シューマッハー著)という象徴的な一冊の本に刺激されて、様々なプロジェクトや実験が行なわれた。生協運動(コーペラティブ)が、有機農業、太陽エネルギー、風力、有機ガスなどといった代替技術を普及させた。これは、一つの可能性を証明しつつ、小規模にゆっくりと機能した。金儲けは頭になかった。これまでのようには行かないからと、圧力団体を作るなんてこともない。「不可欠な」テラワット(訳注2)/時計算など関係なかった。

政治的エコロジー主義者はそれを捨て去った。今やビジネスマンとなった彼らは、原子力、大量捕獲、農薬散布、水質汚染などを管理する。しかし、狂牛病や口蹄疫の問題は無視し、自分たちのことしか考えていない。だが、批判勢力であるというイメージだけは維持しておかねばならない……昔も今も。

反逆児とはお笑い種だ。すべて温室効果が原因だ、とする幻想が成長の限界の幻想の後に続く。要注意、ゴミ箱はもう満杯です！　温室効果は社会的敵ではないが、脅威は亡霊のように広がる。専門家の領域であり、デモでどうにかなるものではない……今や「権力」と「テクノクラート」が味方なのだから、何も無理して夢を語ることも抗議することもない。未来は自分らが仕切らせて貰う。信用させるやり方はわかっている。余計な活動はせずに「グリーン」に投票してください。すべては規制させればいいのです。消費税を払ってメーカー品を買って下さい。自分で何とかしようなんて思わないように。違法行為になり兼ねませんよ。公共交通機関を使いましょう。有機食品を買いましょう。新幹線をご利用ください。その方が良いのです。「ゆっくり走ろう」です。穏やかな精神と従順な行動で進歩の歩みに乗るのです。これでうまく動いているのだから、何を反対することがあるのですか？

世界が別の生き方をできる希望はどこにあるのか？　いかにして広大な世界を守るか？

ゲオルグ・シュタイナーの哲学は時に問題の問題を提起する。私たちはなぜ私たちがここに存在するのかがわからないし、その答えは決して見出せないであろう。まずは、一人一人が、見知らぬ他人の家に招かれて、ある朝目を覚ましたとしよう。そこは、見知らぬ、美しい、温暖で肥沃な土地か、あるいは厳しい乾いた土地である。招かれたものは、少なくとも雨露をしのげることに感謝せねばならぬ。その者に何らかの教育があれば、その場所の決めごとを尊重するであろうし、萎れた花を入れかえずに、そして壊れたところをなおさずにその家を後にするようなことはないだろう。また、どんなことがあっても、その家の家具を燃やして暖をとったり、花壇の上にアスファルトを敷いたり、庭の木を抜いたり、壁に落書きをしたりなどということは夢にも思わないはずだ。廊下をあちこち駆け回ったり、扉を乱暴に閉めたり、退屈しのぎに奇声をあげたりして、この家の平和を乱して過ごすこともない。そして決してこんなことは言わないだろう。「これは全部私のものになる運命だ。これをありったけ買い占めてやる。そのためには何だってしてやる。他の客が楽しむのを邪魔したって構わない」。また彼は決して、「長続きする」形で、他の泊り客と組んでこの家と土地をうまく巻き上げようとは夢想だにしないであろう。

その名にふさわしい客は、周りを見てびっくりするであろう。あらゆるところに、幾万幾千もの姿をした命の豊かさと自然の力がある。草の芽が息吹き、一寸の虫が蠢く道理（わけ）を知る者はすべてをも知る。一人一人が、急ぐことも、倦むこともなく、足るを知り、命を満たすにはこれで十分である。大将や、国家元首や多国籍企業のＣＥＯや、偉そうなカリスマリーダーがすぐれた人なのではない。彼らは猛禽類人間であり、また同時に偉人の足元にも及ばない存在だ。つつましい長い徒歩の大旅行での見聞と思索で、テオドール・モノ(訳注3)はその人生の幸福の意味をつかみとり、サハラの砂漠世界と人間の内部世界を手に取るようにわからせてくれた。野草が繁茂する庭に真ん中で、そこに棲息する地味な動物たちと鼻つき合わせた数十年の年月は、ジャン・アンリ・ファーブルをかつてない昆虫学者にした。森羅万象の価値はそれに注がれた時間の中に在る。それが唯一の豊かさの尺度である。これが世界が日に日に狭くなり、騒ぎが広がり、また妙なことが起きないようにするためのヒント例である。

世界のどこか一部を荒廃させるのに、大した時間もエネルギーも必要としない。放牧民が、記憶にあるだけでも二年立て続けに一番厳しかった冬に襲われたただけで、モンゴルの家畜の四分の一が死滅した。こんなことは何世紀もなかったことだ。しかし、一九九〇年の共産主義の崩壊と、七十年間有効に働き、生活手段生産活動としての牧畜を保証してきた割り当て制度の廃止、そして自由市場経済の導入という一連の経過が、一九九六年から一九九九年の間に「効率」(原注2)を上げるため羊四〇〇万頭を追加する急激な拡大につながった。多すぎる「歩留まりの良すぎる」家畜。これが旱魃と記録的寒波に襲われたステップのわずかな牧草を食い尽くす。政府間の和解はなく、経済制裁は容赦ない。イデオロギーの旗も飯の種にはならない……。結局はこの教訓たるや、他でもない、二言三言に要約できるものである。簡単なことなど何一つない。何事も十分に考えて、初めから一つ一つ状況を良く判断し、現実と突き合せ、その結果どんなことに直接結びついていくのかを考えるのである。

原注1　ナポレオンの母レティツィア（またはレティシア）・ラモリーノ・ブオナパルテ（一七五〇〜一八三六）が皇帝となった息子の宮殿で皆の幸せを願ってはこの言葉を発していた。彼女は皇太后と呼ばれたが、ナポレオン失脚後はローマに逃れた。

原注2　デビッド・マーフィー「死ぬ自由：自由貿易の冒険が大失敗して二年、牧童は牛が死ぬのをただ見守る」

(『ファーイースターン・エコノミック・レヴュー』二〇〇一年三月八日)

訳注1　プロメテウスは人類の創造主で、アテネの女神が彼に、建築、天文学、数学、航海術、医学、冶金を教えた。プロメテウスはそれを人間に教えた。ギリシャの神々の長、ゼウスはプロメテウスが教えたこれらの技術で人間が力を持ったことに怒った。プロメテウスを罰するためにゼウスは人間から火をとりあげ、生の人肉を食べさせた。オリンポスの山に登ったプロメテウスは太陽から火を集め燃える炭を運んで人間に渡した。シジフォスは地球上最悪の悪人であった。ハデス神やペルセフォネス神への数々の悪業の罰としてタルタル地獄に落とされたシジフォスは、運び上げても丘をごろごろと転げ落ちる大きな岩を永遠に運び上げ続けさせられた。

訳注2　電気エネルギーの単位。一〇億キロワット時に相当。一〇〇万メガワット時の発電力を持つモーターが一時間で発電する電力量。

訳注3　テオドール・モノ(一九〇二〜二〇〇〇)フランスの博物学者、地質学者。一九〇二年ルーアン生まれ。父親はプロテスタントの牧師。二十歳の時にモーリタニアに派遣されてから九十六歳になるまで、ラクダに乗ったり徒歩で砂漠を横断した回数は数知れず、石や植物を採集し続けた。砂漠の住民や自然を無視して走り抜けていくパリ＝ダカール・ラリーに大反対だった。反核運動に積極的に参加し、社会からはじき出された人たちのためにも闘い続けてきた。

【な行】

【は行】

【ま行】

【ら行】

【さ行】

【た行】

《索　引》

[著者紹介]

イヴ・ルノワール（Yves Lenoir）

フランスのパリ国立鉱山大学校の研究者、科学者で環境活動家。現在は「ビュル・ブルー（青いシャボン玉）」で活動している。1992年に『温室効果の真実――地球操作の記録』を出版、地球温暖化説に異論を唱えてきた。

[訳者紹介]

神尾賢二（かみお　けんじ）

1946年大阪生まれ。早稲田大学政経学部中退。ジャーナリスト、ドキュメンタリー映像作家、プロデューサー。
翻訳書に『ウォーター・ウォーズ』（ヴァンダナ・シヴァ著、緑風出版）がある。

気候（きこう）パニック

2006年3月10日　初版第1刷発行　　定価3000円＋税

著　者　イヴ・ルノワール
訳　者　神尾賢二
発行者　高須次郎 ©
発行所　緑風出版
〒113-0033　東京都文京区本郷2-17-5　ツイン壱岐坂
［電話］03-3812-9420　［FAX］03-3812-7262
［E-mail］info@ryokufu.com
［郵便振替］00100-9-30776
［URL］http://www.ryokufu.com/

装　幀　堀内朝彦
制　作　R 企 画　　印　刷　モリモト印刷・巣鴨美術印刷
製　本　トキワ製本所　　用　紙　大宝紙業　　E1500

Printed in Japan　　ISBN4-8461-0602-0　C0036